极端条件材料
基础理论及应用研究

POLAR
REGION:
MATERIALS AND
SURFACE
PROTECTION

极地环境服役材料与表面防护技术

董丽华 刘涛 范丽 郭娜 高珊 林一 著

上海科学技术出版社

图书在版编目（CIP）数据

极地环境服役材料与表面防护技术 / 董丽华等著
. -- 上海 ： 上海科学技术出版社，2023.7
（极端条件材料基础理论及应用研究）
ISBN 978-7-5478-6244-5

Ⅰ．①极… Ⅱ．①董… Ⅲ．①极地－工程材料－高低
温防护－研究 Ⅳ．①TB35

中国国家版本馆CIP数据核字(2023)第120483号

极地环境服役材料与表面防护技术

董丽华　刘　涛　范　丽　郭　娜　高　珊　林　一　著

上海世纪出版(集团)有限公司
上海科学技术出版社　出版、发行
(上海市闵行区号景路 159 弄 A 座 9F－10F)
邮政编码 201101　www.sstp.cn
山东韵杰文化科技有限公司印刷
开本 787×1092　1/16　印张 15.5　插页 11
字数 260 千字
2023 年 7 月第 1 版　2023 年 7 月第 1 次印刷
ISBN 978－7－5478－6244－5/TB・16
定价：150.00 元

本书如有缺页、错装或坏损等严重质量问题,请向印刷厂联系调换

丛书编委会

主　任

张联盟

副主任（以姓氏笔画为序）

王占山　杨李茗　吴　强　吴卫东　靳常青

委　员（以姓氏笔画为序）

丁　阳　于润泽　马艳章　王永刚　龙有文　田永君

朱金龙　刘冰冰　刘浩喆　杨文革　杨国强　邹　勃

沈　强　郑明光　赵予生　胡建波　贺端威　袁辉球

徐　波　黄海军　崔　田　董丽华　蒋晓东　程金光

内容提要

在极地开发的大背景下,本书作者以所在团队10年来在极地服役材料领域的科研成果为基础,汇集了国内外最新的一些技术成果,组织编写了《极地环境服役材料与表面防护技术》一书。

本书共分为8章。第1章介绍极地材料服役环境;第2章介绍极地船舶材料,包括低温钢、低温焊料及极地用表面涂层与防护材料;第3章介绍了极地服役材料表面处理技术及工艺,并且给出了应用实例,用于指导相关理论研究及实际工业生产;第4章介绍了适用于极地环境的表面耐磨、耐腐蚀涂层及防护材料;第5章介绍了激光熔覆技术;第6章对比了激光熔覆涂层和等离子堆焊涂层;第7章介绍了极地抗冰涂层研究及其发展趋势;第8章介绍了目前关于极地环境服役材料的检测方法与标准体系。

本书可供从事极地环境服役材料开发及应用的相关工程技术人员,高等院校腐蚀、摩擦及表面工程相关专业师生参考。

丛书序

实现中华民族的伟大复兴,既是一代代国人前仆后继、为之奋斗的梦想,也是每一位科技工作者不可推卸的历史重任。在当下西方全方位打压我国的背景下,只有走中国特色自主创新的科技发展道路,始终面向世界科技前沿、面向经济主战场、面向国家重大需求,加速各领域的科技创新,把握全球科技的竞争先机,才是成为世界科技强国的根本要素。正是基于此,中国材料研究学会极端条件材料与器件分会适时组织了"极端条件材料基础理论及应用研究"系列丛书。

众所周知,先进材料与器件是现代高科技发展的重要基石。然而,先进材料及其器件的服役环境又往往是非常严苛的,比如大冲击荷载、超强电磁场、极低温和强辐射等。在这种工况下,材料内部微结构与性质的演变、疲劳损伤特性,以及材料器件的功能特性、应用可靠性,完全不同于常规条件下的情形。

不同极端条件所产生的影响是不相同的。在高能激光应用技术领域,当高功率密度激光(超强电磁脉冲)经过光学元件表面或内部时,光学元件表面极微小的缺陷或杂质可诱发强烈的非线性效应。当这种效应超过一定阈值后,会导致光学元件损伤失效,从而使大型激光装置无法正常运行。因此,必须厘清相应的光学材料在极端条件下的服役特性,如三倍频条件下运行的光学材料与元件,其激光损伤特性以及相应的解决方案是当前亟待解决的问题。在核能领域,核电厂的安全运行与材料在强辐射、高温高压条件下的服役特性密切相关。比如核电厂能源发生与传递系统中的结构材料,尤其是第一壁,在必然要经受大剂量高能 X 射线、γ 射线、β 射线、α 粒子、中子和其他重离子射线的长期辐射后,会发生多种形式的结构损伤、高压高温环境导致的腐蚀乃至材料失效,其损伤特性与辐射粒子类型密切相关、其损伤的作用机制也各不相同。因此,深入了解核能材料在强辐射及高温高压环境下的损伤失效规律是提高核能安全和促进核电事业发展的必要前提。在极地应用的材料大多涉及极低温、强磁场。这种环境下，物质的能带及其材料的微结构会发生较大变化，从而引起材料性质和相应器件特性变化，有的甚至是颠覆性的改变。因此，要保证极地环境装备安全、高效运行，其重要前提是深入理解影响材料及构件的可靠性、稳定性与极端环境关系的内在机制。当我们需要利用高压环境合成新材料，需要探究极端压力条件下凝聚态物质的原子结构、密度、内能、物相演变、强度变化等的诸多未知问题时，创建静态、动态的超高压技术平台非常重要、不可或缺。另外，大质量行星内部尤其是星核部分，相关物质的高压态物相和物性研究也是深入理解行星内部运动和演化的前沿热点。

探索新的物理效应，发现新的物理现象，合成新的人造材料，是当今世界的科技前沿热点，也是创新的源头。为向广大科研工作者和研究生系统介绍上述各方面的基础理论和最新研究进展，中国材料研究学会极端条件材料与器件分会组织了国内外知名学者编撰了本套丛书系列。这些专家学者都长期工作在科研一线，对涉及领域的相关问题进行了多年的深入探索与实践，积累了可供借鉴的丰富经验，形成了颇有价值的独到见解。本丛书先期出版的书目如下：《熔石英光学元件强紫外激光诱导损伤》（中国工程物理研究院 杨李茗）、《静高压技术和科学》（中国科学院物理所 靳常青）、《极端条件下凝聚介质的动态特性》（中国工程物理研究院 吴强）、《光学制造中的材料科学与技术》（［美］塔亚布·I.苏拉特瓦拉 著，吴姜玮 译，中国工程物理研究院 蒋晓东审校）、《核电厂材料》（［瑞士］沃尔夫冈·霍费尔纳 著，上海核工厂研究设计院 译）、《极地环境服役材料》（上海海事大学 董丽华）。

在两个一百年交汇之际，本丛书的出版希望能为广大科研工作者和工程技术人员提供有益、有效的参考。倘若如此，我们将为实现中华民族伟大复兴能贡献一份力量而倍感欣慰。

2022 年 8 月

张联盟：武汉理工大学首席教授，中国工程院院士，中国复合材料学会副理事长，"特种功能材料技术教育部重点实验室"主任，"湖北省先进复合材料技术创新中心"主任，"极端条件材料基础理论及应用研究"丛书编委会主任。

前　言

　　21 世纪以来,国际竞争重点已从陆地转向了海洋,从临海和近海走向深远海和极地。随着全球气候变暖,北冰洋的"黄金海道"有望在 2040 年完全开通并投入商业使用。北极航线的东北航道将成为连接欧、亚两大洲的最短航线,比我国北方港口到欧洲西北部的传统航线缩短 25%~55%,每年可节省 533 亿~1 274 亿美元的国际贸易海运成本。北极航线的开通极大地促进了极地运输船舶的需求与发展,同时对满足极地服役条件的船舶与海洋工程材料也提出了更高的要求。值得关注的是,在极地特殊环境中,服役材料要经受氯离子、海冰、低温、微生物等多种因素的影响,材料耦合损伤与失效情况非常严重。在此背景下,专门针对极地环境的材料开发就成为了多个国家共同面对且亟待突破的技术瓶颈。随着近些年各个国家极地探索脚步的加快,极地破冰船钢铁材料及其涂层的腐蚀(包括微生物腐蚀)、磨蚀等失效问题更是引起了国内外的广泛关注。

　　极地海洋环境差异化明显,水线以上的船体材料受到的飞溅海水腐蚀作用非常严重。在吃水线附近及以下区域,船舶的中舷侧平直区域在航行中受到浮冰、多年冰、水下冰川的碰撞作用,会破坏船体表面防护层,加重船体表面的破坏。因此,提高极地环境下的材料性能是一个系统工程,要从材料本体、涂料防护和环境因素等多个方面进行综合探索和研究。

　　本书首先从系统层面介绍了极地环境与极地研究的发展趋势,帮助读者了解极地开发的战略意义;接着聚焦于极地船舶材料的整体研究现状与进展;然后结合本书作者团队和国内外其他优秀团队的科研成果,分别从表面处理工艺、表面防护涂层、抗冰涂层等几个方面进行阐述,最后从极地船舶材料的检测标准等方面进行总结。因此,无论是相关领域的学者、行业领域的专家还是立志于极地研究的学子,都或多或少可以从本书中找到自己感兴趣的内容。

当然,限于作者的专业领域和知识水平,本书难免有一些错漏之处,希望国内外专家和读者朋友多多包涵并不吝赐教。衷心希望此书的出版可做引玉之砖,带动极地材料领域更多优秀的成果与读者见面,那将是本书作者的荣幸。本书在撰写过程中得到了国内外同行们的大力支持,很多专家都提出了宝贵的意见和建议,在此谨对各位同行及专家学者致以诚挚的谢意。

作者

2023 年 6 月

目 录

第5章 激光熔覆技术在极地服役材料表面防护中的应用

第 1 章 极地环境与极地研究发展趋势

　　极地地区是指地球的两极,即南极和北极地区。南极是一片被巨大冰盖所覆盖的广袤陆地,面积约 1 390 万 km²,平均海拔为 2 350 m,蕴藏着世界近 90% 的冰和 3/4 的淡水资源,又称南极洲;北极是一片被陆地环绕的平均海深 1 200 m 的结冰大洋,以及包括亚洲、欧洲、北美洲的北部沿岸和洋中岛屿等在内的约 1 409 万 km²。极地位于地球的两端,寒冷刺骨。在这片被午夜阳光照耀的土地上,人类的印记微不足道。低温是影响该地区自然景观和人类适应模式的主要因素。寒冷塑造了有图案的土地,冻结了水,创造并保存了冰川冰。所有的生命体和非生命体都必须对寒冷有独特的适应能力,才能在看似无尽的极地冬季中生存下来。南北两极是复杂的耦合系统,低温、冰雪、冰川、海冰、海洋、大气、微生物是本领域研究需要重点关注的环境因素。

　　北极航道被称作“冰上丝绸之路”,是“一带一路”倡议的有机延伸,具有不可估量的时代意义和战略价值。随着北极航道越来越受到关注,推动极地航运成为国际学者和研究机构关注的重点问题。本章内容根据 2017 年至今国内外极地领域的学术研究论文、学术活动、专家及机构视点、科研项目及 2001 年至今的专利申请情况等,揭示了国内外相关研究机构对极地领域的研究活跃度和研究重点,为有关部门和研究团队能较为全面地了解极地学术研究态势、谋划下一步研究工作的开展等提供参考。

1.1　极地探索与开发

　　随着人类温室气体排放增多,全球气候不断变暖,近些年南北极冰川融化导致海平面不断升高。南北极自然环境的变化会直接影响极地探索开发的目标和进程。南极地区各岛国主要面对的是冰雪消融带来的危机和挑战,例如南极大量淡水资源不断流失,海岸线被不断上涨的海水所侵蚀,各种风暴等极端气候愈发严重。与此相比,北极地区虽然也有淡水资源流失、冰雪消融等问题,但由于海拔较高,海岸回旋余地较大,且大部分发达国家都在北半球,他们技术先进、资金雄厚,因此北极面临的更多是探索与开发、竞争与机遇。

在这种情况下,极地地区以其丰富的资源,重要的国际战略、商务、军事、科研价值和对全球气候变化的独特影响,日益成为世界各国政府和学术界关注的焦点。我国在 1983 年就正式加入《南极条约》,1985 年 2 月建立了第一个南极科学考察站——长城站,迄今为止已组织实施了 38 次南极考察,并拥有自主设计的“雪龙 2”号极地科考破冰船。2018 年 1 月 27 日,中国发布首部北极政策白皮书,阐述了中国北极政策的目标、基本原则及参与北极事务的主要政策主张,强调“中国作为近北极国家,倡导构建人类命运共同体,是北极事务的积极参与者、建设者和贡献者,将努力为北极发展贡献中国智慧和中国力量”。

海上运输对于国际贸易具有举足轻重的影响,而冰川消融使北极航线权益的竞争日益白热化。原本北极航线常年覆盖冰雪,气候严寒恶劣,一直无法正常通航,但全球变暖导致冰层消退使北极航线的开通从设想变为现实。为了更大程度掌控交通要道及占用自然资源,北极航线成了各国竞争的焦点。北极航线也称作北极航道,具体是指通过北冰洋连接大西洋和太平洋的海上航道,大致分为绕过西伯利亚北部的“东北航道”,绕过加拿大北部的“西北航道”和穿越北极点的“中央航道”。目前从亚洲到欧洲的远洋航线约为 13 000 mile(约20 921 km),如果北冰洋的“黄金海道”在 2040 年完全开通并投入商业使用,则可以将行程缩减至 7 900 mile(约 12 713 km)。这条北极航道将成为连接欧亚两大洲的最短航道,比我国北方港口到欧洲西北部的传统航道缩短 25%~55%,每年可节省 533 亿至 1 274 亿美元的国际贸易海运成本。新航道的开通将为各国带来巨大的经济利益甚至重要的军事意义,因此中国一直积极参与对北极航道的开发和商业通航的探索。2013 年 8 月 15 日,中远海运特种运输股份有限公司(简称“中远海运特运”)的“永盛”轮从江苏太仓港出发经由北极航道,于 9 月 10 日抵达鹿特丹港,成为第一艘成功经过北极航道到达欧洲的中国商船。后来,中远海运特运又相继派遣“天乐”轮、“天健”轮、“天恩”轮等船舶试航北极航道。

自从北极航道登上国际舞台,越来越多的极地科考船、极地破冰船、极地运输船、极地邮轮和极地渔船被投入到北极航道的开发中来。尤其从技术上来说,北极航行需要破冰船的开道。国家“十四五”规划纲要明确提出“开展雪龙探极二期建设,重型破冰船等科技前沿领域攻关”。我国拥有“雪龙”号和“雪龙 2”号极地科考破冰船。首艘极地科考破冰船“雪龙”号为常规动力破冰船,具有强大的耐寒能力,能以 1.5 kn 的航速连续冲破 1.2 m 厚的冰层,是一艘功能齐全的破冰船;"雪龙 2"号则是我国第一艘自主建造的常规动力极地科考破冰船,也是全球第一艘采用艏、艉双向破冰技术的极地科考破冰船,能够在 1.5 m 厚的冰层中连续破冰航行,填补了我国在极地科考重大装备领域的空白。

南北极科考与北极航道的潜力极大地促进了极地船舶服役材料的需求与发展。与普通船舶用钢要求不同,极地破冰船用材料要求极为严格。由于在极地寒冷地区航行,船体结构材料不仅需要较高的强度及优良的低温冲击韧性、焊接性能,为保证在寒冷地区的安全性,还需要材料具有良好的低温强度、低温断裂和止裂性能,同时对钢材本身的耐磨、耐腐蚀性要求更加严格。为了更加科学地研究和探索极地船舶与海洋工程服役材料,首先需要对极地环境进行深入的了解。

1.2　极地的低温环境

南极洲和北冰洋位于地球的两极,常年冰天雪地,温度极低。由于极地处在地球纬度最高的地方,冬季的半年为极夜环境,几乎无太阳辐射,最低温度可低至-60℃;而夏季的半年虽为极昼环境,但冰雪反射率强,且太阳光线入射的角度较小,单位面积内能够吸收的热量也就较少,不足以融化冰雪,因此温度依然很低。北冰洋的冬季从十一月起直到次年四月,长达 6 个月。五—六月和九—十月分属春季和秋季,而夏季仅七、八两个月。一月份的平均气温介于-40~-20℃,即便是最温暖的八月平均气温也仅为-3℃左右。在北冰洋极点附近漂流站上测到的最低气温是-59℃。由于洋流和北极反气旋及海陆分布的影响,北极地区最冷的地方并不在北冰洋中央。南极平均气温比北极要低 20℃。南极大陆的年平均气温为-25℃,而沿海地区的年平均温度为-20~-17℃;内陆地区的年平均温度则为-50~-40℃;东南极高原地区最为寒冷,年平均气温低达-53℃。

然而近 30 年来,受温室效应和全球变暖的影响,极地的低温环境正在悄然发生着变化。通过卫星传感器检测地表温度得到的数据显示,南极大部分沿海地区的气温呈现惊人的增长速度——平均每年气温增加 0.1℃,部分地区最高可达 1℃/年。而北极地区升高幅度则是其他地区的两倍,最直接的后果就是北冰洋海冰在加速消融。2015 年北极年平均气温上升了 1.3℃,是自 1900 年以来的最高纪录。而 2018 年冬季北极海冰的最大面积创下自 1979 年有卫星记录以来冬季北极海冰的最小面积记录,这更加印证了北极冰融的加剧。2004 年出版的北极气候影响评估预测,北冰洋夏季无冰年份最早到 2050 年出现;而根据 2009 年最新计算和预测,北冰洋夏季无冰的状况将在 10 年内出现,比原先估计的早 30 年。

联合国政府间气候变化专门委员会第六次评估报告显示,最近 50 年来,全球变暖正以过去两千年以来前所未有的速度发生,热浪、高温、干旱、飓风等极端天气将更为平常。极地气候是全球气候变暖的放大器,正是由于气温不断升高致使冰川消融、冰盖减少、冰川加速融化,取道北极已不再是纸上谈兵。

1.3　极地的雪

雪是极地最显著的特征之一。在极地大部分区域,一年中每个月都会下雪,雪会在地表停留 7~9 个月,覆盖了陆地和冰冻的海洋。在极地极端寒冷的条件下,大部分的雪像针状或细小的晶体一样落下。由于它们体积小、重量轻,比我们所熟悉的更大、更潮湿的薄片更容易被吹散。因此,在一些地区,多达75%~90%的表面相对无雪。暴风雪(飞雪)创造了危险的条件,限制了极地区域许多人类的活动。被风吹起来的雪雾会造成白雪皑皑的情况,严重限制能见度,容易使人们迷失方向。当雪从裸露的平面上扫下来并沉积在洼地时,地表往往变得平整。而在风的作用下,雪会被一层层压实成坚硬的表面,从而在极地形成冻土、硬壳(雪)和冰覆盖的组合地层。

1.4　极地的冰川与海冰

冰是极地大部分地区的主要表面覆盖物。在南极地区,冰层覆盖了南极洲、格陵兰岛和零星的小区域,约 1 550 万 km^2。在北极地区,北冰洋的大部分地区全年都被冰覆盖,冬季更是如此。该地区的湖泊、河流、海湾和海洋在一年中大部分时间也被冰覆盖。在极地有两种冰:冰川与海冰,它们的形成环境和条件均不同。海冰是直接在海里冻结形成的,溶化后都是咸水;相反,冰川则是由邻近海边的冰河里面的大冰块掉入海中形成,或由压实的雪逐渐形成,所以溶化后是淡水。

1.4.1　冰川

冰川是极地景观的显著特征。它们在北极约占 425 000 km^2,主要出现在加拿大北极群岛(约 150 000 km^2);格陵兰冰原周围(约 89 000 km^2);斯瓦尔巴群岛、新地岛和法兰士约瑟夫地群岛(约 85 000 km²);阿拉斯加(约 87 000 km²)。部分冰川冰是由压实的雪形成的,如果降雪量和累积量超过融化、径流和蒸发损失的量,就会开始累积。只要年复一年地累积,新的层就会被添加进去。渐渐地,上面积雪的重量开始压实下层,冰川冰开始形成。当降雪量小于流失到大气中或融化和径流的量时,冰川就开始消融或缩小。

冰川就像水一样能够流动,只是速度很慢。它们有一个核心或中心,通常是冰最深的地方。在冰穹的重量和压力下,冰块向外移动。这个过程类似一种冰冻的浓稠液体(如糖浆)在一个平面上慢慢向外流动。从理论上讲,在所有方向应具有相同的速度。然而,在现实中,地形在冰川移动的方向和速度上起着重要作用。山脉和山谷、坡度和重力等特征都会影响冰川流动。当冰川流入大海时,大块的冰会断裂,这个过程被称为冰解,是冰山的来源。这些巨大的冰块经常被洋流卷进海洋航线。就像一块冰块几乎淹没在一杯液体中一样,冰山也淹没在海洋中,它们只有大约八分之一的质量在水面上,其余的都在水下,这是一种潜在的危险。冰川包含了地球上 75% 的淡水。科学家们知道,在上一个冰河时代,将近三分之一的陆地被冰川覆盖,海平面比现在低 120~140 m。如果现存的冰川融化,海平面将再上升约 70 m。包括世界上大部分大城市在内的低洼地区的结果将是灾难性的。这只是地理学家和其他学者对地球变暖的诸多担忧之一。

1.4.2　海冰

1.4.2.1　海冰的形成与分类

海冰覆盖是极地的一个关键环境因素,在全球和区域气候变化研究中起着至关重要的作用。就覆盖面积而言,海冰是最广泛的,分布于北冰洋的大部分区域及南极洲周围的海洋。在北极,海冰的面积和厚度随季节变换而变化。每年冬末,当海冰量达到最大时,其边缘能达到北纬 60° 左右;而在夏季,海冰会向两极不断退缩。

极地海冰的形成环境复杂,在空间和时间上具有高度的特异性。不同于淡水结冰,海水结冰时海冰内部会形成许多盐囊和盐通道。当平均盐度为 34.5 psu 的海洋表面冷却到约 1.8℃ 时,冰开始形成。最初,一种被称为冰针或油脂状冰的微小冰晶在水面上形成。在平静的条件下,"第一年冰"冻结在一起,形成连续的透明薄冰,称为暗冰。水分子在暗冰的底部结冰,这个过程被称为凝冻,随着暗冰变厚,先是变成灰色,然后变成白色。冰面由于下层冰晶的扩展而不断变厚,海水中的盐分从冰晶中析出,聚集到盐囊、盐通道中,形成了独特的低温高盐的卤水环境。随着温度的降低,盐囊体积逐渐缩小,更多盐分析出到卤水中,盐囊中卤水的盐度随着海冰温度的降低而升高。这些细小的冰晶在海洋的作用下不断聚集生长,从而形成薄的冰片。在海冰区域的边缘,这些冰片的直径大约只有几厘米,而在海冰的中间区域,这些冰片的直径可达到 3~5 m,厚度约为 50~70 cm。这些冰片结合成浮冰,最后形成冰板或大的浮冰块,漂浮在海面上。海冰能浮在海面上是因为在 0℃时其密度约为 917 kg/m³,而水的密度为 1 000 kg/m³。

对于海冰的分类有很多种。根据海冰形成的方式,科学家们确定了三种主要类型:第一年冰、多年冰和固冰,每一种都有不同的物理特征。第一年冰由分离的海上浮冰碎片组成,这些漂浮的薄冰会移动,可能会被引线或开阔水域分开。多年冰是由许多浮冰经过长时间的聚集形成的,只留下很少的开阔水域。固冰(也称为大陆架冰)是一种固定的冰,当温度定期下降到冰点以下时,从海岸线向外生长。

根据海冰的运动状态可分为流动冰和固定冰。流动冰是指漂浮于海面上能随海风和洋流自由漂移流动的海冰。固定冰是与大陆架或海岛陆地紧密结合在一起的海冰,不会随海风或洋流移动。根据海冰生长过程中冰层厚度的不同,流动冰又可分为初生冰、饼冰(直径<3 m,厚度≤5 cm)、皮冰(直径<3 m,厚度≤5 cm)、板冰(厚度为 5~15 cm)、薄冰(厚度为 15~30 cm)和厚冰(厚度>30 cm)。根据形貌结构的不同,固定冰又分为冻结在海岸上的沿岸冰、散落在海浅滩上的搁浅冰和冰脚。

根据海冰形状的不同,可分为平整冰、重叠冰、堆积冰、冰丘和冰山。

根据海冰冰量的不同,可分为无屏蔽水域、稀疏冰、疏散冰和固结冰。海冰的冰量是影响船舶冰区航行的重要因素之一,其主要是指航道中海域的海冰覆盖率。尤其是在冰情警告和冰区天气预报中,可以通过海冰覆盖率来表述冰区海域的冰量,判断船舶航行时的难易程度。无屏蔽水域是指海冰覆盖率小于 1/10,船舶可自由通航;稀疏冰是指海冰覆盖率介于 1/10 和 5/10 之间,船舶需根据冰况改变航行方向;疏散冰是指海冰覆盖率介于 5/10 和 10/10 之间,船舶若无破冰船协助破冰则难以单独航行;固结冰是指海域 100%被冰覆盖而形成的巨大冰原,船舶无法航行。

1.4.2.2 海冰对冰区船舶航行的影响

在极地海域,厚厚的冰层限制了航行。但随着极地气温的不断升高,北冰洋可能很快就会形成一条有价值的黄金航道。尤其对位于北半球的我国而言,走北极航道可以大大缩短航线距离,节省大量人力物力。当船舶从开阔水域进入冰区时,首先要经过一个海水-海冰过渡区域,称为极地冰缘区,该区域的海冰主要以碎浮冰的状态存在。在靠近冰缘区域边界约 60 km 处,冰块的尺寸小而均匀,直径约为 0.1 m;进入冰缘区约 190 km 处,这一区域的冰块增大至直径 0.5~8 m;再向冰缘区深处航向大于 190 km 处,冰块的尺寸会突然增大至直径 100 m 甚至更大。各类需要在极地冰缘区航行的极地破冰船、极地科考船、冰区运输船等船舶的航行性能是研究工作的重点。海冰的形状尺寸、物理性质、与海浪的相互作用都会极大地影响船舶结构及其服役材料的安全性和稳定性。

复杂冰情是极地船舶航行中的重要不确定因素,而冰阻力作为船舶及海洋工程结构安全运行的关键环境载荷,极易造成船体结构失效、服役材料冰激疲劳和航行冰困等工程安全问题。海冰对船体的反复冲击和摩擦会严重破坏外壳表面涂层从而加速船体腐蚀损坏,暴露在极地海洋环境中的低温钢基体也会遭受恶劣环境的侵袭。当船舶在冰区航行时,冰层断裂和海上漂浮的碎冰都会对行驶中的船舶产生作用力,这个力在纵向上的平均值就是冰阻力。冰阻力不但直接影响船舶在冰区的破冰能力,更是船型设计优化及服役材料选择的重要依据。从研究冰阻力的角度可以把海冰分为平整冰和浮冰,在平整冰的环境下,冰阻力由破冰阻力、浸没阻力和滑行阻力组成,其中破冰阻力所占比重最大;在浮冰环境下,冰阻力由破冰阻力、清冰阻力和浮冰阻力叠加而成,其中浮冰阻力所占比重较大。海冰对船舶的破坏作用是一个复杂的动态过程,冰块材料的特性(形状大小和密度)、船体形态、船舶航速等参数都会影响冰阻力。在船舶与海冰相互作用的过程中,船舶材料的失效模式包括挤压、弯曲断裂、蠕变、剪切、开裂和混合模式几种。其中,挤压和弯曲断裂的发生概率总体上多于其他失效模式。研究表明,在船舶与冰的接触过程中,55%的时间船舶没有受到冰载荷的作用,31%的时间发生复合断裂,9%的时间发生蠕变,4%的时间发生弯曲断裂,1%的时间发生挤压。因此海冰对极地冰区航行船舶及海洋工程的影响还需要深入而具体的研究,包括模型试验、模拟仿真与实船检测等。

1.5　极地的微生物

低温酷寒、冰雪覆盖是南北极的普遍环境特征,而高盐度、强辐射、寡营养则增加了极地气候环境的多样性,导致了极地微生物在漫长的进化过程中演化出一系列的生物结构和功能来适应这种特殊的极端环境。随着冰下原位探测和微生物取样分析手段技术的不断提高,近些年科学家们已经在极地海水、海冰、沉积物、冻土、苔原、冰芯、岩石中发现了种属各异的极地微生物,其中包括大量的嗜冷和耐冷微生物。作为地球上最寒冷的环境之一,极地环境和海水温度最低可达-35℃,在这种生存环境下,极地微生物不但具有独特的物种多样性,还演化出了应对极端恶劣环境的生存机制,因此极地微生物成为21世纪最前沿和火热的科学研究命题之一。

极地环境的低温降低了生化反应速率,对溶质的运输和扩散产生负面影响,并导致了冰的形成和渗透应激。为应对极性应激条件,微生物利用不饱和脂肪酸、冷休克蛋白、色素和多糖等保护策略应对生存问题。Lauritano等发现极地细菌通过调节不饱和脂肪酸的种类和数量,以维持细胞膜的流动性;同时,极地细菌能够上调冷应激反应基因并合成冷活性蛋白质/酶。革兰氏阳性菌中的肽聚糖增厚也有助于避免细胞破裂和渗透失衡;冷适应细菌会产生多糖等物质来降低细胞质渗透压和减少水分散失。

微生物多糖在微生物适应寒冷环境中起重要作用,它不仅是微生物的能量来源和支持性组织结构,也参与细胞内多种生化反应。Koo等研究发现,南极湖泊和土壤微生物群落具有相同的寒冷应激反应,包括胞外多糖基因激活和冷诱导蛋白的产生,这使得它们能够在极端条件下生存。Huan等提出来自北冰洋的 *Mesonia algae* 是一种嗜盐嗜冷微生物,其大量细胞外多糖的合成和各种细胞外蛋白酶家族的分泌使得 *Mesonia algae* 具备抗寒能力。生物膜形成、共生、结合、孢子形成等活动为细菌生存在地球上最寒冷、最干燥的大陆提供可能性。总而言之,多糖物质能够保持细胞的正常生理活动,而极地微生物的进化机制可能更加保守,非常有利于开展多糖合成机制的深入研究。

1.5.1　极地微生物在低温环境的自我防护

在极地的各个环境中广泛存在着不同种属的微生物,这些微生物大多数能以独特的生理和遗传机制应对极端酷寒的气候环境,称为嗜冷或耐冷微生物。作为地球上最寒冷的区域之一,极地海冰的温度在-50~0℃之间波动。海冰的冰晶之间布满了大小各异的盐水通道,形成了温度、盐度和营养物质浓度急剧变化的环境,尤其是温度和盐度,从寒冷的海冰表层到海水底层逐渐下降。在这样的环境中,大量的嗜冷或耐冷微生物却可以正常生长和代谢。研究发现在冰川环境中,革兰氏阳性菌的比例高达60%以上。由肽聚糖和磷壁酸组成的复杂细胞壁为革兰氏阳性菌提供了低温冰冻状态下的生存条件。另外革兰氏阳性菌可以在低温酷寒的恶劣环境中形成孢子,或者直接以休眠的方式进行自我防护,渡过难关。从南北极地区分离得到的假交替单胞菌通过分泌各种生物活性物质应对极地恶劣气候环境。基因组分析结果显示南极地区的假交替单胞菌 TAC125 出现密码子选择性偏误,在表型上通过天冬酰胺的环化和脱氨基作用对抗蛋白质老化,对抗给细胞带来刺激和压力的活性氧 ROS。假交替单胞菌在基因簇内有着可变性极高的关于生物活性物质合成的操纵子,可以分泌产生耐低温的广谱性抗菌活性物质以应对极地低温气候。在极地的极端酷寒环境中,微生物还要面临一个更为艰难的处境,就是细胞的冻融循环。细胞里含有大量水分,当遇到低温环境时就会结冰形成冰晶,冰晶会严重破坏细胞的结构,动物细胞在结冰融化后无法恢复活性的主要原因就是冰晶破坏了细胞结构。但是极地微生物进化出了多种策略应对冻融循环,例如细胞内含有甘氨酸、甜菜碱、海藻糖等多种兼容性溶质,在细胞结晶时降低渗透压对抗细胞失水,从而保护细胞免受冰晶破坏。还有很多极地微生物能够分泌抗冻蛋白和功能性多糖进行自我防护,从而应对低温酷寒的气候环境。

1.5.2　极地微生物分泌的冰结构蛋白

南北极的嗜冷微生物和耐冷微生物备受研究人员的关注,不仅因为它们在极地生态系统中作为初级生产者为群落中其他动物提供食物,还因为它们能够降解和氧化海冰下沉积的矿物质。对极地微生物进一步研究发现,它们能够分泌独特的冰结构蛋白,用以对抗极端酷寒的气候及冻融循环对细胞结构的致命损伤。冰结构蛋白属于多肽类蛋白质,包括抗冻蛋白和冰核蛋白。

抗冻蛋白是一种能改变冰晶生长形态且抑制冰晶生长的多肽蛋白质。第一次在微生物中发现抗冻蛋白是 1993 年,在嗜冷微球菌和红串红球菌中分离得到,但直到现在也没有将其分子结构表征出来。后来又从加拿大北极地区的恶臭假单胞菌中分离得到了一种糖蛋白结构的抗冻蛋白,这些多肽类蛋白质的分子量大多在 25~34 kDa。研究者们认为抗冻蛋白依靠一种吸附-抑制机制结合到小冰晶上,进而抑制细胞结晶和冰晶的生长。与汽车抗冻剂乙二醇不同,抗冻蛋白不是按照依数性起作用,它降低冰点与浓度高低没有直接关系,少量的抗冻蛋白就能够降低细胞水溶液中冰晶的生长点温度,却对冰晶熔点温度的影响非常小,且对渗透压的影响也很小。水溶液中冰晶的熔点温度和冰点温度之间产生差异的现象称为热滞后现象,极地微生物的抗冻蛋白结合到细胞的冰晶上能够引发热滞后和抑制冰晶生长,从而在极地酷寒环境中有效自我防护,以正常生长和繁殖。抗冻蛋白特殊的生理功能归因于它们在特定的冰晶表面上的结合能力,早期研究者认为它们是通过范德华力与冰晶表面结合的,近年来的研究结果显示疏水作用才应该是主要的结合原因。极地微生物分泌的抗冻蛋白在生物医药、冷冻食品、农业、养殖业等多个领域都有广阔的应用前景。比如抗冻蛋白可以强化医学中组织和血液的保存效果,还可以延长冷冻食品的保质期,还能够在严寒地区提高农作物或渔业的收成,对于人类开发极地微生物的生物活性物质具有重大的意义。不同的抗冻蛋白见表1-1。

表1-1　分离自不同细菌的抗冻蛋白的不同表型

名　　称	分子量/KDa	热滞效应/℃	文献报道的浓度	分离自何种细菌种属
非特征蛋白质	—	0.35	—	嗜冷微球菌(Micrococcus cryophilus)
非特征蛋白质	—	0.29	—	红串红球菌(Rhodococcus erythropolis)
糖蛋白	~34	~0.11	—	恶臭假单胞菌(Pesudomonas putida GR12-2)
糖蛋白	164	—	—	恶臭假单胞菌(Pesudomonas putida GR12-2)
脂蛋白	52	~0.171	0.1 mg/mL	莫拉克斯氏菌(Moraxella sp.)
非特征蛋白质	80	0.059	—	荧光假单胞菌(Pseudomonas fluorescens KUAF-68)
Ca^{2+}依赖性蛋白	—	~0.8	11 mg/mL	海洋单胞菌(Marinomonas primoryensis)
基因重组蛋白(MpAFP)	>1 000	2	0.5 mg/mL	海洋单胞菌(Marinomonas primoryensis)
黏附素冰结合蛋白(MpAFP)	1 500	—	—	海洋单胞菌(Marinomonas primoryensis)
β-螺旋蛋白(ColAFP)	~25	<0.1	—	腐败希瓦氏菌(Colwellis sp. SLW05)
重组β-螺旋蛋白(ColAFP)	—	~4	0.14 mM	腐败希瓦氏菌(Colwellis sp. SLW05)
苹果酸盐依赖性蛋白	59	0.04	0.7 mg/mL	黄杆菌(Flavobacterium xanthum IAM12026)
冰结合蛋白	54	—	—	黄杆菌(Flavobacteriaceae)
并结合蛋白(FfIBP)	~26	2.2	0.005 mM	黄杆菌(Flavobacterium frigoris PS1)

冰核蛋白是一种附着于细胞膜上的糖脂蛋白复合物,广泛存在于耐低温微生物及其他生物的细胞中。首次发现冰核蛋白是1972年,是从腐烂的植物叶片中分离得到的丁香假单胞菌中产生的。冰核蛋白最大的作用就是诱导形成冰晶凝结核物质,而冰核作为晶核可以凝结水分子,调节水分子按照一定顺序整齐排列,进而诱发结冰现象。极地微生物为何会在漫长的岁月中进化出调控

结冰的蛋白质呢？实际上,冰核蛋白的产生本质上是一种抗冻手段,主要用来对抗冻融现象,因为冻融将带走细胞内大量的热量,且会严重破坏细胞结构。冰核蛋白的肽链较短,只有几十个氨基酸,但多个蛋白聚合在一起可以形成一种冰核活性很强的蛋白复合物。不同微生物的冰核蛋白有相似的一级结构,包括中心高度重复的 48 个氨基酸肽链,与细胞膜结合的球形、疏水 N-端结构域,以及高度亲水的 C-端结构域。冰核蛋白通过这种分子结构捕获水分子并以 48 个氨基酸的肽链为模板来产生冰胚,从而形成规则、细小的冰晶。冰核蛋白在多个领域具有广泛的应用潜力。在食品工业领域,冰核蛋白可以提高冷冻食品的过冷点,使待处理的食品在较高的温度下就能发生冻结,从而缩短冷冻时间,节约大量能源。在农业领域,可以利用冰核蛋白杀灭农作物害虫,既不污染环境,也不会影响农作物的品质。冰核蛋白还可以在人工降雪、滑雪场等领域进行应用,不仅能够提高人造雪的质量,延长雪的寿命,还能够节约能源,保护环境免受污染。冰核蛋白的功能如图 1-1 所示。

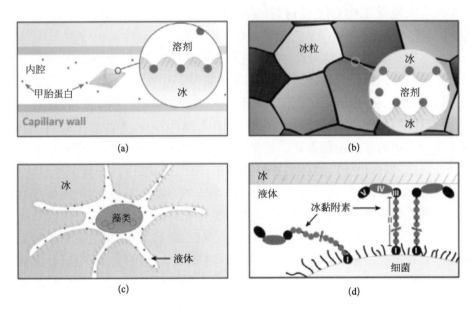

图 1-1　冰核蛋白的相关功能

(a) 防冻;(b)冰重结晶抑制;(c) 冰结构;(d) 结冰附着力

1.5.3　极地微生物在强紫外辐射环境的自我防护

　　1985 年科学家在南极上空发现由大气污染导致的臭氧层空洞,后来臭氧层破坏连年加剧,南极和北极上空均出现了臭氧层空洞。由于极地的紫外线辐射水平本来就高于地球上其他区域,臭氧层的严重破坏更是将直接影响到极地生态系统。与其他真核生物相比,微生物的细胞小、比表面积大,DNA 在细胞中占的比重高,因此更容易受到紫外辐射的伤害。紫外辐射会诱变微生物的 DNA 进而抑制其生长,同时降低微生物的新陈代谢和生理活性。其中波长为 280 ~ 320 nm 的中紫外波 UA-B 最为引人关注,它会对微生物的 DNA 直接造成损伤,导致环丁烷嘧啶二聚体和 6 – 4 嘧啶酮的生成。但是极地微生物可以通过多种方式针对紫外辐射进行自我防护。有的微生物可以合成抗紫外线物质来吸收过多的紫外线,从而减轻对细胞的损害;有的微生物具有 DNA 损伤的修复机制,可以通过光裂合酶、转移酶和氧化脱烷基酶等功能酶直接切除损坏的碱基;还有的微生物可以通过提高氧化还原酶 NAD(P)H 的活性来增强自身的抗氧化性,从而抵御极地的强紫外辐射。这些功能性酶在人类生物医药及民生健康领域均有着巨大的开发潜能。

1.5.4　极地微生物对服役材料的影响

微生物腐蚀是对极地服役材料破坏较为严重的一种腐蚀形式。由于微生物具有生命活性,其对材料的腐蚀过程和腐蚀机制是动态的、不可逆的,结合其他腐蚀因素,往往会造成较为严重的后果,带来一系列的安全隐患和经济损失。例如一旦船用钢失去了涂层的防护而暴露在海水环境中,海洋微生物腐蚀就会成为腐蚀损坏的一种主要形式。近年来海洋微生物腐蚀研究已经取得了诸多突破性的进展,但由于海洋微生物具有分布广泛、数量巨大、种属多样等特点,因此其研究难度也较大。当船舶航行在海水中时,船体表面不光滑的金属材料恰好为微生物提供了附着位点,引起微生物的聚集,从而进一步造成船舶材料的腐蚀破坏。尤其是在极地环境中,极端的低温、高盐度、强辐射造就了一群极其强壮和有韧性的微生物群落,由于没有来自其他物种的竞争,很多种属的微生物能够快速生长繁殖。极地微生物为了生存,发展出了一整套适应机制来应对极端环境所造成的损害,包括增加细胞内抗冻蛋白、可溶性多糖及酶分子的含量,以及分泌具有腐蚀性质的色素物质来抵御严寒的环境。极地微生物所具有的新颖性、独特性与多样性,使其在科学研究、应用开发等方面具有重要价值。但是国内外关于极地微生物对金属材料的腐蚀机制研究尚处于起步阶段,这些极地极端环境下的微生物及产生的特殊胞外分泌物会对船用钢的腐蚀及后续的摩擦磨损造成怎样的影响还未可知,因此急需开展相关的研究工作,积累研究成果和科学数据。

近年来关于微生物对金属材料腐蚀机制的研究主要聚焦于其胞外分泌物,

尤其是胞外多糖对材料腐蚀的影响。新喀里多尼亚弧菌产生的胞外多糖可有效防止碳钢在人造海水和酸性介质中的腐蚀,其抑制作用随着多糖的浓度增加而增加;Guo 等发现解脂假交替单胞菌纤维素过量分泌突变株△17125 有利于生物矿化膜的形成,能有效抑制金属腐蚀;而突变株△bcs 由于缺乏纤维素多糖,无法形成生物矿化膜,从而无法抑制金属的腐蚀,这说明细菌纤维素在生物膜形成和生物矿化过程中起重要作用。而某些多糖可能促进金属材料表面腐蚀的发生。脂多糖能够和钛发生相互作用,改变其耐腐蚀性,造成腐蚀;硫酸盐还原菌等革兰氏阴性菌外膜中的脂多糖能与亚铁离子(Fe^{2+})发生特异反应,加速钢材表面的腐蚀。细胞表面产生荚膜多糖,有助于细胞的黏附、减毒和逃逸,猜测产生荚膜多糖的细菌能够在复杂的海水环境中维持自身的生存,促进细菌与金属基质的黏附,提高菌落形成的效率。硫酸盐还原菌和铁氧化细菌由于多糖的作用会加速金属的腐蚀,推测其原因是碳水化合物中阴离子基团螯合金属的能力增加,促使腐蚀发生。此外,革兰氏阳性菌等嗜盐产硫细菌通过代谢多糖物质产生硫化物和醋酸盐,会对管道的基础设施造成点蚀。多糖、EPS、生物膜关系链逐级累加,其对金属材料的腐蚀也逐渐复杂。不同细菌形成的生物膜特征有所改变。枯草芽孢杆菌和解脂假单胞菌的生物膜分别抑制和促进低合金钢的腐蚀,前者致密且疏水,对于金属材料具有保护作用;后者松散且亲水,容易引起金属材料的点蚀现象。而上文中提到生物膜形成的前提是 EPS 的合成,EPS 在金属腐蚀中的作用取决于官能团与金属离子相互作用的程度和组分参加电子转移的能力。随着国家南北极开发战略的推进,破冰船和极地科考站的研究日益重要,这些海洋设备的材料对于极低温下耐腐蚀性提出了更高的要求,因此,极地微生物产生的多糖对金属材料的腐蚀研究是重要的研究方向。

温度是影响多糖的分泌和活性的重要因素,作者团队研究发现叶氏假交替单胞菌在 4℃与 20℃的总糖含量分别 5.67 mg/g 与 3.27 mg/g,证明低温环境确实促进了极地微生物多糖的分泌。而多糖总量的提高可以有效抑制金属材料的腐蚀。Hassan 等研究发现多糖对于金属材料表面腐蚀的作用受温度影响比较明显,果胶酸盐作为一种水溶性天然多糖对于金属铝的腐蚀具有抑制作用,而其抑制效率随着温度的升高而降低,说明在低温条件下多糖能够更大程度地抑制金属表面腐蚀。极地微生物为保证生存,低温下多糖分泌量增加,大大提高了生物膜的形成速度。极地微生物的多糖含量一般较高,例如,来自南极的掷孢酵母的胞外多糖最大产量为 5.64 g/L,加之上文中我们提到极地微生物多糖的结构也发生一定改变,故我们推测极地微生物分泌多糖对于金属材料的腐蚀会有比较明显的作用,目前 Toshkova 等利用南极链霉菌分离出链霉菌杂多糖,其对于生物体炎症反应有比较好的效果,是良好的免疫调节生物活性物质。

Hao 等也提出来自南极的假交替单胞菌的胞外多糖 EPS-II 是一种能够降低早期炎症的天然减毒剂。目前极地微生物多糖的腐蚀研究相对欠缺,但是极地微生物多糖对金属材料腐蚀意义重大。该领域的研究可以丰富现有的微生物腐蚀机制、开发绿色缓蚀剂、提高极地微生物资源的利用率等(图 1-2)。微生物多糖、生物膜、金属材料腐蚀三者构成沙漏状关系,不同种微生物多糖通过生物膜作为连接点,促进或抑制金属材料表面的腐蚀,在此基础上,进一步探索极地微生物多糖的腐蚀机制对于未来极地服役材料的耐腐蚀性研究十分重要。

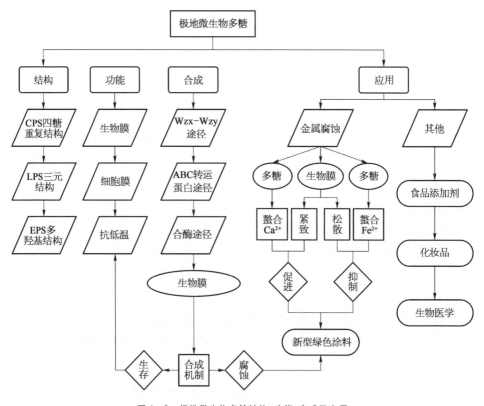

图 1-2 极地微生物多糖结构、功能、合成及应用

1.6 极地研究发展趋势

1.6.1 国内外学术研究论文发表情况

本节以 2017 年 1 月至 2022 年 11 月 SCIE/SSCI 数据库中收录的 462 篇论文为分析对象,从论文的总体情况、国家分布、研究机构分布、成果来源分布及

研究主题角度分析极地航运的学术研究态势。

　　SCIE/SSCI 学术论文年度发表情况如图 1-3 所示。整体上看,极地航运的学术论文量呈上升趋势(由于论文发表至 SCIE/SSCI 数据库检索存在时滞,2022 年论文量尚不完整)。整体上看,近年来论文量增长明显,极地航运研究日益受到国际领域学者的关注。

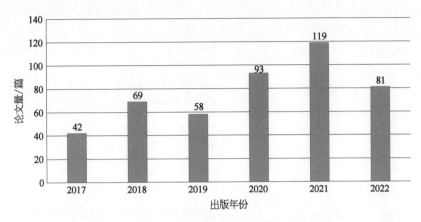

图 1-3　2017—2022 年极地领域 SCIE/SSCI 年度论文量

　　在 462 篇 SCIE/SSCI 论文中,发文量前十的国家共发表了 418 篇论文,占据 90.5%,表明极地研究论文具有区域集中特点。中国以 183 篇论文位居第一,遥遥领先其他国家。加拿大、美国、挪威分别位列第二、第三、第四。可以看出,关注极地的国家主要分布在北极圈和近北极地区,如图 1-4 所示。

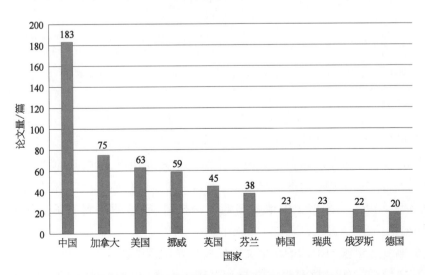

图 1-4　2017—2022 年极地领域 SCIE/SSCI 论文量前十的国家

(注:论文中不同国家之间会有合作,论文量统计会有重复)

极地领域 SCIE/SSCI 论文量前十的机构及各机构研究主题见表 1-2。上海海事大学论文量排名第一,主要研究主题涉及事故风险、碳排放、船舶低温防腐材料、集装箱运输等。

表 1-2 极地航运领域 SCIE/SSCI 论文量前十机构及其研究主题

排名	机构名称	所属国家	论文量/篇	研 究 主 题
1	上海海事大学	中国	26	北极航运中事故风险、碳排放、船舶低温防腐材料、集装箱运输等
2	大连海事大学	中国	23	北极航线中的北海航道、东北航道,以及港口开发、法律风险、破冰船等
3	阿尔托大学	芬兰	22	极地船舶的设计,包括破冰船、支援船,涉及船舶的冰载荷、导航系统、碰撞风险等
4	武汉理工大学	中国	21	预防极地船舶碰撞的风险评估和材料设计,以及极地船液压马达、极地船舶管道侵蚀等
5	哈尔滨工程大学	中国	19	极地船舶的设计,如船舶结冰、冰荷载、撞击性能、极地钢材料、极地导航等,以及极地无人水下航行器
6	纽芬兰纪念大学	加拿大	19	极地船舶航运风险,包括碰撞风险、海冰识别、冰载荷、事故情景分析等,以及船舶推进系统
7	上海交通大学	中国	18	北极航运风险、北海航道、碳排放、冰载荷、极地船舶设计、极地钢材料等,涉及证据推理法
8	江苏科技大学	中国	16	极地船舶破冰能力、冰载荷、平整冰、极地钢性能等,涉及黏聚单元法
9	曼尼托巴大学	加拿大	16	极地船舶溢油、极地极端天气、航运弹性指数、西北航道、北海航道,以及航运对北极气候的影响等
10	挪威北极圈大学	挪威	15	船舶结冰事故、北海航道、西北航道、大气排放等

其中,上海海事大学主要发文学院和学者分布见表 1-3。交通运输学院、海洋科学与工程学院和商船学院发文量较多,董丽华、付姗姗、万征、常雪婷、王胜正等人论文量较多。交通运输学院聚焦北极航运风险、碳排放等可持续发展研究,商船学院侧重航线规划、航行导航,亦有涉及航运风险研究。海洋科学与工程学院侧重于极地船舶低温钢材料、极地耐磨耐腐蚀防护等领域的研究。

极地航运领域 SCIE/SSCI 论文的机构合作网络图谱如图 1-5 所示,可以看出:发文量最高的上海海事大学与武汉理工大学、上海海洋大学、香港理工大学、上海船舶运输科学研究所等国内机构,以及曼尼托巴大学、阿尔托大学等国

表 1 - 3　上海海事大学极地航运领域 SCIE/SSCI 论文主要学院及学者分布

学院	团　队	第一作者或通讯作者论文量/篇	合作发表论文量/篇	研究方向及合作情况
交通运输学院	付姗姗	5	4	北极航运风险、可持续北极航运等,主要合作对象有商船学院席永涛、交通运输学院万征、武汉理工大学严新平等
	万征、章强	4	0	北极航运可行性、碳排放与节能、可持续北极航运,与深圳大学陈继红合作产出成果较多
	葛颖恩、陶学宗、陈琼(学生)	2	1	北极航线的碳排放、北海航线环境成本等,与曼尼托巴大学 Ng 和 Adolf K. Y. 合作较多
商船学院	胡甚平、席永涛等	4	2	北极航线规划、航行风险管理等,与海洋科学与工程学院李壮(学生)、交通运输学院付姗姗、上海海洋大学高郭平合作较多
	王胜正、刘卫、谢宗轩	2	0	雷达识别技术在极地导航中的应用,与信息工程学院林鑫伟合作
	刘雁集、张桂臣	1	0	极地自主水下航行器导航定位研究
	吴华锋、赵建森	1	0	网络分析法和模糊综合评价法量化北极溢油事件风险,与物流科学与工程研究院陈信强合作
海洋科学与工程学院	常雪婷、王东胜、董丽华、申媛媛等	4	0	极地船舶耐腐蚀钢材料、极地表面耐磨及耐腐蚀防护

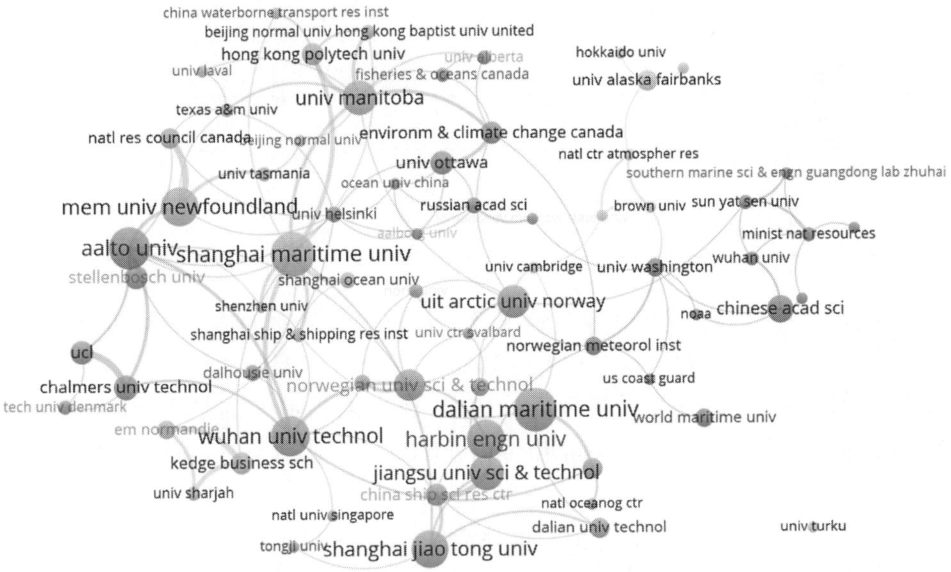

图 1 - 5　极地领域 SCIE/SSCI 论文的机构合作网络

外著名高校开展了合作研究,总体来说上海海事大学国内合作表现突出、国际合作还可以进一步强化;发文量第二的大连海事大学与哈尔滨工程大学、江苏科技大学、上海交通大学、中国船舶科学研究中心、南安普顿大学、挪威科技大学合作产出较多,但是该合作群合作频次亦较低;阿尔托大学的合作机构主要有查尔姆斯理工大学、纽芬兰纪念大学、伦敦大学学院等。

从发文质量来看,论文量前十的期刊共刊载了 154 篇论文,占比 33.5%。Q1 区 8 种期刊,Q2 区和 Q3 区各 1 种期刊,说明极地航运领域问题研究深受学界关注。从期刊研究主题上看,高发文期刊主要集中在海洋工程、海事政策、寒区科学技术等领域,同时也涉及遥感、可持续、交通运输、安全科学等领域,见表1-4。

表 1-4　极地领域 SCIE/SSCI 论文量前十期刊

排名	出版物标题	论文量	分区	2021 年影响因子
1	Ocean Engineering	34	Q1	4.372
2	Marine Policy	21	Q1	4.315
3	Journal of Marine Science and Engineering	18	Q1	2.744
4	Maritime Policy Management	15	Q3	3.167
5	Marine Structures	14	Q1	4.5
6	Cold Regions Science and Technology	13	Q1	4.427
7	Remote Sensing	10	Q1	5.349
8	Sustainability	10	Q2	3.889
9	Transportation Research Part A: Policy and Practice	10	Q1	6.615
10	Safety Science	9	Q1	6.392

上海海事大学 26 篇论文分布在 16 种期刊上,包含 12 篇 Q1 区论文、4 篇 Q2 区论文、7 篇 Q3 区论文、3 篇 Q4 区论文,Q1、Q2 区论文总量超过 60%,说明上海海事大学发文期刊的整体质量较高。其中,载文期刊最多的是 Maritime Policy Management(4 篇、Q3 区)、Ocean Engineering(3 篇、Q1 区)、Sustainability(3 篇、Q2 区)。

通过对 SCIE/SSCI 论文关键词进行统计,根据关键词聚类的情况,揭示了极地航运研究主题主要集中在:极地航运对气候变化的影响;破冰船及极地船舶的设计;极地船舶材料;北极航运的风险管理;北极集装箱运输航线规划;航运碳排放,尤其是二氧化碳的排放问题;极地航行决策及法律风险;中国"冰上丝绸之路"的挑战,如图 1 - 6 所示。

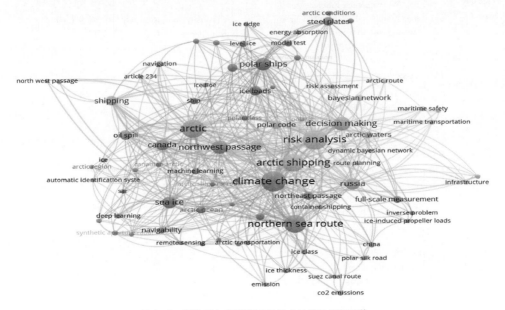

图 1 - 6　极地研究 SCIE/SSCI 论文关键词共现图谱

1.6.2　科研项目情况

据不完全统计,2017 年至今国外高级别极地相关主题科研项目,共 8 个国家 24 项项目,其中美国 7 项,英国、加拿大皆为 4 项,日本、挪威同为 3 项,芬兰、韩国、德国各有 1 项。科研方向主要集中在极地航运对当地的影响及管理、极地航运对极地气候环境的影响及优化方案、极地特殊气候环境对极地航运的影响与挑战等方面,详见表 1 - 5。

表 1 - 5　国外极地主题相关科研项目表

国家	资助机构	项目名称	负责人	承担机构	项目类型	批准经费	立项年份
英国	英国自然环境研究理事会	Inuit QaujisarnirmutPilirijjutit on Arctic Shipping Risks in Inuit Nunangat(因纽特人 QaujisarnirmutPilirijjutit 谈因纽特努南加特的北极航运风险)	Denise Risch	Scottish Association For Marine Science	Research Grant	250 636. 00 英镑	2022

国家	资助机构	项目名称	负责人	承担机构	项目类型	批准经费	立项年份
英国	英国自然环境研究理事会	SEANA－Shipping Emissions in the Arctic and North Atlantic Atmosphere（北极和北大西洋大气中的航运排放）	ZB Shi	University of Birmingham	Research Grant	1 245 811. 00 英镑	2019
		SEANA－Shipping Emissions in the Arctic and North Atlantic Atmosphere（北极和北大西洋大气中的航运排放）	Anna Jones	NERC British Antarctic Survey	Research Grant	291 223. 00 英镑	2019
	英国工程与物理科学研究理事会	How would environmental regulation in the Arctic affect the potential of Arctic shipping routes?（北极的环境监管将如何影响北极航线的潜力?）	－	University College London	Student-ship	－	2017
芬兰	芬兰自然科学和工程科学研究理事会	Analyses of Sea Ice Physical Parameters Along the Arctic Navigation Routes（ASIANR）（北极航行路线沿线海冰物理参数分析）	Cheng, Bin	Finnish Meteorological Institute	Mobility from Finland LT	2 000. 00 欧元	2018
挪威	挪威研究理事会	Sustainable Arctic Cruise Communities：From Practice to Governance（可持续北极游轮社区：从实践到治理）	Associate professor Hindertje-Hoarau-Heemstra	HANDELSHØGSKOLEN	Young research talents	7 892 990. 00 挪威克朗	2020
		Climate System Couplings to Shipping Policy and Investments in Svalbard and the High Arctic（气候系统与斯瓦尔巴群岛和高北极地区的航运政策和投资相结合）	Siri Veland	Nord University	event Support	229 999. 00 挪威克朗	2019
		Shipping in a Changing Arctic：Community Adaptation（不断变化的北极航运：社区适应）	Julia Olsen	Nord University	Personal Overseas Research Grants	109 999. 00 挪威克朗	2018
加拿大	加拿大自然科学与工程研究理事会	Ship Based Deployment of Profiling Floats in the Arctic Ocean（在北冰洋进行剖面浮标的舰载部署）	Marcel Babin	Laval University		120 000. 00 加拿大元	2019

续　表

国家	资助机构	项目名称	负责人	承担机构	项目类型	批准经费	立项年份
加拿大	加拿大自然科学与工程研究理事会	Safely Sailing the Seas: Radar Modeling to Identify Hazardous Ice and Support Arctic Navigation（安全航行：雷达建模以识别危险冰并支持北极导航）	Pradeep Bobby	Memorial University of Newfoundland	–	35 000.00 加拿大元	2018
	加拿大人文与社会科学研究理事会	Co-management of Shipping Corridors in the Canadian Arctic: Governance and Inuit Perspectives（加拿大北极地区航运走廊的共同管理：治理和因努伊特人的观点）	Iroshani-Madumali-Galappath-thi	University of Waterloo	–	20 000.00 加拿大元	2018
		Mobile Labs to Support Interdisciplinary Research Along Shipping Corridors in the Canadian Arctic（移动实验室支持加拿大北极地区航运走廊沿线的跨学科研究）	Brent Else	University of Calgary	–	125 000.00 加拿大元	2018
日本	日本学术振兴会	南極定着氷の変動機構解明と砕氷船航路選択（南极固定冰的变异机制与破冰船航线的选择）	早稲田卓爾（教授）	東京大学	基盤研究（A）	42 510 000.00 日元	2022
		北極海航路における海氷による航行障害特性の把握（北冰洋航线海冰航行障碍特征的把握）	大塚夏彦（教授）	北海道大学	基盤研究（C）	4 030 000.00 日元	2021
		海氷減退期に適した新しい北極海航路航行安全性評価手法の構築（北极海路安全新型评估方法的研制）	金野祥久（教授）	工学院大学	Grant-in-Aid for Scientific Research（C）	–	2017
美国	美国海军部	Carbon Fiber Composites and Sandwich Structures in Harsh Marine Environment for Arctic Naval Operations（北极海军作战恶劣海洋环境中的碳纤维复合材料和夹层结构）	Penumadu-Dayakar	University of Tennessee System	–	–	2020
	美国国家科学基金会地球科学部	Ship-based Technical Support in the Arctic（STARC）［北极舰载技术支持（STARC）］	Lee Ellett	University of California-San Diego Scripps Inst of Oceanography	Standard Grant	–	2020

续　表

国家	资助机构	项目名称	负责人	承担机构	项目类型	批准经费	立项年份
美国	美国国家科学基金会地球科学部	NNA Track 1, Collaborative Research, Maritime Transportation in a Changing Arctic: Navigating Climate and Sea Ice Uncertainties(NNA 分会场 1,合作研究,不断变化的北极地区的海上运输:驾驭气候和海冰的不确定性)	Ralf Bennartz	Vanderbilt University	Standard Grant	–	2019
		NNA Track 1, Collaborative Research, Maritime Transportation in a Changing Arctic: Navigating Climate and Sea Ice Uncertainties(NNA 分会场 1,合作研究,不断变化的北极地区的海上运输:驾驭气候和海冰的不确定性)	Alice DuVivier	University Corporation For Atmospheric Res	Standard Grant	–	2019
		Convergence NNA: Navigating the New Arctic—Understanding Future Systems of Transportation in Arctic Regions, a Workshop Proposal(融合 NNA:驾驭新的北极——了解北极地区未来的交通系统,研讨会提案)	George Kantor	Carnegie-Mellon University	Standard Grant	–	2017
		Informal Roads: The Impact of Unofficial Transportation Routes on Remote Arctic Communities (非正规道路:非官方交通路线对偏远北极社区的影响)	Vera Kuklina	George Washington University	Standard Grant	–	2017
	戈登和贝蒂·摩尔基金会	Reducing the Ecological and Social Impacts of Increased Vessel Traffic in the U. S. Arctic(减少美国北极地区船舶交通量增加的生态和社会影响)	–	Friends of the Earth		–	2017
韩国	韩国国家研究基金会	유라시아통합물류운송시스템구축전략연구: 북극항로를중심으로(欧亚综合物流运输体系构建战略研究:聚焦北极航线)	박종관	Kyungpook National University	–	14 000 000. 00 韩元	2020

续　表

国家	资助机构	项目名称	负责人	承担机构	项目类型	批准经费	立项年份
德国	欧盟委员会	MARANDA－Marine application of a new fuel cell powertrain validated in demanding arctic conditions（新型燃料电池动力总成的船舶应用在苛刻的北极条件下得到验证）	－	Teknologiant-utkimuskeskus VTT Oy	FCH2－RIA－Research and Innovation action	370 475 744.00 欧元	2017

就国内情况而言,国家级项目 25 项(国家自然科学基金 21 项、国家社会科学基金 4 项),省级项目 15 项,社会力量科技奖项 10 项,共 50 项。其中,武汉理工大学获得 4 项国家自然科学基金,江苏科技大学获得 3 项国家自然科学基金,大连海事大学获得 2 项国家自然科学基金、1 项国家社会科学基金,上海海事大学获得 2 项国家自然科学基金,上述 4 所高校在国家自然科学基金和国家社会科学基金中有比较亮眼的成果,有 2 项及以上科研项目,详见表 1－6、表 1－7和表 1－8。此外,2021 年起,科技部会同有关部门,共同启动实施了"十四五"国家重点研发计划"深海和极地关键技术与装备"重点专项,着力攻克极地空天地海立体探测、极地保障与资源开发利用及其环境保护技术、装备和体系。

表 1－6　国内极地主题其他国家级科研项目表

承担机构	项目名称	负责人	项目类型	批准经费/万元	立项年份
上海海事大学	极地小型邮轮设计建造关键技术研究	曾骥	国家工业和信息化部项目	200	2019
	北极航道船舶航行信息服务技术研究及系统研发	谢宗轩	国家科技部重点研发计划项目	60	2022
	北极航道船舶航行导航优化技术及应用系统研发	王胜正		30	2022
	北极冰区多种船型航行风险评估及防控体系研究	胡其平		20	2022
江苏科技大学	多尺度海冰观测与冰场数字化技术研究	周利	国家科技部重点研发计划项目	400	2022
	防寒设计及试验验证技术研究		国家工业和信息化部高技术船舶科研计划项目	215	2021
哈尔滨工程大学	极端环境下北极航行船舶运动与结构安全性分析与评估	薛彦卓	国家科技部重点研发计划项目		2018

表1-7 国内极地主题相关省部级科研项目、社会力量奖项目表

项目级别	资助机构	项目名称	负责人	承担机构	项目类型/奖项等级	批准经费/万元	立项年份
省部级	教育部哲学社会科学	北极航道开发利用有关问题研究	胡麦秀	上海海洋大学	后期资助—重大项目	—	2020
	教育部人文社科优秀成果奖	北极航道法律地位研究	王泽林	西北政法大学	三等奖	—	2020
	河南省自然科学基金	北极航道船舶海水管道细砂及冰晶冲蚀机理研究	彭文山	中国船舶重工集团公司第七一二研究所	青年科学基金项目	—	2021
	湖南省自然科学基金	2020—2030年北极海冰对东北航道风险区划和军运部署的影响研究	汪杨骏	中国人民解放军国防科技大学	青年基金项目	—	2021
	浙江省自然科学基金	极区航行船舶冰载与运动响应的实时数值模拟	王泽鹤	浙江大学	探索Q类项目	—	2020
		晃荡状态下极地油船货油保温过程热流耦合作用	卢金树	浙江海洋大学	一般项目	—	2018
	福建省教育厅	北极水域船舶航行环境风险识别与评估	汪恒	集美大学	福建省中青年教师教育科研项目(科技类)	—	2020
	陕西省科技厅	极地破冰船甲板机械液压系统关键作低温性能研究	李海峰	中国船舶重工集团公司第十二研究所	陕西省重点研发计划—一般项目	—	2019
	上海市科学技术委员会	数据驱动的北极航线风险管理创新方法研究—以上海—欧洲航线为例	付姗姗	上海海事大学	上海市软科学研究项目	8	2019
		船舶极地航行安全风险预警与应急决策技术研究	王胜正	上海海事大学	上海市社会发展科技项目	100	2022

续　表

项目级别	资助机构	项目名称	负责人	承担机构	项目类型奖项等级	批准经费/万元	立项年份
省部级	上海市科学技术委员会	极端环境船舶用钢耐冰载荷磨蚀性能评价方法及评价标准	常雪婷	上海海事大学	上海市技术标准项目	15	2021
		极地科考破冰船智能化改造和运营关键技术及其科考作业协同管理平台研发——南极航行指南研究	陈伟炯	上海海事大学	市科委其他项目	35	2018
	上海市教育发展基金会	新型极地船舶表面抗菌微生物附着腐蚀材料及其机理研究	常雪婷	上海海事大学	上海市曙光计划	15	2019
	国家级项目非主持单位	极地船舶用钢配套焊接材料的研制及应用研究	董丽华	上海海事大学	第三完成单位	90	2017
	其他省部级部门	极端环境高安全性船舶用钢工程应用技术研究	董丽华	上海海事大学	其他省部级项目	36	2019
		极地多用途智能运输船研制	—	大连中远海运重工	其他省部级项目	—	2022
社会力量	中国造船工程学会科学技术奖	极地甲板机械用机械及核心部件关键技术研究	霍小剑、汤敏、王桓智等	武汉船用机械有限责任公司、武汉理工大学、中国船级社武汉分社	三等奖	—	2021
		极地 Mini-cape 散货船设计和建造技术	周妍、郑建伟、谢文利等	上海船舶研究设计院、上海船厂船舶有限公司	二等奖	—	2020
		极地甲板运输船研制	麦荣枝、何光伟、周圣平等	广船国际有限公司、上海船舶研究设计院	—	—	2018

续　表

项目级别	资助机构	项　目　名　称	负责人	承担机构	项目类型奖项等级	批准经费/万元	立项年份
	海洋科学技术奖	109.9K 冰区加强阿芙拉油船设计与建造	郭世玺、顾洪彬、李嘉宁等	上海外高桥造船有限公司	二等奖	—	2021
		北极东北航道适航性评估及航行保障技术研发与应用	李丙瑞、张林、李娜等	中国极地研究中心、国家海洋环境预报中心、北京师范大学等	二等奖	—	2020
		南极海冰多源遥感技术及其在极区航行导航中的应用	程晓、惠凤鸣、李新情等	北京师范大学、中山大学	二等奖	—	2020
		极地甲板运输船研制	麦荣权、向光伟、周圣华等	广船国际有限公司、上海船舶船研究设计院	二等奖	—	2018
社会力量		基于冰阻力条件下的极地船舶螺旋桨设计研究与应用	周利、黄嵘、丁仕风等	江苏科技大学、镇江中船瓦锡兰船兰螺旋桨有限公司、天津大学等	二等奖	—	2020
	中国航海学会科学技术奖	中国商船开辟极地航线关键技术研究与应用	王宇航、韩国敏、蔡梅江等	中国远洋海运集团有限公司、中远海运特种运输股份有限公司、中国船级社等	特等奖	—	2018
		北极通航战略规划研究	郑中义、马龙、吴兆麟等	大连海事大学	二等奖	—	2018

表 1-8　国内极地主题相关国家级(国家自然科学基金、国家社会科学基金)科研项目表

承担机构	项目名称	负责人	项目类型	批准经费/万元	立项年份
武汉理工大学	北极航行船舶航线的多目标优化模型研究	毛文刚	国家自然科学基金面上项目	60	2017
	面向通航环境数字化灰信息下的北极航道船舶冰困风险预警研究	肖新平		49	2018
	北极冰区船舶航行风险评价的基础理论	张　笛	国家自然科学基金国际(地区)合作与交流项目	39.78	2017
	基于摩擦学的极地船舶叶片式液压马达冷启动性能的劣化机理研究	万　高	国家自然科学基金青年科学基金项目	30	2021
江苏科技大学	极地船舶连续破冰模式下层冰与碎冰联合作用计算方法及结构损伤机理	张　健	国家自然科学基金面上项目	60	2019
	内转塔式极地系泊钻井船冰载荷与运动响应研究	周　利	国家自然科学基金青年科学基金项目	23	2018
	极地船极限承载机理及塑性容限计算方法研究	张　婧		21	2018
大连海事大学	面向极地航运综合冰情系统预报的破冰船型优化设计及极限稳性评估方法研究	卢　雨	国家自然科学基金面上项目	58	2021
	覆雪冰区极地船舶冰载荷及破冰性能的离散元分析	龙　雪	国家自然科学基金青年科学基金项目	24	2020
	基于弹性视角的北极航道安全风险治理研究	马晓雪	国家社会科学基金一般项目	20	2019
上海海事大学	多因素耦合作用下北极航道船舶冰区航行事故形成机理与防控方法研究	付姗姗	国家自然科学基金面上项目	55	2022
	北极海冰环境下船舶航行风险耦合模型与动态预测方法研究	付姗姗	国家自然科学基金青年科学基金项目	25	2017
浙江海洋大学	基于星载合成孔径雷达的北极边缘冰区海浪探测研究	邵伟增	国家自然科学基金面上项目	61	2020
青岛海洋科学与技术国家实验室发展中心	北极冰间水道和冰脊的可预报性研究	牟龙江		60	2021

续　表

承担机构	项目名称	负责人	项目类型	批准经费/万元	立项年份
中国石油大学（华东）	基于全极化SAR的北极冰间水道溢油检测研究	刘善伟	国家自然科学基金面上项目	58	2020
中国人民解放军海军工程大学	海上划界和北极航线专用海图及其法理应用研究	边少锋		57	2019
中国科学院西北生态环境资源研究院	不同温升水平下北极东北航道通航状况及船舶温室气体与黑碳排放评估	陈金雷		56	2022
大连理工大学	极地航行中海冰参数及船舶结构冰载荷的现场监测和智能识别方法	崔洪宇		54	2022
上海国际问题研究院	俄罗斯北方海航道开发历史档案文献收集与中俄北极合作研究	李　新	国家社会科学基金重点项目	35	2019
中国科学院空天信息创新研究院	基于弹性周期时空预测的北极通航环境风险预测预报研究	赵辉辉	国家自然科学基金青年科学基金项目	30	2021
上海交通大学	北极航道船舶碳排放清单与碳减排机制研究	戴　磊		24	2020
中国船舶科学研究中心	极地低温环境下船体结构疲劳裂纹扩展机理与安全性评估方法研究	王艺陶		24	2020
宁波大学	极地船用大尺寸轴瓦启停磨损机理及宽温域涂层设计与制备方法研究	曹　均		24	2020
北京师范大学	俄罗斯北方海航道开发法律文献收集整理与中俄北极合作法律问题	赵　路	国家社会科学基金一般项目	20	2019
同济大学	北极航道开发与中俄海权合作研究	郑义炜			2022

因极地航运的特殊环境条件，该领域项目的研究主要涉及：在极端气候情况下的船体结构、材料、性能等设计优化方面，因极地特殊地理环境而产生的绿色航运研究，因极地特殊地理位置而产生的相关法律关系研究。从研究时间和团队上来看，2017年仅有武汉理工大学、上海海事大学两所高校从事极地航运主题相关科研项目，分别为武汉理工大学的张笛团队、毛文刚团队和上海海事

大学的董丽华团队、付姗姗团队。在 2019—2022 年科研项目高发阶段,19 所高校加入对极地航运相关的研究中。多所高校有多个团队深入该领域研究,上海海事大学团队较多,有董丽华团队、常雪婷团队、付姗姗团队、王胜正团队、曾骥团队、陈伟炯团队、胡甚平团队、谢宗轩团队;武汉理工大学有万高团队、肖新平团队、张笛团队、毛文刚团队;江苏科技大学有张健团队、周利团队、张婧团队;大连海事大学有马晓雪团队、龙雪团队、卢雨团队。

1.6.3　专利申请情况

本节以近 10 年(2013 年 1 月至 2022 年 11 月)极地领域申请的相关专利为研究对象,以 IncoPat 专利检索平台为专利数据来源,经检索、清洗、合并去重后得到 2 267 条专利数据(其中发明专利 1 697 项,实用新型 570 项),作为本次分析的数据样本。

近 10 年来,极地领域的相关专利一直处于稳步增长阶段,年度申请专利量由 2013 年的 157 项稳步增长至 2019、2020 年的 300 项左右(专利从申请到公开存在一定的时滞,最近三年数据仅供参考)。随着极地商业航路的开辟和运营及极地资源的深入开发,相关技术的研究有望继续保持稳步增长的趋势。

该领域专利技术积累比较深厚的国家有中国、俄罗斯、韩国、美国、德国等,大多为北极东北航道及西北航道沿线相关国家。中国在专利总量方面优势明显,俄罗斯、韩国、美国紧随其后(图 1-7)。

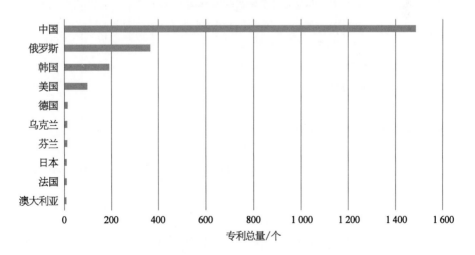

图 1-7　极地领域专利地域分布图

全球范围内专利申请量排名靠前的机构主要有哈尔滨工程大学、韩国大宇造船、江苏科技大学等。排名前十的机构中,中国占据了6个名额,韩国2个,俄罗斯2个(图1-8)。

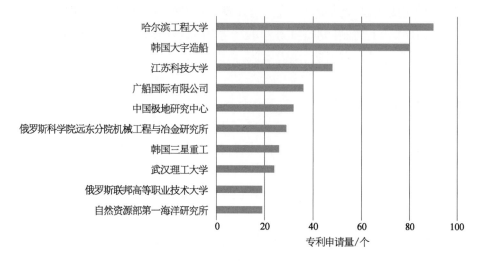

图1-8 极地领域全球主要申请人情况

中国在该领域专利申请量排名靠前的机构主要有哈尔滨工程大学、江苏科技大学、广船国际有限公司、上海海事大学等。排名前十的机构中,高校占据了4个名额,另有3家科研院所及3家企业(图1-9)。

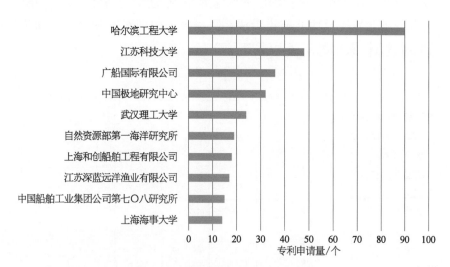

图1-9 极地领域中国主要专利申请人情况

根据样本专利的IPC分类号的含义,对专利进行人工标引及聚类,以此来分析该领域专利的研究热点。该领域的研究热点主要集中于以下几个细分领域：破冰船设计与建造；极地航行通信、导航、测量技术；船舶配套、测试、实验设备；破冰方法及相关设备，以及水下航行器等，其中破冰船方向的相关专利数量最多(图 1-10)。

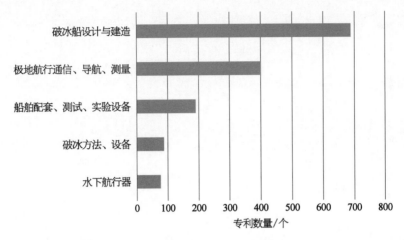

图 1-10　极地相关专利热点研究领域分析

　　具体到机构层面，船舶制造企业的专利量普遍较多，主要集中于极地船舶及配套设备设计与制造领域；高校及科研院所的专利则相对多元，上述几大研究领域均有涉及，详见表 1-9。

表 1-9　部分机构研究重点分析

企 业 名 称	主要研究领域
韩国大宇造船	破冰船设计与制造、配套设备
俄罗斯科学院远东分院机械工程与冶金研究所	破冰方法、工艺及设备
韩国三星重工	破冰船设计与制造、配套设备
上海海事大学	极地船舶低温钢、抗冰涂层、低温钢表面耐磨及耐腐蚀防护
哈尔滨工程大学	破冰船设计、极地航行通信与导航、水下航行器
江苏科技大学	破冰船设计与制造、破冰方法、工艺及设备
广船国际有限公司	破冰船设计与制造、船舶配套设备

　　上海海事大学在极地航运领域共申请了 14 项专利，主要集中于极地航路规划、极地船用钢材及极地航行通信导航领域，主要研究团队包括：常雪婷团

队和董丽华团队,主要聚焦极地船用材料领域;王胜正、谢宗轩团队,主要聚焦极地航路规划及导航领域;王忠诚、尚贺雷团队,主要聚焦极地科考装备(图1-11)。

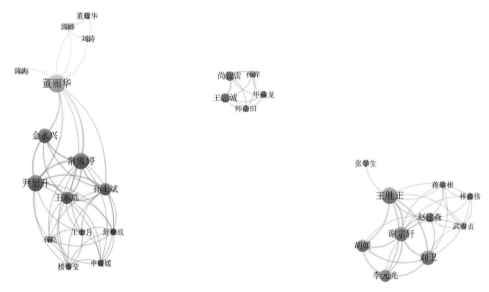

图1-11　上海海事大学极地航运领域专利发明人合作网络图

1.6.4　相关活动开展情况

本节展现2017年1月至2022年11月期间国内外举办的极地领域相关活动情况。国际方面,围绕极地航运、有影响力的国际会议主要有"北极航运最佳实践信息论坛"和"北太平洋北极会议",其中"北极航运最佳实践信息论坛"于2017年由北极理事会设立,该论坛旨在支持国际海事组织制定的极地水域船舶营运国际规则(极地规则)的有效实施。"北太平洋北极会议"是从2015年开始,由韩国海洋水产部主办,韩国海洋水产开发院、韩国极地研究所和北极大学共同承办的北极特别教育项目,2017年以来会议主题涉及北极资源开发、北极海上运输、北极航行、北极海洋合作和治理等。

另外,美国北极研究联合会、俄罗斯国家会展基金、威尔逊中心极地研究所、Informa、ACI等商业公司也举办了北美北极航运论坛、北极航运峰会、北极青年年会等多场与极地航运相关的会议,内容主题涉及北极航运运营设计和技术、北极地缘政治对航运业的影响、北极游轮、北极资源开发与气候变化等,详见表1-10。

表 1-10　极地相关的国际活动

会议时间	会议名称	内容主题	主办机构
2017 年 6 月 5—6 日	北极航运最佳实践信息论坛	促进有效实施国际海事组织的《极地水域船舶作业国际准则》	北极理事会
2019 年 6 月 3—4 日		主题是"从理论到实践",包括介绍适用极地规则的实践经验,并特别关注其成功、障碍和面临的挑战	
2020 年 11 月 24—25 日		分享极地水域航运经验和最佳做法的重要性	
2021 年 11 月 16—18 日		聚焦安全环保的北极航运	
2017	北太平洋北极会议	在不断变化的全球秩序中建立可持续开发北极的能力,关注北极挑战和全球海运业的机遇	韩国海洋水产部、韩国海洋水产开发院、韩国极地研究所和北极大学
2018		北极地区的可持续发展目标,北极资源开采和物流趋势	
2019		北极的海洋治理、北极资源开发和海上物流	
2020		北海航线、北极海上运输和北极海洋合作	
2021		北极合作和北极治理的政策环境与技术层面	
2018 年 10 月 17—19 日	北美北极航运论坛	探索北极航运的最新运营、设计和技术	美国北极研究联合会
2018 年 12 月 5—6 日	第十三届北极航运峰会	讨论极地守则、北极地缘政治形势对航运业影响,北极游轮,北极航运的未来	ACI 公司
2019 年 4 月 9—10 日	第五届国际北极论坛	北极:充满可能性的海洋	俄罗斯国家会展基金
2020 年 6 月 23—25 日	2020 年北极航运论坛	发展技术能力,改进应急响应,确保北极航运的可持续未来	Informa 公司
2021 年 5 月 17—18 日	25 年后的北极——首届北极青年年会	环境、经济发展(航运、资源开采等),气候变化,政策与治理等	威尔逊中心极地研究所

2017 年以来,据不完全统计,大连海事大学联合中国极地研究中心、大连市人民政府、中国航海学会、交通运输部水运科学研究院、上海国际问题研究院等机构,每年举办各种内容主题不同的北极航行相关学术研讨会和论坛,其中"北

极航行安全与可持续发展论坛"已经连续举办五届,成为大连海事大学的智库品牌论坛。大连海事大学一直致力于北极问题的研究,学校早在 2010 年就成立了极地海事研究中心,随后陆续加入了北极大学联盟、北太平洋北极研究网络、中国-北欧北极研究中心、中国高校极地联合研究中心等国际合作平台。2019 年 3 月,学校整合资源成立极地航运与安全研究院,目前已在北极事务、极地治理、北极航线、北极政策、北极航运等方面产出了丰富的研究成果。2020 年学校还联合国内外 26 家单位发起成立"东北亚北极航运研究联盟",致力于打造协同创新与交流合作新平台。

哈尔滨工程大学、江苏科技大学、上海交通大学、大连理工大学、中国航海学会等高校和学术机构也举办了内容不同的极地航运相关学术交流活动,其中哈尔滨工程大学、江苏科技大学内容主要偏极地装备、极地船舶、极地工程等,上海交通大学聚焦高新船舶与深海开发装备、极地战略规划等,大连理工大学侧重极地装备冰载荷与结构安全,中国航海学会关注极地航行安全与装备等。上海海事大学开展的极地相关学术交流活动,主要有与宝山钢铁股份有限公司共建国内首个海洋极端钢铁材料联合实验室揭牌仪式、极地破冰船用钢技术研讨暨成果展示会等。另外,上海海事大学也是 2018 年由北京师范大学发起的"中国高校极地联合研究中心"25 所国内联合共建高校之一,详见表 1-11。

表 1-11 极地航运相关的国内活动

会议时间	会议名称	内 容 主 题	主办机构
2019 年 10 月 10 日	北极航行安全与可持续发展论坛	北极航线开发与利用的建设体系、合作机制、航行安全、环境保护、海事法规等	大连海事大学、大连市人民政府、中国航海学会
2020 年 10 月 29 日		北极航线与区域合作、北极航线与经济振兴、北极航行安全、北极航行技术装备等	
2021 年 11 月 1 日		2035 北极航运愿景、北极事务与国际合作、北极应急保障体系、北极治理等	
2022 年 10 月 28 日		百年未有之大变局下的北极战略与国际合作	
2017 年 5 月 26 日	第五届中国-北欧北极合作研讨会	北极航运和港口城市,共同探讨北极政策、治理、航运、可持续发展等问题	大连海事大学、中国极地研究中心
2019 年 12 月 19 日	北极航行研讨会	北极航行的关键要素	大连海事大学极地航运与安全研究院

续　表

会议时间	会议名称	内容主题	主办机构
2022 年 3 月 29 日	俄乌冲突对北极航运、科考及国际合作影响研讨会	分析和应对俄乌冲突对我国北极航运事业可能造成的影响	大连海事大学、交通运输部水运科学研究院、上海国际问题研究院
2017 年 3 月 10 日	2017 年海洋科学与工程学术论坛暨上海海事大学-宝山钢铁股份有限公司联合实验室揭牌仪式	上海海事大学-宝山钢铁股份有限公司"海洋极端环境钢铁材料制备与蚀损控制"联合实验室揭牌	上海海事大学、宝山钢铁中央研究院
2019 年 11 月 28 日	极地破冰船用钢技术研讨暨成果展示会	极地船舶材料、极地船舶用钢开发与研制等	
2018 年 4 月 22 日	"中国高校极地联合研究中心"成立大会	服务国家极地战略和人类命运共同体建设	北京师范大学
2018 年 1 月 15 日	第一届极地装备与技术创新论坛	极地环境保护、极地科学考察、极地航运、极地资源开发	哈尔滨工程大学
2019 年 12 月 21 日	2019 年极地船舶与海洋工程学术交流研讨会	极地船舶破冰能力评估、北极航道走航和冰区实船监测等	
2022 年 10 月 28—29 日	2022 国际产学研用合作会议(哈尔滨)极地科学与技术论坛	围绕极地船舶、极地通讯与导航、极地装备与环境适应性、极地物理等	
2019 年 9 月 21 日	"极地科学与海洋工程"学术创新论坛暨"极地船舶与海洋工程"国际研讨会	冰区船舶、极地环境与冰载荷、极地船舶与海洋工程	江苏科技大学
2022 年 9 月 17 日	中国科协极地工程高层次专家研讨会	我国极地工程的发展趋势和研究方向	
2021 年 11 月 11—12 日	中国-瑞典冰区工程国际研讨会	冰区工程的发展	江苏科技大学、瑞典皇家理工学院
2017 年 2 月 17—18 日	首届"高新船舶与深海开发装备"创新论坛	"深海·智能·极地"前沿理论、关键技术与未来发展	上海交通大学
2021 年 11 月 24 日	极地战略规划研讨会	极地战略规划	上海交通大学、中国极地研究中心
2021 年 7 月 28 日	极地装备冰载荷与结构安全性完整性研究需求研讨会	极地装备冰载荷与结构安全性完整性研究	大连理工大学

续 表

会议时间	会议名称	内 容 主 题	主办机构
2018 年 3 月 30 日	2018 年度极地航行安全研讨会	极地航行、北极西北航道情况、极地冰区操作风险评估等	中国航海学会、中远海运特运
2018 年 9 月 26 日	中国航海学会极地航行与装备专业委员会成立大会暨极地航行与装备论坛	极地航行与装备	中国航海学会

参考文献

[1] 叶滨鸿,程杨,王利,等.北极地区地缘关系研究综述[J].地理科学进展,2019,38(4):489–505.
[2] 马小东,周康颖.北极海冰厚度变化与分布模型[J].北京测绘,2022,36(8):1058–1063.
[3] 张侠,屠景芳,郭培清,等.北极航线的海运经济潜力评估及其对我国经济发展的战略意义[J].中国软科学增刊(下),2009:86–93.
[4] 李振福.北极航线的中国战略分析[J].中国软科学,2009(1):1–7.
[5] 曹君乾,祁第.北极季节性海冰区-融池系统的碳酸盐体系及其碳汇研究进展.极地研究,2022,34(3):353–366.
[6] 夏立平,谢茜.北极区域合作机制与"冰上丝绸之路"[J].同济大学学报(社会科学版),2018,29(4):49–124.
[7] 王丹,张浩.北极通航对中国北方港口的影响及其应对策略研究[J].中国软科学,2014(3):16–31.
[8] 王祥,胡冰,刘璐,等.冰区航行船舶冰阻力及六自由度运动响应的离散元分析[J].工程力学,2022:1–14.
[9] 韩端锋,乔岳,薛彦卓,等.冰区航行船舶冰阻力研究方法综述[J].船舶力学,2017,21(8):1042–1054.
[10] 孙昱浩,尹勇,金一丞,等.冰区航行模拟器中海冰场景研究综述[J].中国航海,2016,39(2):97–134.
[11] 骆婉珍,郭春雨,苏玉民,等.冰缘区船舶与波浪及海冰耦合作用研究与进展[J].中国造船,2017,58(2):241–251.
[12] 关静荣.不同冰情影响下的北极航线航速优化[D].大连:大连海事大学,2020:1–55.
[13] 罗英杰,李飞.大国北极博弈与中国北极能源安全——兼论"冰上丝绸之路"推进路径[J].国际安全研究,2020(2):91–159.
[14] 管长龙,李静凯,刘庆翔.海冰对海浪影响研究综述[J].海洋科学进展,2022,40(4):2–11.
[15] 吴刚,仝哲.极地、冰区船舶[J].船舶工程,2022(6):44.
[16] 胡晓娜,吴彼,陈威,等.极地船舶用低温钢耐磨性的研究进展[J].鞍钢技术,2021(6):5–11.
[17] 芦晓辉,高珊,张才毅.我国船舶与海工用特种钢材的发展[J].金属加工(热加工),2015,6:8–11.
[18] 薛彦卓,刘仁伟,王庆,等.近场动力学在冰区船舶与海洋结构物中的应用进展与展望[J].中国舰船研究,2021,16(5):1–15,63.
[19] Chen Y, Gao P, Tang X, et al. Characterisation and bioactivities of an exopolysaccharide from an

Antarctic bacterium Shewanella frigidimarina W32 – 2［J］. Aquaculture，2020：735 – 760.

［20］ Kim M K，Park H，Oh T J. Antibacterial and Antioxidant Capacity of Polar Microorganisms Isolated from Arctic Lichen Ochrolechia sp. ［J］. Polish Journal of Microbiology，2014：317 – 322.

［21］ Pacelli，Claudia，Moeller，et al. Survival，DNA Integrity，and Ultrastructural Damage in Antarctic Cryptoendolithic Eukaryotic Microorganisms Exposed to Ionizing Radiation［J］. Astrobiology，2017：126 – 135.

［22］ Cid F P，Inostroza N G，Graether S P，et al. Bacterial community structures and ice recrystallization inhibition activity of bacteria isolated from the phyllosphere of the Antarctic vascular plant Deschampsia antarctica［J］. Polar Biology，2017：1319 – 1331.

［23］ Atalah J，Lotsé Blamey，Muñoz-Ibacache S，et al. Isolation and characterization of violacein from an Antarctic Iodobacter：a non-pathogenic psychrotolerant microorganism ［J］. Extremophiles，2020：43 – 52.

［24］ 王伟,姚从禹,孙晶晶,等.极地微生物酶资源开发研究进展［J］.极地研究,2020,32(2)：264 – 275.

［25］ Cui X，Zhu G，Liu H，et al. Diversity and function of the Antarctic krill microorganisms from Euphausia superba［J］. Scientific Reports，2016：364 – 96.

［26］ Danilovich，Mariana，Elizabeth,et al. Antarctic bioprospecting：in pursuit of microorganisms producing new antimicrobials and enzymes［J］. Polar Biology，2018：1417 – 1433.

［27］ Davies，Peter L. Ice-binding proteins：a remarkable diversity of structures for stopping and starting ice growth［J］. Trends in Biochemical Sciences，2014，39(11)：548 – 555.

［28］ 张晓华.海洋微生物学［M］.北京：科学出版社,2016：22 – 70.

第 2 章 极地船舶材料

在全球气候变暖和北极冰川逐渐消融的大背景下,极地在资源和航道方面具有重要的战略价值。北极被誉为"第二个中东",拥有丰富的油气资源。北极地区蕴藏着全球约30%的未探明天然气资源和约13%的未探明石油资源;从欧洲到太平洋地区,与经由苏伊士运河的航道相比,北极航道的航程缩短了1/3,船舶经此航行可大幅减排温室气体。因此,全球围绕北极经济、战略资源、北极环境等热点开展了大量研究。

极地破冰船在极地资源开发利用、极地航运方面具有重要的意义。与普通船舶用钢要求不同,极地破冰船用材料要求极为严格。由于在极寒地区航行,船体结构材料不仅需要高的强度及优良的焊接性能、低温冲击韧性,还需要良好的低温断裂、止裂性能,并对钢材及其焊接材料的耐磨蚀与耐腐蚀性提出了更高要求。同时,由于破冰船材料服役环境苛刻,对表面防护材料的要求也更高。随着近些年来国内对极地破冰船的关注与重视,专门针对极地船舶材料的研发和评价标准也提上日程,很多研究机构和企业投入了大量的人力物力,但从目前的结果来看,未来的路还很长,主要的技术瓶颈还没有完全攻克(图2-1)。本章将针对以上技术瓶颈中的材料问题进行探讨,包括极地船舶用钢及其焊接材料、表面防护涂层、抗冰摩擦涂料等。

低温钢与焊接材料

能够同时满足力学性能和耐蚀损性能的高品质船舶用钢与焊接材料、耐辐照钢等特种钢材等

评价标准与规范

目前极地船舶以船级社规范钢级要求为依据进行选材,尚无专门的极地船舶材料规范

表面防护技术

极地船舶破冰带的耐磨耐蚀涂层材料与表面防护技术、耐冰摩擦涂料、抗冰涂层等

研检评综合平台

国内外尚无专门针对极地船舶材料的集研发、检测、评价为一体的综合性权威平台,专业人才缺乏

图 2-1　极地船舶材料研究的主要技术瓶颈

2.1　极地船舶低温钢材料及其焊接材料

2.1.1　研究低温钢材料的战略意义

极地在国家能源开发、科学考察、全球物流运输中具有重要的战略地位。极地地区蕴藏着丰富的石油、天然气等资源,对未来世界经济的发展有不可估量的支撑作用。据美国地质勘探局公布的一份最新评估报告称,北极拥有全球13%的未探明石油储量,同时拥有全球30%未开发的天然气储量和9%的世界煤炭资源。与丰富的自然资源相比,更加诱人的则是400年来人们梦想中的"北方黄金海道"的开辟。通过北极航道,可以缩短航行距离,节省燃料,减少运费。随着全球气候变暖加剧,北极海冰快速消融,提高了北极通航和资源开发的可能性,也使得北极航道可以在十年内实现商用。若北极航道成功应用,东北亚地区与北欧之间的货物运输体系将从途径苏伊士运河的南半球网转向途径北冰洋的北极网。北极新兴矿区内产出的资源运输量也会增加。海冰消融也会带来永久冻土层的消失,而原本铺设的地上管线也就不复存在,因此可以预测北极资源的海运量将会扩大。北极除了化石燃料之外,具有高附加值的矿物资源和寒流性水产资源也非常丰富。除铁矿石、铜、镍等之外,还蕴藏着诸如金、金刚石、银、锌等高附加值矿物资源,共约合两兆美元。而格陵兰岛正是由于包括稀有金属在内,所埋藏矿物资源的种类和储量都非常丰富而闻名。另

外,寒流性鱼类也在持续增加。

倘若北极航道顺利通航,其必将形成一个包括东亚、俄罗斯等在内的环北极大型经济圈。而这一切已经远远超过资源开发的意义,它无疑将带来国际政治版图的巨大变迁。对于我国而言,北极航道一旦开通,将有助于我国减少对常规航道的依赖、降低航运安全风险、减少航运成本,确保能源运输安全,具有重大的战略意义,因此北极航道的开辟及北极开发将必然成为我国新的战略发展方向。而在这长远利益的背后,极地破冰船技术的发展则是进行极地考察、极地资源开发、极地运输的核心前提。

如今极地地区作为全球地缘政治经济的热点,俨然成为国际社会的普遍共识,而以加快争夺海底资源、控制海洋空间为特征的国际海洋竞争也日趋白热化。美国、俄罗斯、澳大利亚等"环北极国家"都已制定一系列的策略以适应世界发展潮流,为争夺极地资源做准备,例如:2013年2月19日美国发布了《北极研究计划2013—2017》;俄罗斯于2014年12月1日成立北极战略司令部,以加强对北极地区的控制权。中国作为近北极国家已多次进行极地科学考察并且建立了科考站。在此基础上,当努力攻克极地破冰船核心技术,设计与建造世界一流的破冰船队。极地破冰船建造市场正成为世界造船业竞争的新"高地"。目前,不少大国正加紧进行极地海洋战略部署,竞相建造适合极地海洋冰区航行和科学考察作业的新一代超低温强力破冰船。在环北极国家中,除冰岛、丹麦以外,俄罗斯、加拿大、美国、芬兰、瑞典、挪威都拥有一支强大的破冰船队,且都在加紧扩充和发展。此外,包括科考船、油船、集装箱船、货船、渔船等在内的破冰型商船发展迅速。截至2023年年初,俄罗斯拥有世界最大的破冰船队和世界唯一的核动力破冰船队(图2-2)。北欧各国在破冰船的设计、建造、试验和规范研究方面处于领先地位。一些距离极地较远的国家如韩国、澳

图2-2 俄罗斯Arktika号核动力破冰船

大利亚、日本等也在积极参与极地研究,并且都拥有自己的破冰船。

2018 年以前,"雪龙"号是我国能够实现对极地地区科学考察任务的唯一艘破冰船,是于 1993 年在乌克兰破冰船基础上改进而来的(图 2 - 3)。但是,由于其动力系统不足,加之配套设备和其他国家破冰船相比都有一定的差距,故其破冰等级与其他国家差距较大。

图 2 - 3　"雪龙"号破冰船和"雪龙 2"号破冰船

2018 年 9 月 10 日,我国第一艘自主建造的破冰船在上海下水,并正式命名为"雪龙 2"号(图 2 - 3),这标志着我国极地考察现场保障和支撑能力取得了新突破。但美中不足的是新破冰船建造所用的极地环境船舶用钢及配套材料全部采用欧洲进口产品,这些材料的研发工作是支撑我国破冰船建造的必要保障和坚实的基础,已经迫在眉睫。

2.1.2　破冰船建造用低温钢

破冰船对低温钢的设计、选材和建造加工等提出了更高的要求,要求钢板能够满足超低温、冰雪磨蚀、路途遥远、脆弱生态环境、低温风浪碰撞、强烈的海洋风暴及冻土碰撞、环境保护等带来的诸多挑战,并且其配套焊接材料要求具有优良的极寒低温综合性能。在极地船舶低温钢研制方面,俄罗斯、日本、美国、韩国、芬兰等国走在前列。国外船用低温钢发展可以分为三阶段:第一阶段是在 20 世纪 50—60 年代,以俄罗斯和美国的 AK - 25 和 HY - 80 为代表的调质高强钢用于极寒环境船舶制造。这一阶段主要通过低碳高强钢的合金化和调质处理,抑制钢铁材料脆性断裂,降低其韧脆转变温度:通过添加 Ca、稀土硫化物等,与杂质反应生成稳定析出物,抑制沿晶断裂;通过添加 Ni,细化晶粒并改变非金属夹杂物形态,抑制低温钢中穿晶断裂的发生,可显著降低韧脆转变温度,使调质处理后的马氏体组织获得优异的强度和韧性。但由于 C 含量和合金元素含量较高,可焊性较差,为避免氢致开裂,焊接前需预热,焊道之间要保持一定温度,还要采用低氢焊条,故船舶装配成本很高。因此,研究者将重点工作转向降低 C 含量和合金元素含量,也就是 C 当量控制方面。第二阶段是 20 世纪 70—80 年代,随着超低碳、超纯净钢冶炼、微合金化及控轧控冷等冶金技术的发展,俄罗斯、美国和日本等国开发了以 AB7A、HSLA - 80、HSLA - 100、NS80、NS90 及 NS110 钢为代表的高强钢。HSLA 钢与 HY 系列钢的综合机械性能相当,焊接性能更优良,焊接前无须预热或仅需低温预热,成本更低。通过降低 C 含量,加入强化元素 Cu,以及添加 Ti、Nb 和 V 等合金元素使 HSLA 钢具有优良的机械性能和焊接性能。HSLA 钢的 C 含量少于 0.15%,Mn 含量约为 1%,Si 含量约为 0.5%,微合金化元素约为 0.1%,在保证塑性和韧性的前提下,大幅提高了材料的强度和可焊性。第三阶段是 20 世纪 90 年代以后,国外先进钢铁生产企业在钢铁材料结构复合化、控轧控冷工艺升级和合金化设计方面持续加大投入。美国相继开发了 HSLA - 65 和 HSLA - 115 及 10Ni 钢;俄罗斯开发了具备优异耐腐蚀性和低温性能的复合钢,该钢种外层为不锈钢,内层为低温钢,外层起到防腐蚀作用,内层防止低温下脆性断裂;日本 JFE、新日铁开发研制出的大厚度、满足-80℃极寒低温环境使用的优良超低温韧性钢,用于建造冰海区域运行的极地船舶及海洋工程设施。韩国在商业极地破冰运输船建造方面也拥有良好的技术基础。2011 年,韩国现代重工宣布建成世界最大的商用破冰运输船,该船建造所需低温钢材料由韩国 POSCO 提供。此外,韩国企业还在芬兰参股了多家破冰船设计及建造企业,积极介入冰区海域破冰船的建造。

随着极地船舶的大型化发展趋势,船体减重的需求越发迫切,采用的钢级强度也越来越高,如芬兰 Arctech 公司建造的多功能破冰船使用了 1 070 t EH500 钢板代替 EH36 级钢,达到了目前民用船舶用钢应用的最高级别,其船体减重可达 30%左右,而若采用 690 MPa 级则更可进一步减重约 50%。随着北极资源开发的竞争日趋激烈,发达国家纷纷加大了极地船舶用钢的研发力度,目的是为资源开发和运输提供更安全且低成本的极地低温材料。芬兰与俄罗斯合作开展北极材料技术开发项目获得了欧盟资助,由芬兰的 Lappeenaranta 工业大学与俄罗斯的 Prometey 研究院共同承担。挪威的北极材料项目则是一个包括日本的新日铁、JFE 和 DNV 船级社等多家企业和海事组织参与的国际研究项目,正致力于开发新一代更高强度级别极地船舶用钢。

我国在破冰船的设计和建造方面与国外先进水平有一定差距。我国的"雪龙"号破冰船,由乌克兰赫尔松船厂于 1993 年 3 月 25 日建造完工,先后经过三次改装、维修,所用材料均为宝山钢铁股份有限公司的 F 级钢板。目前,国内仅极少部分钢厂具备生产 F 级船板能力,其中宝山钢铁股份有限公司、鞍钢集团有限公司有 F 级别船板的批量供货业绩。但要满足耐低温、耐磨蚀性能及 −80℃冲击韧性的破冰船建造,国内尚有一定差距,需要加大力量进行开发。

　　破冰船的船头一般是用厚约 5 厘米的钢板焊接而成,并用钢构件牢固地支撑起来。船体沿吃水线还用厚钢板予以加强,因为这个区域经常与冰接触或是与船头压碎的浮冰相撞,很多破冰船都存在着钢板间的焊缝容易被腐蚀并断裂的弱点。极地破冰船建造所采用的最高钢级多为 FH36 或 FH40(艏部分)、最大厚度不超过 60 mm,大部分结构采用的最高钢级为 EH36、厚度不超过 40 mm。在艏、艉和水线附近进行额外加厚,即使在零下的严寒气候条件下,也不会变形。根据船东对破冰船的服役改装修补情况反馈,对于极寒环境下破冰船使用的低温韧性船板,除了满足船级社规范要求,还应重点对钢板在特殊环境下的耐腐蚀性、耐磨蚀性能、止裂性能、疲劳性能、可焊补性能、涂装性能等进行研究,并为用户提供相应的可靠数据支持。

　　极地船舶长期面临超低温的恶劣服役环境,加上极地生态环境脆弱,因此其结构安全性能要求非常严格,船舶设计、材料、建造和配套技术都有特殊的要求。国际海事组织(IMO)规则和国际船级社协会(IACS)指南构成了极地船舶设计、建造及航行作业的主要国际性公约,其中 IMO 规则明确提出了极地船舶必须采用适应极地环境的结构材料及建造工艺,以防止发生因脆性断裂而导致的船体结构失效事故,而《极地船级统一要求》(IACS UR)将极地船舶分为 PC1~PC7 七级,对应船舶在极地适航区的不同冰况要求,其中 PC1 船级为最严重冰况航行,适合全年在北极所有海域航行,另外还规定了各级极地船舶结构用钢分为Ⅰ、Ⅱ和Ⅲ三类(表 2 − 1)。

表 2 − 1　极地船舶水面之上结构用钢级别要求

厚度 t/mm	Ⅰ级材料				Ⅱ级材料				Ⅲ级材料					
	PC1−5		PC6&7		PC1−5		PC6&7		PC1−3		PC4&5		PC6&7	
	普碳	高强	普碳	高强	普碳	高强	普碳	高强	普碳	高强	普碳	高强	普碳	高强
$t \leqslant 10$	B	AH	B	AH	B	AH	B	AH	E	EH	E	EH	B	AH
$10 < t \leqslant 15$	B	AH	B	AH	D	DH	B	AH	E	EH	E	EH	D	DH
$15 < t \leqslant 20$	D	DH	B	AH	D	DH	B	AH	E	EH	E	EH	D	DH
$20 < t \leqslant 25$	D	DH	B	AH	D	DH	B	AH	E	EH	E	EH	D	DH
$25 < t \leqslant 30$	D	DH	B	AH	E	EH	D	DH	E	EH	E	EH	E	EH

厚度 t/mm	Ⅰ级材料				Ⅱ级材料				Ⅲ级材料					
	PC1-5		PC6&7		PC1-5		PC6&7		PC1-3		PC4&5		PC6&7	
	普碳	高强	普碳	高强	普碳	高强	普碳	高强	普碳	高强	普碳	高强	普碳	高强
30<t≤35	D	DH	B	AH	E	EH	D	DH	E	EH	E	EH	E	EH
35<t≤40	D	DH	D	DH	E	EH	D	DH	F	FH	E	EH	E	EH
40<t≤45	E	EH	D	DH	E	EH	D	DH	F	FH	E	EH	E	EH
45<t≤50	E	EH	D	DH	E	EH	D	DH	F	FH	E	FH	E	EH

目前极地船舶规范以船级社规范钢级要求为依据进行选材,尚无专门的极地船舶材料规范。现有船级社规范钢级以冲击试验温度进行定义,最高级别为-60℃的 F 级,这能否用于评价极地船舶所承受冰层的动态,以及用于连续冲击载荷及温差变化大的苛刻条件尚未可知。

2.1.3　破冰船建造用焊接材料

极地船舶对钢板的低温韧性要求非常高,进而要求采用的埋弧焊丝和焊剂匹配焊接的焊缝也要求具有高强、高韧的特性。低温钢用焊接材料在国内的应用也越来越广泛,焊接材料的用量与日俱增。目前在重要的高技术船舶及海工装备制造中所使用的焊丝基本上都是国外知名品牌,国产焊丝因低温韧性尤其是断裂韧性值不稳定而被拒之门外。以往对适用于管线钢、建筑用钢、桥梁用钢和压力容器用钢的埋弧焊丝研究较多,它们的合金系基本上属于 Si-Mn-Mo-Ti-B 系和 Si-Mn-Ni-Mo 系,由于焊丝中 Ni 含量较低,一般小于 1.5%,虽然通过Ti-B 微合金化,可通过细化晶粒在一定程度上改善韧性,但焊缝金属低温冲击韧性大多只能满足-40℃的要求,对于海工装备焊接所需要的断裂韧性及耐磨蚀要求指标,都没有确切的数据,难以适应极地冰海环境超低温领域的应用。目前国内外可提供焊料的主要企业见表 2-2。

表 2-2　可提供低温钢配套焊料的主要企业

企业性质	企业名称	低温钢型号	焊料产品类别
外资	日本神钢	F36, F40, F69	气体保护药芯焊丝、埋弧焊丝+焊剂、焊条
外资	日本新日铁	F36, F40, F69	气体保护药芯焊丝、埋弧焊丝+焊剂、焊条

续　表

企业性质	企业名称	低温钢型号	焊料产品类别
合资	韩国苏州现代	E36, E40, E69	气体保护药芯焊丝、埋弧焊丝+焊剂、焊条
合资	韩国大连高丽	E36, E40, E69	气体保护药芯焊丝、埋弧焊丝+焊剂、焊条
合资	苏州伊莎-伯乐	E36, E40, E69	气体保护药芯焊丝、埋弧焊丝+焊剂、焊条
台资	昆山京群	E36, E40, E69	气体保护药芯焊丝、埋弧焊丝+焊剂、焊条
台资	昆山天泰	E36, E40, E69	气体保护药芯焊丝、埋弧焊丝+焊剂、焊条
国资	大西洋	E36, E40, E69	气体保护药芯焊丝、埋弧焊丝+焊剂、焊条
国资	武汉铁锚	E36, E40	气体保护药芯焊丝、埋弧焊丝+焊剂、焊条
国资	锦州公略	E36, E40	埋弧焊丝+焊剂
国资	上海海事大学 上海通用重工	E36, E40	气体保护药芯焊丝、埋弧焊丝+焊剂、焊条

无论是船舶还是海工装备,焊接结构普遍应用于钢材的连接,通常由焊缝区、熔合区、热影响区及其邻近的母材组成。低温钢焊接时,因为本身的低含碳量和严格控制的其他元素含量,使母材低温钢不易产生裂纹,但正是如此,焊接焊料的选择就尤为重要。不同的焊料在与低温钢材焊接的过程中,焊接接头的金相组织、化学成分和受力情况均会发生很大的变化,最终导致了该部位结构特殊、成分复杂,在使用过程中成为整体的薄弱环节,易造成严重的破坏。合金元素是影响焊缝组织和性能的重要因素。随着合金成分和含量的变化,焊缝的组织和性能将发生相应改变,尤其是合金元素对耐腐蚀性有显著影响。目前,国内企业大多只能生产 E 级别钢材的配套焊接材料,且焊接材料种类不全,焊接材料的研发明显滞后于钢材,尤其是对于焊接材料合金成分的调控之于焊接材料性能的影响缺乏深入和全面的研究,焊接材料选择片面追求高级别,对于焊接材料的耐磨、耐腐蚀性缺乏检查标准和规范。

另外,极地海洋环境是一种复杂的腐蚀环境,在这个环境中,船舶材料在航行过程中面临的首要问题就是海水腐蚀,即使有船舶涂料的防护,但依然无法避免严重的腐蚀情况发生。海水是一种天然的强电解质,具有导电的特性,溶解有多种无机盐类,平均盐度约 35‰,高含盐量直接影响着海水的电导率,进而影响着金属材料在海水中的腐蚀速率。海水中大量的 Cl^- 能够破坏大多数的金属及表面的氧化膜,使之在海水中无法发生钝化现象,从而不能有效地保护材料,最终加速海洋船舶材料的腐蚀。相对于普通海域,当船舶在极地海域航行时,不仅会受到波涛、浪潮的冲刷,同时还会与冰层发生摩擦碰撞,破坏漆面的完整、使船体产生划痕等,这些受损的地方更容易受到海水的腐蚀作用,最终加速船体整体的腐蚀破坏。传统观点认为,由于极地环境下温度较低,无论是海水腐蚀还是微生物腐蚀的程度与其他海域相比都较轻。但实际上,这种观点忽略了几个重要的变量:(1)从腐蚀动力学来看,温度降低确实会使得腐蚀速率下降,但也会带来机械性能的下降,尤其是当考虑到海冰的撞击和磨损因素时,这种耦合机制会导致更为严重的材料失效;(2)极地环境中常温细菌的数量下降,但低温细菌的种类和数量增多,一旦船舶或海工设施的涂层破损,基体金属裸露在海水环境中,海洋微生物腐蚀就成为腐蚀损失的一种主要形式。

未来极地海洋装备结构材料选取可能的方向包括:高强度耐低温钢、不锈钢复合板等。

高强度耐低温钢:工程应用较为成熟,但钢材使用温度的降低及板材厚度的增加对工程上焊接质量的保证提出了挑战。焊接过程中的变形、质量控制、焊接内应力消除等问题会随着板厚的增加而成倍增加,同时其施工难度的增加同样对焊接材料工艺性能提出了更高的要求。长时间的连续高温焊接工作对焊接设备的性能稳定性同样带来挑战。因此要保证大厚度、高强度、耐低温的钢板焊接可靠性,依赖于材料、工法等方面的创新。

不锈钢复合板:在国际上采用不锈钢复合板建造破冰船等极地海洋装备已有先例,但国内主要的船舶及海工装备建造方面相关经验仍然不足。以 LNG、LPG 船为例,其主要的液货装载设备依然采用高镍钢或不锈钢进行建造。如何在国内产业工人水平有限的情况下,保证复合材料大规模使用的建造质量,成为攻克不锈钢复合材料的焊接技术时面临的难题。

随着中国极地事业的发展和国际环境的变化,江南造船(集团)有限责任公司、宝山钢铁股份有限公司、中国船舶集团有限公司第七二五研究所、上海海事大学、哈尔滨工程大学等单位都已经开始研发专门针对破冰船低温钢的配套焊接材料,其中上海海事大学研发的一种极地冰海环境船舶钢用高强高韧埋弧焊丝,该焊丝与碱性焊剂匹配时能够获得适应极地船舶极寒低温钢焊接接头要求的焊缝,其抗拉强度大于 510 MPa,焊缝金属 -60℃ 冲击功大于 100 J,-20℃ 的 NaCl 溶液下 30 min 的磨蚀量 ≤12 μm,目前已经完成船级社认证,下一步将进行中试生产与实船检验。

但总体来说,我国对于焊接材料研发的投入还远远不够,尤其缺乏深入的机理研究、焊接工艺和综合评价方法的研究。许多企业对焊接材料的选择都缺乏足够的重视,片面追求力学性能的高标准,而忽略了焊接材料与钢材的匹配性和适用性。过分依赖外国品牌,缺乏高端焊接材料的自主知识产权。

针对以上挑战,未来国内破冰船用焊接材料的研发应当从以下几个方面加大研发力度:(1)加大 F 级钢的配套焊接材料的研发力度,深入研究合金调控和轧制工艺对低温钢焊接材料的影响机制;(2)健全低温钢焊接材料的检测方法和评价标准,除了已有的力学性能检测外,增加腐蚀、磨蚀等项目的检测;(3)加强焊接工艺的系统研究,研究不同焊接工艺和方法对于焊缝结构安全服役性能的影响;(4)充分重视海水腐蚀(包括微生物腐蚀)和海冰磨蚀对于焊缝结构服役安全性能的重要影响,提高低温钢焊接材料的耐磨、耐腐蚀性;(5)优化焊接材料设计理念,积极开发高适应性焊接材料,提高焊接材料兼容度、改善焊接材料工艺性。高强韧、超低氢仍是极地海洋工程装备用焊接材料的发展方向;(6)重视焊接材料自动化、数字化焊接的适应性,通过自动化、半自动化、机器人焊接等手段保证焊接质量稳定性。

2.2　极地船舶表面防护材料

2.2.1　耐冰摩擦涂料

北极地区的恶劣环境要求极地船舶用低温钢的防护涂层具有良好的耐腐蚀性、抗冲击性、融冰性、硬度,与基体材料有良好的结合力。北极地区船舶实际温度可低至-60℃,然而国际通用的海洋平台保护涂层体系性能标准要求测试温度一般为-20℃,目前,对于更低温度下防护涂层的开发、行为机理和性能的相关研究很少。国外对极地船舶用耐磨冰区漆也仅有为数不多的研究。Hattori等发现富锌涂料、环氧富锌涂料、聚氨酯富锌涂料在低温下具有良好的耐腐蚀性。Bjoergum 等研究了材料在-60~-10℃下的性能,发现增强型聚酯涂层和硫化橡胶涂层具有较好的耐腐蚀性和抗冲击性。Momber 等的研究表明,随着温度降低,涂层的抗冲击性、耐磨性和耐腐蚀性下降,涂层与基体之间的结合力提高,肖氏硬度提高,润湿性与涂层类型关系不大,不同类型涂层的白霜吸积量不同,冰块最易黏附于橡胶和增强型聚酯涂层表面,且随着温度降低,附着力变大。一种厚度达 1 400 μm,由两层玻璃鳞片增强环氧树脂涂层和一层聚氨酯面漆构成的三层复合涂层具有最好的综合性能。目前"雪龙"号和"雪龙 2"号极地考察船都使用国外的破冰漆,因此加快发展极地低温高强韧耐磨涂层具有重要意义。国际上以 Akzo Nobel 旗下 International ERA 系列和 JOTUN 公司高耐磨涂料为代表,多采用改性环氧体系,不具备防冰性能,有应用案例但无标准可循。低温是两极地区最显著的气候特征,低温下涂层内部分子的运动速率减

图 2‑4　破冰船表面涂层脱落情况

小,有机涂层容易因为低温脆化而失去保护效果(图 2‑4),因此破冰漆的主要科学问题是要实现涂层在低温下高强韧、高硬度和高耐磨的统一。此外,极地臭氧层空洞、南极洲高海拔、极地冰雪覆盖造成紫外线反射较强等因素,结合船舶破冰或到达极地停泊时水线以下的破冰漆常露出水面,该部位存在浮冰机械摩擦、干湿交替、富氧、强紫外等耦合损伤环境,破冰船被冻住需要救援的情况时有发生,所以基于实际和潜在应用,尝试增设耐老化、着冰力、接触角等可量化、方便工程应用的新指标及手段来表征,完善破冰涂层综合评价体系是目前亟须解决的关键问题。

中国科学院宁波材料技术与工程研究所蓝席建、王立平团队以氢化环氧树脂和氨基有机硅固化剂为基料,涂层交联固化时依靠 Si═C、Si—O—Si 键的作用形成软硬嵌段结构,可有效改善环氧树脂的低温脆性,降低其表面张力,将 KH560 改性的 SiC、玄武岩等高硬度无机粉体和柔性减阻的聚四氟乙烯粉等骨料在基料中充分分散均匀,制备极地低温高强韧耐磨破冰涂层。同时关注到此类产品仅有应用案例而无标准的现状,基于产品实际及潜在应用,增设了部分新的指标及检测方法。在 -50℃ 低温下,通过附着力、抗冲击性、韧性来评价涂层的低温服役性能;通过摆杆硬度、耐磨性来评价涂层的低温高耐磨性;通过耐中性盐雾试验、人工加速老化试验及各试验前后 3 000 h 的附着力、扫描电子显微镜形貌变化来评价涂层的耐久性。通过接触角、着冰力来表征涂层的防冰性能。结果显示涂层的硬度和耐磨性随着颜基比的增大而逐渐增大,接触角、着冰力、耐盐雾性能和拉开法附着力均先增后降。其中,涂层的摆杆硬度为 0.553,磨耗为 16 mg(1 000 g/750 r),接触角约为 98.8°,着冰力为 32 N,综合性能表现最优;人工加速老化试验和中性盐雾试验的扫描电子显微镜形貌也表明涂层具有较强的耐久性。因此,他们认为氢化环氧树脂和氨基有机硅固化交联的环氧聚硅氧烷体系在保持较高硬度的同时可有效避免低温脆性,涂层的低温服役性能、耐磨性、耐久性、防冰性能良好,低温附着力、抗冲击性、柔韧性好。涂层在高硬度无机粉体和柔性减阻填料的协同作用下,有效提高涂层在低温下的耐磨性、硬度等性能,可满足极地低温环境下船舶破冰区防护的要求。

　　值得关注的是,目前国内并没有针对耐冰摩擦涂料的检测规范和标准,这方面的测试标准基本是由研究者自己提出的。一些研究团队根据现有的测试标准开发了适用于其研发产品的测试方法。涂层的高强韧性主要通过涂层附着力(划圈法)、柔韧性、抗冲击性等指标来表征,测试底材采用马口铁板,喷涂或刷涂 1 道,干膜厚度为(23 ± 3)μm。测试方法分别按 GB/T 1720、GB/T 1731、GB/T 1732 进行。考虑到极地低温环境,上述指标测试环境温度定为$-50\,^{\circ}\!C$,低温环境主要利用自然气候模拟实验室来实现,该实验室可模拟户外阳光、风、霜、雨、雪等户外各种自然因素,温度在$-65\sim50\,^{\circ}\!C$内可调。涂层低温高耐磨性的表征主要包括硬度和耐磨性。硬度测试按 GB/T 1730《摆杆式阻尼试验(A法)》进行,测试底材采用玻璃板,喷涂 1 道,干膜厚度为(100 ± 10)μm,室温养护 7 d。耐磨性按照 GB/T 1768—2006《色漆和清漆耐磨性的测定旋转橡胶砂轮法》进行,砂轮型号为 CS-17,摩擦方式设置为 1 000 g/750 r,测试底材采用铝板,喷涂 2 道且每道厚度为 200 μm 或刮涂 1 道,涂层干膜总厚为(400 ± 20)μm,室温养护 7 d。考虑到极地低温环境,测试环境温度统一规定为$-50\,^{\circ}\!C$,低温环境主要利用自然气候模拟实验室来实现。耐中性盐雾和耐人工气候老化测试底材采用 Q235 碳钢板,附着力拉开法测试底材为 Q235 碳钢柱,制板均按喷涂或刷涂 2 道,每道厚度为 200 μm,涂层干膜总厚度为(400 ± 20)μm,室温养护7 d。耐中性盐雾试验按 GB/T 1771 进行,耐人工气候老化试验按 GB/T 14522—2008 进行,荧光紫外灯类型为 UVA340,辐照度为(0.71 ± 0.02)W/m^2,暴露段以 4 h 光照、4 h 冷凝为 1 个周期,循环进行。采用 10 kN 的 MTS 拉力机按 GB/T 5210 的规定对上述两个试验前后的样板进行拉开法附着力对比测试。进一步采用高真空、10.00 kV 电场发射 S4800 扫描电子显微镜分别观测耐盐雾和耐人工气候老化试验前后涂层表面形貌的变化。由于极地低温环境的特殊性,极地破冰涂层除了低温下的高强韧性和高耐磨性还需要一定的防覆冰、易除冰性能,主要目的是使涂层表面不易附着、积聚水滴而结冰,或一旦发生结冰,其与涂层间的附着力较弱,在舰船航行震动或承受其他外力过程中冰层也容易脱离涂层表面,减少以往破冰船进入冰区后因船体被"冻住"需要救援的情况发生。涂层防覆冰、易除冰性能通过接触角和冰黏附力等方面的指标来表征。接触角是用来表征涂层亲水或疏水性能的常用指标,表示固液两相分子间作用力的大小,即水滴在被覆盖物体表面张力的大小。接触角越高疏水性越强,涂层表面残留的水越少,则结冰的可能性越小,因此接触角疏水程度可用来间接表示防冰性能。接触角测试按 GB/T 23764 进行。冰黏附力的表征方面,2003 年国际防结冰材料实验室率先提出黏附力减少因子(δARF)的概念,$\delta ARF>1$ 时,涂层具有疏冰性,其值越高疏冰性越强;$\delta ARF<1$ 时,涂层具有亲

冰性。

最近,中国船级社出台了《极地船舶材料检验指南》,其中涉及耐冰摩擦涂料的检验。实验室试样包括以下几个方面:

1)附着力测试

(1)试验方法:ISO 4624。

(2)试板:按照 ISO 12944—6 的 5.1.1。

(3)干燥和状态调节:按照 ISO 4624 的 7.3。

(4)试验温度:23℃±2℃。

(5)合格标准:按照 ISO 4624,使用单个试柱从单侧进行试验的方法,附着力≥10 MPa。

2)盐雾试验

(1)试验方法:ISO 9227。

(2)试板:按照 ISO 12944—6 的 5.1.1,并划线。

(3)干燥和状态调节:按照 ISO 12944—6 的 5.4。

(4)试验环境:中性盐雾。

(5)试验时间:1 440 h。

(6)合格标准:满足 ISO 12944—6。

3)浸水试验

(1)试验方法:ISO 2812—2。

(2)试板:按照 ISO 12944—6 的 5.1.1,并划线。

(3)干燥和状态调节:按照 ISO 12944—6 的 5.4。

(4)试验介质:5% NaCl 溶液。

(5)试验时间:3 000 h。

(6)合格标准:满足 ISO 12944—6 中 Im2 的 high 等级要求。

4)耐阴极剥离

(1)试验方法:ISO 15711 方法 A。

(2)试验时间:6 个月。

(3)合格标准:剥离面积的等效直径不得超过 5 mm(3 个月)和 10 mm(6 个月)。

5)耐低温试验

(1)试验方法:ISO 16276—2。

(2)试板:按照 ISO 12944—6 的 5.1.1。

(3)干燥和状态调节:按照 ISO 16276—2 的 6.3。

(4)试验温度:-60℃±3℃。

（5）合格标准：高于 Level 3。

6）耐磨试验

（1）试验标准：ASTM D4060。

（2）试验参数：CS－17 砂轮,循环次数 1 000 次。

（3）合格标准：试样磨损重量损失应不超过 80 mg。

7）落锤试验

（1）试验标准：ISO 6272。

（2）试板：按照 ISO 12944—6 的 5.1.1。

（3）干燥和状态调节：按照 ISO 12944—6 的 5.4。

（4）试验温度：23℃±2℃。

（5）合格标准：冲击功 5J 情况下,涂层未开裂或者剥落。

8）冰摩擦系数

（1）试验标准：按照 Aker Arctic 试验方法或者 CCS 接受的试验方法。

（2）试验结果：冰摩擦系数应报告。

2.2.2　耐磨耐腐蚀复合钢板

极地地区低温多冰的恶劣环境对极地船舶结构的服役安全性提出了严格的要求。极地装备尤其是重型破冰船通常采用特殊钢,与冰层接触线以下部位的船体用钢要求最高,此部分船体要承受冰层的反复撞击,必须具备足够的低温韧性、强度、疲劳强度等综合性能。同时,极地地区多冰的服役环境,船体对结构钢的耐腐蚀、耐磨性也提出了新的要求。俄罗斯“列宁”号破冰船在服役期间,冰带部位的大厚度 AK－27、AK－28 高强钢钢板与海冰剧烈摩擦,发生严重的腐蚀磨损,形成了 2~5 mm 的深坑。为解决海冰摩擦对船体的腐蚀,俄罗斯“北极”号破冰船船体首次试用了复合钢板,而采用复合钢板的破冰部位表现出良好的防腐耐磨效果。目前,国内宝山钢铁股份有限公司、鞍钢(集团)有限公司、中国船舶集团有限公司第七二五研究所都已经研发出了适合破冰船用的复合钢板产品,复合钢板一般采用的是外层不锈钢内层船用钢的结构,不锈钢层一般较薄,起到耐腐蚀耐磨的作用,而船用钢比较厚,主要起到力学支撑的作用。虽然俄罗斯的破冰船已经采用了这种技术,但复合钢板的不锈钢层能否起到理想的耐磨耐腐蚀效果还存在争议。因为海冰的摩擦很容易使得不锈钢的钝化膜发生破损,一旦钝化膜破损,不锈钢在海水极易发生点蚀(图 2－5)。因此,复合钢板技术的应用还要慎重,要考虑耦合条件下不锈钢的耐磨耐腐蚀性是否可以满足要求。另外,成本问题也需要考虑。

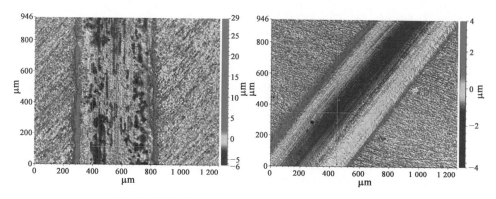

图2-5　不锈钢在干摩擦(左)和湿摩擦(右)条件下的点蚀情况

2.2.3　耐磨耐腐蚀金属基复合涂层

　　耐磨耐腐蚀涂层的选择其实很多,比如深海石油钻采装备的耐磨耐腐蚀涂层,例如扶正器、钻杆和高压泥浆管道,这些设备需要抵御包括固体颗粒和 H_2S 在内的磨蚀和腐蚀,其服役环境其实比破冰船更加苛刻。等离子堆焊、热喷涂和激光熔覆是用于制备金属基复合涂层的三种最常用的方法。这些方法中,等离子堆焊成本低、效率高,易于表面预处理,涂层和基体材料之间的结合力好,而 Ni 基合金的高黏合强度和优异的耐磨耐腐蚀性,使得其成为金属基复合涂层中最常见的合金材料,在 Ni 基合金中,通常会添加具有高硬度和高润湿性的 WC 颗粒,作为一种合适的增强相,其可以增强金属基复合涂层的硬度和耐磨性。但铸造的 WC 颗粒形状不规则,多为针状、片状,容易引起应力集中和裂缝。通过球化处理制备的结构均匀的球形 WC 粉末,克服了传统不规则形状 WC 粉末的性能缺陷,使涂层具有优异的耐磨性和韧性,未来这类涂层也可能会应用到破冰船的破冰带防护中。

参考文献

[1] 吴晓鹏,钟啸.争夺"第二个中东"[J].21世纪经济报道,2007,1-3.
[2] 孝文.研究称世界1/3未探明天然气储量在北极[J].前沿科学,2009,3(2):92.
[3] 张永锋,张婕姝.北冰洋航线的破冰之路[J].集装箱化,2013,24(7):3-4.
[4] 高峰.冲破极地之冰[J].奇趣百科:军事密码,2017(2):2.
[5] 杨舒.晒晒咱的国之重器:极地科学考察船"雪龙2"号[N].光明日报,2022.
[6] CCS.中国船级社(CCS)发布《极地船舶指南》[J].航海教育研究,2016,33(1):1.
[7] 苑少强,刘义,梁国俐.微量 Nb 在低碳微合金钢中的作用机理[J].河北冶金,2008(1):9-11.
[8] 米永峰,曹建春,张正延,等.碳含量对钢中碳化铌在奥氏体中固溶度积的影响[J].钢

铁,2012,47(3):84-88.

[9]　王猛. Ni 系超低温用钢强韧化机理研究及生产技术开发[D]. 沈阳:东北大学,2017.

[10]　中国国家标准化委员会. GBT 228.1—2010[S]. 北京:中 国 标 准 出 版 社,2010 - 12 - 23.

[11]　中国国家标准,GB/T 229—2007[S]. 北京:中国标准出版社,2001 - 11 - 23.

[12]　中国国家标准,GB/T 13239—2006[S]. 北京:中国标准出版社,2006 - 08 - 16.

[13]　中国国家标准,GB/T 5313—2010[S]. 北京:中国标准出版社,2010 - 12 - 23.

[14]　中国国家标准,GB/T 5482—2007[S]. 北京:中国标准出版社,2007 - 02 - 09.

[15]　中国国家标准,GB/T 6803—2008[S]. 北京:中国标准出版社,2008 - 05 - 13.

[16]　宫旭辉,薛钢,高珍鹏,等. 船用低合金高强钢止裂温度相关性研究[J]. 材料开发与应用,2021,36(6):7.

第3章 极地服役材料表面处理技术及工艺

　　表面工程技术是为解决材料的表面腐蚀、磨损、疲劳、氧化等问题而发展起来的,是将材料的表面进行一定的预处理后,通过对表面涂覆、改性等表面工程技术进行处理,进而改变金属或非金属材料的表面形态、组织结构、化学成分和表面力学性能等,以获得具备优异表面性能的材料的工程处理技术。根据表面工程技术特点,将其分为:表面改性、表面处理、表面涂覆。表面改性指赋予材料表面以特定的物理性能(高强度、高硬度、导电性、磁性等)、化学性能(抗氧化性、耐腐蚀性等)。表面处理指的是在不改变材质成分情况下,通过改变基体材料的组织结构和应力来改善其性能。表面涂覆指的是在基体材料的表面制备涂覆层。

　　采用表面改性技术在材料的表面制备耐磨耐腐蚀的涂层,既可以在不改变材料本身属性的基础上赋予其特殊的性能,又减轻了其所受的摩擦和腐蚀,从而降低了材料的消耗、节约了成本,因此具有广阔的应用前景,受到国内外学者的广泛关注。国内外很多研究机构都在探索提高材料表面性能的各种新技术、新途径,表面工程技术已经成为材料学科发展的重要方向之一。

　　目前,工业上常用涂层制备的表面技术有:激光熔覆、感应熔覆、等离子堆焊、热喷涂(包括爆炸喷涂、超音速火焰喷涂)等,这些技术方法各有其特色,在不同的领域中得到了广泛的应用。

　　本章主要介绍几类目前在工业生产中应用较为广泛的表面处理技术。

3.1 激光熔覆技术

　　激光熔覆是在工件表面加入熔覆粉末(送粉或预置粉末),利用高能量激光束($10^4 \sim 10^6$ W/cm²)作为热源照射在工件表面,在惰性气体气氛保护下,熔覆合金粉末快速熔化,照射结束后快速凝固,从而形成与基体材料性能完全不同的表面熔覆涂层。该熔覆涂层与基体之间有着良好的冶金结合,同时拥有优异的力学及化学性能,有利于提高基体表面的耐磨、耐腐蚀性。

激光熔覆技术于 20 世纪 70 年代开始应用于材料的表面处理,并得到快速的发展,目前已在现代工业领域广泛应用,表 3－1 为激光熔覆技术工业应用案例。

表 3－1　激光熔覆技术工业应用案例

公　　司	零　　件	熔覆材料	熔覆方式
Combustion Engineering	钻井零件、阀门组件、蒸汽炉壁	Stellites,Colmonoys	同步送粉
Rockwell	航空零件	铸铁系 T－800,Stellites	同步送粉
Westinghouse	涡轮叶片	Stellites,Colmonoys	粉末预置
Fiat	阀柄、阀座、铝气缸体	CrC₂,Cr,Ni,Mo/铸铁	粉末预置

激光熔覆是一个快速加热和快速冷却的过程,与其他表面技术相比具有以下特点:

(1) 激光束能量密度高,与基体作用时间短,加热速度快,因此基体的热影响区和变形相对较小,熔覆涂层与基体之间有良好的冶金结合。

(2) 激光熔覆的冷却速度非常快,高达 10^6℃/s,从而使得凝固组织细化、固溶度大。

(3) 激光熔覆涂层的组织结构致密,裂纹、孔洞等微观缺陷少,有利于提高材料表面的耐磨、耐腐蚀等性能。

(4) 对熔覆材料基本无限制,熔覆的粉末可以是:Ni 基、Co 基、Fe 基合金及陶瓷材料等,选择相对比较广泛。

激光熔覆可适用于不同的基体材料,如碳钢、合金钢、铸铁、铝合金、铜合金等。在选择激光熔覆的合金粉末时,应考虑不同的基体材料、不同的工况条件和使用要求等因素,通过最佳匹配来获得高质量的熔覆涂层,一般应遵循以下几个基本原则:

(1) 熔覆采用的合金粉末对基体材料有良好的浸润性,合金粉末表面张力越小,粉末的流动性越好,越有利于熔覆涂层铺展在金属基体的表面。

(2) 选择流动性好的合金粉末,粉末的流动性由其形状、粒度、湿度和表面状态等因素来决定,一般粒度分布均匀的球形粉末的流动性较好。

（3）合金粉末的热膨胀系数与基体应尽量接近，以避免熔覆涂层中残余热应力的增加。

（4）合金粉末的熔点与基体材料的熔点相差不宜过高，一般略低于基体材料。若差异过大，则很难形成良好的冶金结合。

3.1.1　激光熔覆粉末的添加方式

熔覆粉末的添加分为两步法和一步法，即粉末预置法和同步送粉法。同步送粉法与粉末预置法相比，两者熔覆和凝固结晶的物理过程有很大的区别。同步送粉法熔覆时合金粉末与基体材料表面同时熔化。粉末预置法则是先加热涂层表面，在依赖热传导的过程中加热整个涂层。

3.1.1.1　粉末预置法

粉末预置法，是将熔覆粉末以某种方法预置于基体材料表面，然后用激光束扫描预置粉末层表面，预置粉末层在吸收激光能量后快速升温并熔化，同时激光热量通过热传导从表面传递至内部，从而使得整个预置粉末层和一部分基体材料熔化；激光束扫描后，熔化的合金发生快速凝固，从而在基体表面形成与之有着良好冶金结合的熔覆涂层。粉末预置式激光熔覆工艺如图 3－1 所示。

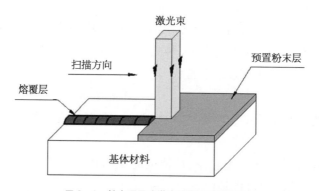

图 3－1　粉末预置式激光熔覆工艺示意图

粉末黏结预置法是将粉末与黏结剂调制成膏状，涂在基体表面，然后再利用激光束进行熔覆。该工艺操作简单、灵活，应用比较广泛。一般常用的黏结剂有醋酸纤维素、环氧树脂、硅酸盐胶及含氧纤维素乙醚等。激光熔覆时，大多数黏结剂将燃烧或发生分解，并形成炭黑产物，这可能导致涂层内的合金粉末溅出和对辐射激光的周期性屏蔽，其结果是熔化层的深度不均匀，并且合金元素的含量下降。若采用以硝化纤维素为基体材料的黏结剂，例如糨糊、透明胶、氧乙烷基纤维素等，可以得到更好的实验结果。

3.1.1.2　同步送粉法

同步送粉法采用专门的送粉器,将以气体为载体的合金粉末直接送入激光熔池,在激光的作用下,合金粉末和基体材料的一部分同时就地熔化,然后冷却形成合金熔覆涂层,并与基体形成冶金结合。同步送粉式激光熔覆工艺如图 3-2 所示。

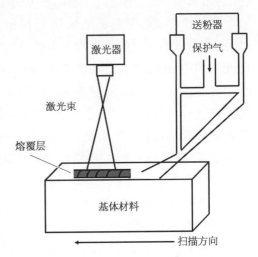

同步送粉法具有易实现自动化控制、激光能量吸收率高、熔覆涂层内部无气孔和加工成型性良好等优点,尤其熔覆金属陶瓷可以提高熔覆涂层的抗裂性能,使硬质陶瓷相可以在熔覆涂层内均匀分布。若同时加载保护气体,可防止熔池氧化,获得表面光亮的熔覆涂层。目前实际应用较多的是同步送粉式激光熔覆。

图 3-2　同步送粉式激光熔覆工艺示意图

根据粉路和激光束的相对位置关系,同步送粉式激光熔覆可分为同轴送粉和旁轴送粉两种形式,如图 3-3 所示。

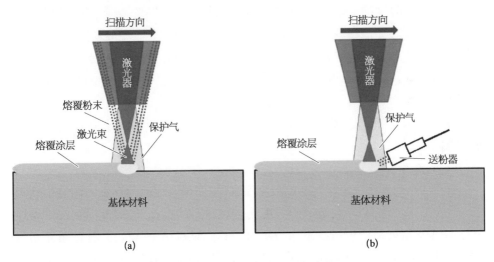

图 3-3　同步送粉式激光熔覆工艺示意图

(a) 同轴送粉;(b) 旁轴送粉

同轴送粉技术是激光熔覆成型材料供给方式中较为先进的供给方式,粉末流与激光束同轴耦合输出,而同轴送粉喷嘴作为同轴送粉系统的关键部件之一,已成为各科研单位的研究热点。目前,国内外大多数研究单位均研制出了适合自身需要的同轴送粉喷嘴,但现有的同轴送粉喷嘴大多存在粉末汇聚性差、粉末利用率低、出粉口容易堵塞等缺点。

旁轴送粉技术是粉料的输送装置和激光束分开,彼此独立的一种送粉方式,因此在激光熔覆过程中两者需要通过较复杂的工艺设计来匹配。一般旁轴送粉机构中,送粉口设计在激光束的行走方向之前,利用重力作用将粉末堆积在熔覆基体材料的表面,然后后方的激光束扫描在预先沉积的粉末上,完成激光熔覆过程。实际生产过程中,旁轴送粉的工艺要求送粉器的喷嘴与激光头有相对固定的位置和匹配角度。而且由于粉末预先沉积在工件表面,激光熔覆过程不能再施加保护气体,否则将导致沉积的粉末被吹散,熔覆效率大大降低。激光熔池由于缺少保护气体的保护,只能依靠熔覆粉末熔化时的熔渣自我保护。因此目前工业生产中,自熔性合金粉末应用于旁轴送粉系统的激光熔覆较多。熔覆粉末依靠 B、Si 等元素的造渣作用在熔池表面产生自我保护作用。但旁轴送粉系统复杂的粉光匹配、熔池气保护的难以实现,以及熔覆工艺与送粉工艺难以相互协调等缺点限制了其在应用中的进一步推广。

3.1.2　激光熔覆工艺参数

激光熔覆的目的是改善基体的性能,因此熔覆涂层的质量就显得至关重要。激光熔覆的工艺参数会直接影响熔覆涂层的组织形态、几何特性、物相分布和综合性能等,进而对熔覆涂层的成型质量产生决定性作用。在材料表面激光熔覆过程中,影响激光熔覆涂层质量和组织性能的因素很多。例如激光功率 P、扫描速度、熔覆粉末的添加方式、搭接率与表面质量、稀释率等。因此,很有必要对激光功率、扫描速度和光斑直径等工艺参数进行优化,来制备性能优良的熔覆涂层。

1) 激光功率

激光功率的大小决定了熔池的最高温度,进而影响熔池的存在时间和形状尺寸。激光功率过低,会导致熔池的温度比熔覆材料的熔点低,熔池内存在未熔融颗粒,熔覆涂层内易产生组织不均匀、气孔和局部球化等现象。并且低激光功率难以使基体表层熔化,导致熔覆涂层的结合强度较低,难以与基体形成冶金结合界面,易在外部载荷的作用下脱落。而激光功率过高则会导致熔覆材料过熔甚至产生气化现象,熔覆涂层与基体间的稀释作用更加严重,导致材料的利用率降低。

Han 等采用不同激光功率在 316L 不锈钢表面制备了 Ni 基 WC 涂层,并观察了涂层的微观结构,结果表明:随着激光功率从 2 500 W 增加到 3 500 W,涂层显微组织逐渐细化;当激光功率为 4 000 W 时,涂层显微组织变粗大,出现烧蚀现象。姚芳萍等通过研究不同激光功率对 Ni 基涂层的影响,发现涂层表面的缺陷(裂纹、气孔等)随着激光功率的增大越发明显;1 600 W 时的枝晶数量比 1 400 W 时的明显增加,且以针状枝晶为主。

2) 扫描速度

扫描速度的大小决定了熔覆材料的加热时间,进而影响熔池的存在时间。扫描速度过低,熔覆材料加热时间长,熔池液相保温时间增加,导致凝固速度变慢,进而导致冷却速度减小,使晶粒生长充分,从而形成组织粗大的晶体,对熔覆涂层的性能产生不利影响。而扫描速度过高,熔覆材料的加热时间和熔池存在时间变短,熔覆材料可能未完全熔化,导致熔覆涂层与基体的界面结合情况变差,容易造成脱落。

Li 等为了研究扫描速度对涂层稀释率和微观组织的影响规律,制备了 Ti/TiBCN 复合涂层,发现涂层的稀释率与扫描速度成反比趋势:扫描速度增大稀释率下降。涂层的微观结构基本上是相同的,与扫描速度关系不大,主要由 AlTi-Al_3Ti 相、TiBCN 相、TiB_2 相、TiN 相、TiC 相组成。涂层的微观组织在扫描速度为 7 mm/s 时最佳,几乎无缺陷。郭士锐等研究了扫描速度对 Co 基合金涂层的影响,结果表明,涂层的微观组织随扫描速度的增加逐渐变得细小,而硬度和耐磨性随扫描速度的增加出现先增强后降低的变化规律;涂层硬度与耐磨性在扫描速度为 15 mm/s 时最佳。

3) 光斑直径

光斑直径大小会通过影响到单位面积下熔覆材料所吸收的激光能量,产生与激光功率和扫描速度类似的作用效果,进而直接影响熔池的存在。光斑直径过小,表明激光束照射下的熔覆材料升温速度更快,最高温度更高,熔池面积变小,与周围未熔化材料之间的温度梯度变大,会导致熔覆涂层稀释率高,孔隙和裂纹数量多。光斑直径过大,会带来如材料未完全熔化、熔覆涂层组织粗大、结合强度和性能不足等不良影响。

付福兴等通过在 40Cr 基体上激光熔覆 Ni60 粉末来研究激光光斑直径对裂纹的影响。研究表明,激光光斑直径会影响裂纹的产生,熔覆涂层裂纹的数量和开裂程度会随激光光斑直径的增大逐步变多变大。当激光光斑为 4 mm 时,熔覆涂层的成型质量最好,裂纹数量最少,开裂程度最低。于克东等研究了离焦量对 TiCoNiCrFe 高熵合金涂层组织和性能的影响,发现涂层主要以枝晶为主,随着离焦量的增加,在枝晶间析出一种白色金属间化合物,致使枝晶逐渐细化。涂层的显微硬度随离焦量的增大出现先增加后减小的变化,其最高硬度(400.5 HV)出现在离焦量为 15 mm 时。

3.1.3　激光熔覆技术应用现状

　　激光熔覆技术大多应用在具有较高的附加值的结构复杂、加工难度大且耗时长，并对设备具有高要求的复杂零件，有些尺寸较大的零件存在难于移动和加工等因素会导致零件的制造和替换成本比较高，因此其具有较高的修复价值，比较常见的复杂曲面的零件包括但不局限于模具零件，各种较大尺寸的齿轮及轴类零件等。各种激光熔覆修复零件如图 3－4 所示。

(a)　　　　　　　　　　　　　(b)

(c)　　　　　　　　　　　　　(d)

图 3－4　激光熔覆修复的零件

（a）轴类；（b）阀类；（c）齿类；（d）薄壁类

3.1.4 激光熔覆技术存在的主要难题及解决措施

激光熔覆属于非平衡凝固过程,而且激光熔覆涂层和基体材料两者之间性能差异较大,再加上熔覆过程中影响因素较多,导致激光熔覆涂层质量不易控制,结果就是在激光熔覆涂层中常出现裂纹、气孔和夹杂等冶金缺陷,如图 3－5所示,它们很大程度上影响着激光熔覆涂层的性能。

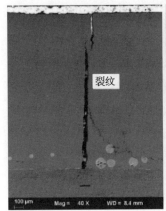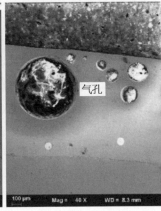

图 3－5 激光熔覆涂层中的冶金缺陷

激光熔覆技术经过多年发展已趋于成熟,取得了诸多成果,大量应用于工业生产中,为传统产业升级、优化产品质量提供了新方法。虽然激光熔覆技术已日趋完善,但仍然存在以下五个主要问题。

(1)激光熔覆技术在工件尺寸、形状准确性方面还不够成熟。目前还不能稳定地获得具有较高精度的金属零件,满足不了制件对精度的要求,需要系统地研究提高尺寸精度和形状精度的有力措施。目前有两个办法可提高精度,一是对熔覆表面情况通过光信号来随时随地检测并对激光熔覆的过程牢牢控制和掌握,二是对熔覆涂层表面及其轮廓通过磨床或者铣床进行有效修整。可是现在仍然无法完全化解全部难题。

(2)激光熔覆涂层的裂纹问题。激光熔覆技术中最大的问题就是熔覆过程中出现的裂纹,因为加热速度快,使得熔覆涂层材料完全熔化时基体只熔化了一点,熔覆涂层同基体材料之间出现较大的温度梯度,所以迅速凝固时,产生的温度梯度同热膨胀系数的不同导致熔覆涂层同基体体积收缩不同步。一般来说,由于基体的收缩率小于熔覆涂层,周围环境(冷态下的基体)对熔覆涂层有所控制,所以在涂层中产生拉应力。如果小部分的拉应力大于其材料最大强度,就形成了裂纹。

另外,熔覆时的基体材料、工艺参数及熔覆厚度等条件对裂纹的出现也有一定影响。由于激光技术属急冷急热型,熔池出现的时间较短,熔覆涂层中的氧化物、硫化物和一些杂质未来得及释放,也可能成为裂纹源;熔覆涂层凝固结晶的时间很短,晶界空位、位错增加,原子排列无序,各种劣点增加,并且热脆性变强,塑韧性降低,开裂敏感性增强,随着熔覆厚度增加,以上问题愈加严重;自熔性合金元素硼与硅可能产生硬质相,裂纹程度与它们的百分含量呈正比;另外,在铁和镍中硼无熔解,所以析出物在晶界处聚集从而形成裂纹。

抑制裂纹生成的主要方法有:采用预热和缓冷来减少裂纹生成的可能性和松弛应力,预热是将基体整体或表面加热到一定的温度,减少熔覆涂层与基体材料之间温度梯度,缓和热应力的目的,缓冷是防止熔覆涂层组织(如马氏体)相变而诱发的组织应力;可设计阶梯熔覆涂层,在基体材料与表面熔覆涂层之间选用过渡熔覆涂层,过渡层性能介于基体材料和表面层材料之间,使熔覆涂层中应力呈阶梯分布,达到缓和应力并减少裂纹产生的目的。

(3)激光熔覆材料的体系问题。熔覆涂层材料和基体材料的融合程度不仅受激光加工工艺和熔覆厚度影响,还会受到熔覆涂层合金和基体材料性质的影响。若熔覆涂层合金和基体间熔点相差过多,则会产生不良的冶金结合。若熔覆涂层合金的熔点太大,涂层熔化少,表面较为不光滑且基体材料上层过烧,则会对涂层产生极大的影响;相反,若涂层过烧,则涂层和基体材料之间出现孔洞与夹杂。所以,应该选取对基体材料有着优良的润湿性且熔点稍小于基体材料的表面合金,能够实现预期的冶金结合。

(4)气孔的产生及预防。激光熔覆过程中,熔池凝固极快,产生的气体如果无法从熔覆涂层中逃逸而滞留,则会在熔覆涂层中形成气孔。熔池中产生气体的原因有以下五个:第一,熔覆材料烘干不彻底;第二,基体表面清理不干净;第三,采用黏结法预置材料时,黏结剂选择不合适;第四,激光熔覆过程中保护气保护效果不佳,造成空气侵入熔池;第五,含碳量高的熔覆材料,在激光熔覆过程中由于碳元素氧化而产生 CO 或 CO_2。

气孔的存在容易成为裂纹萌生和扩展的聚集地,因此控制熔覆涂层内的气孔也将是预防熔覆涂层产生裂纹的重要措施之一。气孔的控制主要从两个方面考虑:一是采取防范措施限制气体来源,如粉末在使用前烘干去湿、激光熔覆过程中采用惰性气体保护熔池;二是调整工艺参数,减缓熔池冷却结晶速度以利于气体的溢出。

(5)热力学模型不够完善。从热力学和外延生长的方面来说,深入讨论激光熔覆的迅速凝固,例如各个亚稳态相的生成规律、组织特点同溶质在冷凝时的分配规律,来深入地完善快速凝固理论,建立更加趋向实际熔池中的能量和动量及质量的传输模式,利用数值分析来获得熔池中定量的信息,有利于更深入了解此技术的相变规律。

3.1.5　激光熔覆技术发展趋势

激光熔覆技术是极具发展潜力的新型表面处理技术。结合国内外状况来看,目前激光熔覆技术的主要研究方向基本如下:

(1) 研发功率大、寿命长及小型化的激光装置。研发可在较大功率激光下使用的光学器件材料,要提高电源的稳定性和寿命,并需减小大功率激光设备的体积。

(2) 关于熔覆时产生的残余应力及裂纹的问题,研究有效的解决方法。对裂纹的解决,在梯度功能熔覆涂层的产生中再次得到了启发:通过在基体材料表面同熔覆涂层的中间添加具有优良韧性的中间层来改善熔覆涂层中产生的残余应力,便可得到没有裂纹的熔覆涂层。

(3) 在凝固动力学、结晶学及相变理论中学习其基础理论知识,全面地讨论激光迅速凝固行为,得出材料微结构的形成及演化机理与规律;对熔池的温度场分布、熔池流的对流机制及冷凝时熔覆涂层内组织发生变化的过程和规律进行研究,从而改善加工工艺参数。

(4) 通过激光熔覆技术,对熔覆材料的力学性能、耐腐蚀性及耐磨性等表面特性进行更深入的分析。

(5) 利用激光熔覆器的创新,综合大功率激光设备的研发及激光光学系统的设计来对熔覆技术的自动化和信息化进一步提高,从而缓解熔覆较大面积的工艺难题。

(6) 激光纳米表面工程。激光熔覆一般取的熔覆材料为传统的热喷涂用铁、镍、Co 基合金粉末,粒度均大于几十微米,激光熔覆涂层有很高的开裂敏感性。因纳米材料的尺寸较小,纳米微粒的熔点及晶化温度相对常规粉末要低一些,纳米粒子较高的界面能使原子扩散程度提高,从而令熔覆涂层更致密,涂层开裂程度降低。

3.2　等离子堆焊技术

等离子堆焊是由钨极氩弧焊发展而来的一种熔焊工艺,于 20 世 60 年代开始应用于粉末的堆焊。

等离子堆焊利用压缩的氩气转移型等离子弧作为热源,聚焦能量来熔化堆焊粉末和工件表层金属结构,在工件表面产生熔池,熔池冷凝后形成堆焊涂层。图 3-6 为等离子堆焊原理和实验装置示意图,堆焊采用非转移弧和转移弧的联

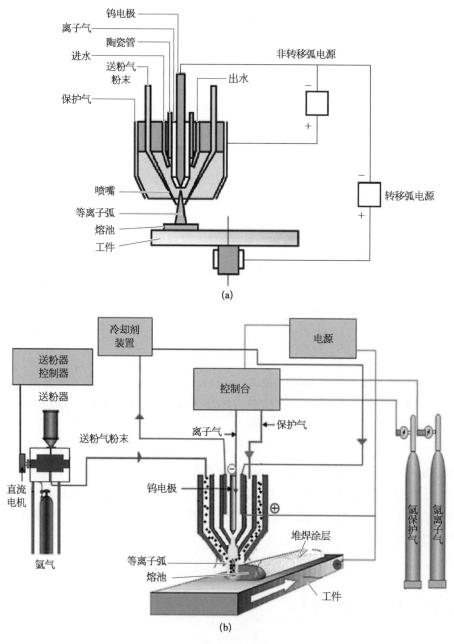

图 3-6　等离子堆焊原理和实验装置示意图

(a) 工作原理;(b) 实验装置

合弧进行工作,非转移弧通过电缆连接至喷嘴,转移弧连接至工件,两弧共用的钨电极为负极。氩气通过减压表,分为三路:一路通至送粉管处,作为送粉气;一路通至钨电极处,作为离子气,产生等离子体;一路通至喷嘴和保护气罩之间,作为保护气,避免熔化过程中熔池内合金的氧化。一般情况下,等离子堆焊设备的操作过程如下:

(1) 电源接通后,在钨电极和喷嘴的间隙产生电弧,离子态氩气通过电弧发生电离生成等离子体。

(2) 等离子体引燃非转移弧,非转移弧作为钨电极和工件之间的桥梁,引燃转移弧。

(3) 送粉气携带合金粉末与钨电极形成同轴送粉,合金粉末在弧柱中预先被加热到熔化或半熔化的状态,在等离子弧和重力的作用下落入熔池中,在熔池内充分熔化,排除气体并浮出熔渣。

(4) 随着工件或焊枪的移动,熔池逐渐冷却凝固,熔融的合金在基体表面固化,形成光滑平整的合金涂层。

在堆焊的过程中,钨电极带负电,基体工件带正电,基体表面和堆焊粉末同时熔化并混合形成熔池,冷却后涂层与基体形成了良好的冶金结合。但堆焊工件热影响区较大、易变形,存在一定的残余应力,基体对堆焊合金产生稀释作用,且高温会造成部分外加增强相的熔解,对堆焊涂层的性能会造成不利的影响。

等离子堆焊是一种非常重要的表面强化技术,在表面修复和表面强化行业有着广泛的应用。在提高工件表面性能方面具有明显效果,与其他表面强化技术相比有如下优点:

(1) 等离子堆焊技术使用的合金范围广,在等离子堆焊过程中等离子弧的中心能量集中,温度高,中心温度可以达到 16 000~32 000 K,可以根据性能要求不同配制含量不同、成分不同的金属粉末。

(2) 在堆焊过程中,等离子弧中的气体被充分电离,使电弧更加稳定,弧柱也可以保持长时间稳定平稳燃烧,具有较强的焊接稳定性。

(3) 堆焊涂层熔池的深浅和表面形貌是可以控制的,在堆焊过程中,焊接温度可以在很大范围内进行调节,并且在焊接过程中送粉量和电流等工艺参数可以分别进行调节,所以具有较强的可控性。

(4) 在堆焊过程中基体与堆焊合金的熔点有明显的差距,稀释率越高对基体的影响越大,理想状态是获得较低的稀释率,减小对基体的影响。等离子堆焊技术在工作过程中具有能量集中的特点,并且可以稳定地输出离子束,所以等离子堆焊技术具有较低的稀释率,堆焊涂层的质量高。

（5）等离子弧的温度高、能量集中，热利用率高，堆焊速度快、效率高。

（6）等离子堆焊设备价格相对便宜，操作便捷，对操作工人要求较低。

3.2.1 等离子堆焊工艺

3.2.1.1 等离子电弧的种类

等离子电弧分为非转移型电弧、转移型电弧和联合型电弧三种。三种电弧形式均是钨极接电源负极，工件和喷嘴接电源正极。

（1）非转移型电弧。电弧形成于钨极与喷嘴之间，随着等离子气流的输送，形成的弧焰从喷嘴中喷出，形成高温等离子焰，主要适用于导热性较好的材料的焊接。但由于电弧能量主要是通过喷嘴传输，喷嘴的使用寿命较短，且能量不宜过大，不太适合长时间的连续焊接，因此目前非转移弧在焊接领域应用得越来越少了。

（2）转移型电弧。转移型电弧在喷嘴与工件之间形成，由于转移型电弧难以直接形成，需要先在钨极与喷嘴之间形成细小的非转移弧作为引导，之后过渡到转移型电弧，当生成转移型电弧后，非转移型电弧同时切断。由于这种方式可以将更多的能量传递给工件，有利于焊接，因此转移型电弧普遍应用于金属材料焊接和切割领域。

（3）混合型电弧。顾名思义，转移型电弧和非转移型电弧并存，主要用于微束等离子弧焊接和粉末堆焊。

3.2.1.2 等离子堆焊重要参数

1）焊接电流

在等离子堆焊过程中，最重要的工艺参数是焊接电流，随着焊接电流的增加，等离子弧能量增大，熔化和穿透能力增加。在堆焊过程中如果电流过小，填充金属不易熔化，堆焊涂层与工件无法形成良好的冶金结合，且电流过小时电弧不稳定，容易造成气孔、夹杂及未熔合等多种缺陷。反之，如果电流过大，工件熔化过多，在增加稀释率的同时，增加了堆焊材料的烧损，降低了堆焊涂层硬度。此外，由于较大的热输入量，工件还易烧穿焊坏，造成保护不良、氧化物多、咬边等严重的焊接缺陷，影响堆焊质量。焊接电流主要根据工件材料及堆焊速度和焊粉种类来选定，电流过大过小都会影响焊后性能。

此外，较大的焊接电流还可能引起双弧现象。因此，在选定焊枪及喷嘴的结构后，焊接电流只能限定在一定范围之内，而这个范围与其他焊接参数，如等离子气流量和焊接速度等参数相关。在设定了其他堆焊参数后，焊接电流和焊接速度的对应关系是：焊接速度增加，相应焊接电流也须增加，反之，焊接速度降低,焊接电流要减小;当等离子气流量增加时,焊接电流要减小,反之,当等离子气流量减小时,焊接电流须增加。

2)电弧电压

电弧电压过低时,不易引燃电弧,电弧较软,穿透能力弱,不过电弧电压小可以减小母材对于堆焊材料的稀释率。电弧电压过高,温度升高,稀释率也增加,不易焊接,难以掌控,不过电压过高容易引弧。

3)气体的作用及流量

氩气在堆焊过程中起输送焊粉、引燃电弧和保护电弧稳定燃烧的作用,在喷嘴内壁和弧柱之间起堆焊热源的作用,并对电弧进行压缩,增加能量集中度。氩气作为电离介质与电弧的热导体,起熔化堆焊粉末和基体材料金属作用,并保护钨极、堆焊涂层和工件在堆焊过程中不被氧化,因此对气体纯度要求较高,以保证电弧稳定燃烧,提供良好的携热性能,同时氩气对钨极和工件与喷嘴没有腐蚀作用。

4)气体流量

气体流量包括离子气、保护气和送粉气,在堆焊过程中需要对其分别进行控制。进气口直径一般为 $6 \sim 8$ mm,调节气体流量时,如果流量过大,容易使电弧喷射速度加快,弧流冲力过大造成翻渣现象,且易把喷嘴烧坏。气体流量过小,对电弧压缩能力减小,电弧软弱无力,堆焊热量减少。气体流量对焊接质量影响较大,因此需要慎重选择。

5)焊接速度

焊接速度是影响堆焊质量的一个重要参数。在其他条件一定时,焊接速度增加,工件表面的热输入量减小。反之,如果焊速太低,会出现过热现象,直接影响焊接质量。焊接速度和焊接电流及气体流量之间是相互影响的,它们之间的关系如前所述。

6)焊枪距离

堆焊过程中,焊枪喷嘴和工件之间的距离对其他参数的影响不是很明显,因为等离子电弧的挺度好,等离子焊接的扩散角仅为 $5°$,基本上是圆柱形。但如果距离过大,则熔透能力降低,气体保护质量降低;距离过小则易造成喷嘴被飞溅物黏附,堵塞送粉孔,一般应控制在 $4 \sim 8$ mm 范围内。

7)转台转速

转台是堆焊设备的主要部件,转台的运转平稳性和速度会影响堆焊质量,太快容易造成焊道不易成型,或者堆焊涂层太薄,电流小时还可能出现未熔合、焊道不美观、堆焊质量低等问题。太慢则容易造成温度过高、焊道过厚、表面不光、烧穿等问题。因此合理地选择转速对获得良好的焊接质量有着重要的影响。

3.2.2　等离子堆焊技术的应用现状

由于等离子堆焊的特点和优越性,其已广泛应用于石油、化工、工程机械、矿山机械等行业。

1）阀门密封面堆焊

阀门在使用过程中,常处在较高温度和较高的流体压力下,且阀门经常启闭,在此过程中,由于密封面间的相互摩擦、挤压、剪切,加之流体的冲刷和腐蚀等作用极易受到损伤。一旦密封面出现损伤,就会导致泄露量增加,阀门丧失功能,成为废品,甚至会造成严重的安全事故。因此,阀门密封面堆焊材料质量的好坏,将直接关系到阀门的使用寿命和生产的安全可靠性。通过采用等离子堆焊工艺将高合金粉末材料堆焊在普通材料上,以提高其耐磨、耐腐蚀性及高温性能,延长阀门使用寿命,同时节省贵重材料,降低产品的成本,这一方法已在电站阀门行业得到普遍应用。

2）石油化工装备

石化工业中,生产设备工况条件具有三高(高腐蚀、高磨损及高温)的特点,采用等离子粉末堆焊工艺,将 Ni 基或 Co 基高合金材料堆焊在设备密封面上,达到提高设备使用寿命和运转安全性的目的。这种表面改性方法对提高材料耐磨、耐腐蚀性及高温性能,延长使用寿命,节省贵重材料,降低产品成本具有重要意义。采用此方法将高合金粉末材料堆焊在普通材料上,可以获得优异的表面性能,这一方法已在石油、化工行业中得到广泛应用。

3）矿山机械

采煤机截齿对强度,耐磨性,寿命要求较高,采用等离子堆焊设备在表面堆焊特殊合金粉末,可以显著提高采煤机截齿耐磨、抗冲击性,避免截齿头因遭强烈的磨损而过早失效,在机械化综合采煤生产作业中获得了推广应用。截齿耐磨堆焊涂层的出现和使用,将截齿刀头与被切割煤岩之间的摩擦、冲击等作用,转换为或部分转换为堆焊涂层与被切割煤岩之间的摩擦、冲击等作用,从而达到了保护截齿刀头的目的。近年来在多种可供选用的防止截齿过早失效的冶金技术中,截齿耐磨堆焊以其工艺简便和效果较好等优势,在工业生产中最受欢迎。

3.2.3　等离子堆焊技术存在的主要问题及发展前景

因为等离子堆焊主要以金属粉末作为堆焊材料,并且大部分堆焊材料系自熔性合金,堆焊质量对粉末质量的依赖性很大。在堆焊过程中会有少量粉末飘散而造成浪费,因粉末飞溅,长时间施焊易产生粘喷嘴现象,在堆焊较黏的材料,例如 Ni 基合金时,这个问题尤其突出,已经成为影响工艺稳定性的重要因素。以上问题除了与堆焊合金本身的特性有关之外,主要与焊粉的粒度、形状及焊枪(特别是喷嘴)密切相关。

目前焊粉的生产方式已经从水雾化逐渐过渡到气雾化,这使得焊粉的颗粒可以保持很规则的球形,而焊粉的粒度组成则可以通过筛分环节严格控制。但现在关于焊枪的设计和加工仍有许多问题,例如送粉孔的数量、分布及焊枪表面防粘涂层的选择和应用都值得进一步深入探索。

在系统控制方面,由于等离子堆焊工艺参数比较复杂,因此等离子焊接设备中要控制的对象比较多,主要包括转移弧整流电源、高频振荡电源、气量、冷却水、堆焊数控机床、送粉器和摆动器等,其中任何一个参数的变化都可能影响堆焊涂层的质量和性能。最初采用手动控制时,堆焊质量与操作者有非常大的关系。后来发展到使用继电器逻辑电路及二极管矩阵逻辑电路作为程控系统,系统集成程度不高,给维修或因加工对象改变而修改工艺程序带来巨大的不便。为提高系统反应速度,兰州理工大学在设备中引入单片机或可编程控制器,研制了以高性能单片机 80C196KC 为核心组成的自动等离子堆焊控制系统,大幅度提高了设备的稳定性、可靠性和工艺适应性。南昌航空工业学院进行了用可编程控制器改进等离子堆焊装置的研究,并通过试验证明该控制系统抗高频干扰能力强,运行可靠。

为了进一步实现等离子堆焊设备的小型化、控制系统化和操作自动化,目前在设备控制方面,越来越多研究者在等离子堆焊设备中引入可编程控制器对设备进行系统控制,但是许多人只是将可编程逻辑控制器(PLC)作为一种替代传统的继电器控制系统的逻辑顺序控制器,未能充分发挥 PLC 的软件功能,因此通过充分发挥 PLC 控制的软件功能,在增强设备的自动化和智能化程度方面及提高设备工艺适应性和运转稳定性方面,仍有广阔的研究前景。

尽管目前仍存在许多问题,由于其优异的技术特性,等离子堆焊技术在国内外仍得到了大量应用。在实际的工业生产中,等离子堆焊主要用于表面技术,以提高工件(阀门密封面、气阀密封面、模具刃口、输煤机中部槽板、槽帮、无缝钢管顶头、运动部件摩擦副等)的耐磨性,以及石化工业设备的耐腐蚀性,同时以延长使用寿命为主要目标。采用各种堆焊材料提高零部件的性能,也是生产和研究的重点。但这些研究工作仅限于材料的表面改性上。如今高温合金已应用于航空航天、工业燃气轮机及高速机车等方面,在长期使用中就要求具有高的强度、较佳的抗氧化性、耐腐蚀性和良好的低周疲劳抗力,通常合金的成分及组织对其性能有重大的影响,因此通过等离子堆焊技术在高温合金的成型及加工方面的应用,获得均匀细小的组织结构成为改进合金综合性能的重要手段。随着制造业的快速发展,为了满足各种行业的需要,尤其是在快速制造领域,等离子沉积制造技术也得到了人们的注意。等离子沉积制造技术是在等离子粉末堆焊和快速成型技术的基础上发展起来的一种新的材料增量制造技术,它首先是在计算机中生成零件的三维 CAD 模型,然后将该模型根据具体工艺方法,按照一定的厚度进行分层剖分,将零件的三维数据信息转换成一系列二维轮廓数据,再经过逐层熔覆的方式制造出三维零件,也被称为"3D 打印"。由于等离子弧的温度极高,粉末融化充分,从而得到的熔覆涂层材料组织细小、均匀、致密,同时具有柔性好、加工速度快、对零件的复杂程度基本没有限制等特点,能直接制造出满足实际使用要求的组织致密的金属零件,并且几乎不受原料种类限制,因此在缩短制造加工周期、节省资源与能源、发挥材料性能、提高精度、降低成本方面具有很大的潜力,从而受到越来越多的关注,可见等离子堆焊技术在未来具有很好的发展前景。

3.3 热喷涂技术

20 世纪初 Shcoop 博士将热喷涂技术应用于零件的修复,至 20 世纪 60 年代中后期广泛应用于航空、导弹等对涂层具有高熔点、高强度等要求的领域。热喷涂技术的工作原理是:先使用各种热源将喷涂材料加热至熔化或半熔化的状态,再喷涂离子束气流使喷涂材料分散细化,然后高速喷射到基体材料表面,形成喷涂层,其原理如图 3-7 所示。在热喷涂过程中,粉末粒子的飞行速度很快,飞行过程只有几千分之一秒,并在经历加热熔化、雾化、飞行及碰撞基体四个阶段后,沉积形成涂层。无论是涂层与基体的结合,还是涂层内部颗粒间的结合,都属于物理-化学结合方式,主要包括机械结合、物理结合及冶金化学结合。

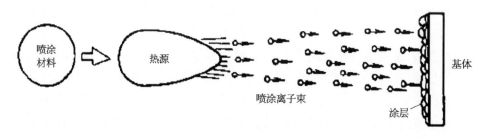

图 3-7 热喷涂原理示意图

喷涂材料从进入热源到形成涂层,大致可分成 4 个阶段:

(1) 材料被加热熔化。丝材端部被加热后熔化,进而形成熔滴;同时粉末则被熔化或软化。

(2) 丝材的熔滴在高速气流作用下雾化成为微小颗粒后被加速,同时粉末材料则直接被气流加速。

(3) 高温熔融的微粒进入了飞行阶段。微粒、粉末首先加速,然后随着距离的增加而逐渐减速,与此同时与周围的气体发生反应,自身温度逐渐降低。

(4) 这些具有一定温度及速度的微小颗粒与基体材料表面发生猛烈撞击,大部分微粒产生剧烈变形和快速冷却并在工件表面沉积,最终形成涂层。

喷熔一般包括一步法与两步法,一步法即涂层在喷涂的过程中被加热熔化,两步法就是在喷涂后再通过加热使涂层熔化。

热喷涂技术具有基体材料和喷涂材料选择多、喷涂工艺种类多、涂层厚度可从微米级到厘米级、可制备复合材料的涂层、甚至可用于增材制造等优点,从 1920 年该技术出现到现在,一直是制造业备受关注的方向。在我国热喷涂的发展始于国防军工行业,特别是在导弹、火箭、卫星、坦克零部件及航空发动机叶片、喷火筒、导弹滑轨等部位有重要的应用,后来逐步发展到民用产品,已在电力、冶金、矿采、纺织、印刷、铁路、医疗、海洋装备等多个领域得到广泛的应用,成为了典型的军民两用技术。

3.3.1　热喷涂技术的特点和分类

热喷涂技术的特点主要体现在以下 4 个方面:

(1) 在各种基体上制备各种材质的涂层。热喷涂的材料可以是金属、陶瓷或金属陶瓷以及工程塑料等;而热喷涂的基体材料可以是陶瓷、金属、金属陶瓷、玻璃、工程塑料、石膏、布、木材、纸等几乎所有的固体材料。

(2) 由于基体表面在喷涂过程中受热程度较小而且可控,所以喷涂可在各种材料上进行,而且基体材料的组织和性能几乎不受影响,工件变形较小。

(3) 操作灵活、设备简单,既可大面积喷涂大型构件,也可进行特定的局部喷涂;既可以进行室内喷涂,也可在室外进行现场施工。

(4) 喷涂操作程序简单、效率高,施工时间短,成本较低。

根据热源的类型,可将热喷涂技术分为燃烧法和电加热法两大类。根据喷涂材料的形式及工作时的热源,可将燃烧法热喷涂和电加热法热喷涂进一步细分,如图 3-8 所示。

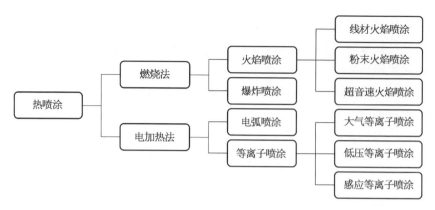

图 3-8   常用热喷涂技术分类

3.3.2   热喷涂材料现状与挑战

热喷涂涂层性能的最大潜能取决于热喷涂材料自身性能及其组织结构特征,因此,具有不同成分与结构的喷涂材料的研发是制备满足不同服役应用要求涂层的物质基础。影响涂层性能的粉末参数主要有:成分、取决于制备方法的结构与形貌、粉末粒度。尽管适合于特殊环境的新型热喷涂材料不断出现,但基于迄今的开发与应用,已经形成了几类重要的热喷涂材料:金属线材、Ni基与 Co 基合金粉末、MCrAlY 粉末、硬质金属粉末、金属陶瓷硬质合金粉末、陶瓷粉末、复合粉末、自熔合金粉末等。国外厂商基本可以提供常规喷涂材料。国内粉末生产厂家由于生产工艺水平的不断提高,和粉末粒度管理水平的上升,大部分常用金属粉末与 Co 基 WC 硬质合金粉末的质量明显提高,基本可以替代进口粉末。由于涂层服役环境的复杂性,需要针对具体服役条件通过对基础材料体系合金化进行材料设计而发展一些特殊粉末,如耐更高温度的热障涂层材料、含氧量较低的小尺度金属合金粉末(面向冷喷涂与增材制造)、面向功能涂层制备的高纯陶瓷粉末等。

冷喷涂经过近 20 年的研究,已经具备了应用的基础,但是由于冷喷涂高效沉积对金属粉末具有特殊的要求,包括颗粒尺寸小,粒度范围小、且粉末含氧量低,而国内尚没有适用于冷喷涂的粒径小于 50 μm 的商用金属粉末,特别是钛合金与 Ni 基高温合金粉末。针对冷喷涂,需要开发的粉末包括高性能金属陶瓷(如纳米结构 WC-Co)粉末的设计与制造、真空冷喷涂亚微米陶瓷粉末的制造工艺,以及其他纳米结构与非晶结构粉末等。另外,随着液料热喷涂与 PS-PVD 快速发展,针对这类方法所需要的液料与特殊结构的粉末的研究开发也将是热喷涂材料领域挑战性的问题。

由于热喷涂工艺的特点,涂层中存在一定量的孔隙,而且沉积粒子之间仅存部分有限的结合,使得涂层在承载力学载荷下服役时表现出使用性能显著低于同类铸态块体,而且在腐蚀环境下腐蚀介质将通过孔隙达到涂层与基体界面发生腐蚀,最终导致涂层过早失效。针对这一特性,在 20 世纪 50 年代出现了自熔合金涂层材料,涂层经过火焰重熔处理后可以获得与 Fe 基合金基体形成冶金结合的、致密的、具有优异耐腐蚀与耐磨性的 Ni 基、Fe 基与 Co 基涂层,满足了许多重要场景的应用。然而,重熔处理需要将涂层加热至超过 1 000 ℃ 的高温,许多场景因不允许加热或变形,以及结构尺寸问题无法使涂层通过重熔后应用。Ni-Al 复合粉末具有基于其加热后的放热反应提升温度可增强与基体冶金结合的自黏结效应,高熔点 Mo 与 W 等粉末粒子在完全熔化状态下喷射向 Fe 基或 Ni 基合金基体表面上时,也因在铺展过程中熔化基体表面而呈现冶金自黏结效应。因此,如何设计制备在喷涂粒子沉积过程中即可形成冶金结合的具有自黏结效应的粉末,以及可制备沉积态下腐蚀介质不渗透的致密涂层用粉末,将是未来金属粉末制造的挑战之一。

参考文献

[1]　汪明文.Fe 基非晶合金及复合粉末激光熔覆和性能研究[D].福州:福建农林大学,2016.

[2]　陆小龙.后热处理对激光熔覆自润滑耐磨复合涂层组织和性能的影响[D].苏州:苏州大学,2016.

[3]　王一博.激光熔覆制备耐磨耐腐蚀涂层[D].哈尔滨:哈尔滨工程大学,2009.

[4]　张雪.激光功率对 Ni 基-WC 熔覆涂层组织与性能的影响[D].鞍山:辽宁科技大学,2014.

[5]　陈冠秀,安立周,王硕,等.激光熔覆技术的研究概况及其发展趋势[J].机电产品开发与创新,2022,35(5):15-18.

[6]　Han L, Zhang X, Wang Y, et al. Influence of laser power on microstructure of Ni-based WC clad layer[J]. Jinshu Rechuli/Heat Treatment of Metals, 2014, 39(9):63-66.

[7]　姚芳萍,房立金,李金华,等.激光功率对激光熔覆 Ni 基涂层温度场和应力场的影响[J].塑性工程学报,2021,28(11):87-94.

[8]　姚宏凯,吴国庆,曹阳,等.激光扫描速率对 5CrNiMo 熔覆 Ni60 涂层组织与性能的影响[J].应用激光,2020,40(6):1005-1010.

[9]　Li Y, Su K, Bai P, et al. Microstructure and property characterization of Ti/Ti BCN reinforced Ti based composite coatings fabricated by laser cladding with different scanning speed[J]. Materials Characterization, 2020, 159:110023.

[10]　郭士锐,周高峰,郭小锋,等.扫描速度对半导体激光熔覆钴基合金涂层组织与性能的影响[J].金属热处理,2016,41(8):123-127.

[11]　付福兴,畅庚榕,赵小侠,等.激光光斑直径对熔覆涂层裂纹的影响[J].激光与光电子学进展,2015,52(3):184-187.

[12]　于克东,赵伟,张辉.离焦量对激光熔覆 TiCoNiCrFe 高熵合金涂层组织与性能的影响研究[J].齐鲁工业大学学报,2021,35(5):55-59.

[13]　余菊美.铁基合金激光熔覆涂层质量与性能改善的研究[D].郑州:郑州大学,2004.

[14]　Zhang P, Liu Z. Physical-mechanical and electrochemical corrosion behaviors of additively

manufactured Cr-Ni-based stainless steel formed by laser cladding[J]. Materials & Design, 2016, 100: 254 − 262.

[15] Cho J E, Hwang S Y, Kim K Y. Corrosion behavior of thermal sprayed WC cermet coatings having various metallic binders in strong acidic environment [J]. Surface & Coatings Technology, 2006, 200(8): 2653 − 2662.

[16] 应小东,李午申,冯灵芝.激光表面改性技术及国内外发展现状[J].焊接,2003,1: 5 − 8.

[17] 董冬梅.光纤激光溶覆金属基陶瓷复合涂层研究[D].常州:江苏理工学院,2018.

[18] 刘丹.TC4 钛合金表面激光熔覆复合涂层及耐磨性研究[D].衡阳:南华大学,2015.

[19] 宋英杰.激光熔覆 Stellite20/Nb 熔覆涂层组织与性能研究[D].长春:吉林大学,2019.

[20] Luo J M, Wei Z, Qian S U, et al. Effect of TiC content on microstructure and properties of TiC steel-cemented carbides [J]. Transactions of Materials & Heat Treatment, 2012, 33(7): 116 − 121.

[21] 刘洪刚.激光熔覆 4169 高温合金涂层的研究[D].上海:上海交通大学,2012.

[22] 李伟.原位自 TiC+Ti B2/Ni 激光熔覆涂层的组织和摩擦磨损性能研究[D].镇江:江苏科技大学,2019.

[23] 杨鹏聪.激光熔覆制备铁基覆层及其耐磨性的研究[D].长春:吉林大学,2019.

[24] 张晓,周亚军,李政.35CrMo 钢表面铁基激光熔覆涂层的组织和耐磨性[J].机械工程材料,2020,44(2): 55 − 59.

[25] Chen J M, Guo C, Zhou J S. Microstructure and tribological properties of laser cladding Fe-based coating on pure Ti substrate[J]. Transactions of Nonferrous Metals Society of China, 2012, 22(9): 2171 − 2178.

[26] 张坚,邱斌,赵龙志.激光熔覆技术研究进展[J].热加工工艺,2011,40(18): 116 − 119.

[27] 徐勤官.陶瓷颗粒增强铁基合金激光熔覆涂层的研究[D].济南:山东大学,2012.

[28] 彭思源.WC 颗粒增强铁基复合堆焊涂层性能研究[D].合肥:安徽建筑大学,2015.

[29] 张宁.WC 颗粒增强钢基复合材料的组织及性能研究[D].徐州:中国矿业大学,2015.

[30] 杨启志,王俊英.WC 添加量对 Ni 基复合涂层结构和耐腐蚀性的影响[J].江苏大学学报(自然科学版),2003,24(2): 58 − 61.

[31] 王黎明,从善海,胡梅.WC 增强 Fe 基复合材料的组织与性能研究[J].稀有金属与硬质合金,2015(5): 22 − 29.

[32] 范丽,陈海奂,李雪莹,等.激光熔覆铁基合金涂层在 HCl 溶液中的腐蚀行为[J].金属学报,2018,54(7): 1019 − 1030.

[33] Fan Li, Chen Haiyan, Dong Yaohua, et al. Wear and corrosion resistance of laser cladded Fe-based composite coatings on AISI 4130 steel[J]. International Journal of Minerals, Metallurgy and Materials, 2018, 25(6): 716 − 728.

[34] 范丽,陈海奂,刘珊珊,等.球形 WC 增强铁基复合等离子堆焊涂层的组织与摩擦学性能[J].摩擦学学报,2018,38(1): 17 − 27.

[35] 张喜冬.真空熔覆碳化钨增强镍基合金熔覆涂层组织及性能的研究[D].郑州:郑州大学,2015.

[36] 张翼.真空熔结稀土镍基-金属陶瓷复合涂层高温及耐腐蚀性的研究[D].合肥:合肥工业大学,2007.

[37] 孙焕,林晨,陶洪伟,等.真空高频感应熔覆 Ni60 − WC 复合涂层的耐腐蚀性[J].中国表面工程,2013,26(6): 35 − 41.

[38] 魏鑫.45 钢表面感应熔覆 Ni60 涂层及 WC − Ni60 复合涂层的研究[D].大连:大连理工大学,2010.

[39] 刘珊珊.镍基球形碳化铬涂层的摩擦磨损和腐蚀性能研究[D].上海:上海应用技术大学,2018.

[40] 高才,许斌.激光熔覆陶瓷增强金属基复合涂层技术的研究进展[J].表面技术,2008, 4: 63 − 66.

[41] 李安敏,许伯藩.激光熔覆碳化物/金属基复合涂层裂纹的产生与控制[J].材料导报,2002,8: 27 − 29.

［42］　邓德伟,陈蕊,张洪潮.等离子堆焊技术的现状及发展趋势［J］.机械工程学报,2013,
　　　　49(7):106‑112.

［43］　程前.镍基碳化铌涂层摩擦磨损性能研究［D］.上海:上海海事大学,2021.

［44］　Hou Y, Chen H Y, Fan L, et al. Corrosion Behavior of Cobalt Alloy Coating in NaCl
　　　　Solution［J］. Materials Science Forum, 2020, 993: 1086‑1094.

［45］　Cheng Q, Chen H Y, Hou Y, et al. Wear and Corrosion properties of Plasma Transferred
　　　　Arc Ni‑based Coatings reinforced with NbC Paticles［J］. Materials Science‑Medziagotyra,
　　　　2021, 27(3): 294‑301.

第4章　表面耐磨耐腐蚀涂层及防护材料

材料是现代科学技术和社会文明的重要支柱,在绝大多数情况下,机械装备的失效(即丧失其规定功能)都是由构成其的工程材料的失效引起的,其中腐蚀、磨损和断裂是工程材料最常见的三种失效破坏形式。

腐蚀与磨损一般始于材料的表面,因此在材料的表面制备一层或多层耐磨和耐腐蚀的涂层是提高其可靠性、延长其使用寿命的一种有效手段。目前,工业上常用的涂层制备表面技术有:激光熔覆、等离子堆焊、热喷涂等,这些技术方法各有其特色,在不同的领域中得到了广泛的应用。无论是采用激光熔覆、等离子堆焊或热喷涂技术制备表面涂层,影响表面涂层成型质量和性能的因素都很复杂,其中涂层用材料是一个主要的因素。涂层用材料的选择是否恰当,将直接影响涂层的工艺性能及涂层的服役性能,因此表面涂层制备技术自诞生以来,涂层用材料一直受到研发人员和工程应用人员的重视。利用表面涂层可以满足材料对耐磨性、耐腐蚀性、隔热性和耐高温性等的要求。根据其服役条件需求,灵活选择和设计表面涂层材料是一个重要的问题。

激光熔覆、等离子堆焊、热喷涂技术具备许多相似的物理和化学特性,它们对所用合金粉末的性能要求也有很多相似之处。例如,合金粉末具有脱氧、还原、造渣、除气、湿润金属表面、良好的固态流动性、适中的粒度、含氧量低等功能和特性。

随着激光熔覆技术的不断发展,激光熔覆材料也得到了快速发展,原则上可应用于热喷涂的材料均可作为激光熔覆专用材料。现在激光熔覆用的材料基本上是沿用热喷涂用的自熔合金粉末,或在自熔合金粉末中加入一定量 WC和 TiC 等陶瓷颗粒增强相,获得不同功能的激光熔覆涂层。

本章主要介绍激光熔覆材料设计的一般原则、激光熔覆用材料体系及激光熔覆用材料的应用现状,以供研发人员和工程应用人员进行灵活选择和设计表面涂层材料,从而制备高质量和满足服役性能要求的表面涂层。

4.1　激光熔覆材料设计的一般原则

激光熔覆材料要根据使用要求与基体的状况来选配。在一定工作环境下,对于某一基体而言,存在着最佳涂层合金。目前,对于涂层材料及基体材料的许多物理性质无法知悉,因此如何去度量涂层材料与基体材料是否具有良好的匹配关系,成为激光熔覆技术的一个重点。另外,在设计时,不能一味地追求涂层材料的使用性能,还要考虑涂层材料是否具有良好的涂覆工艺性能,尤其是与基体材料在热膨胀系数、熔点等热物理性质上是否具有良好的匹配关系。

4.1.1　激光熔覆材料与基体材料热膨胀系数的匹配

激光熔覆涂层中产生开裂、裂纹的重要原因之一是熔覆合金与基体材料之间的热膨胀系数存在差异,所以在选择涂层材料时首先要考虑涂层与基体材料在热膨胀系数上的匹配,考虑涂层与基体材料的热膨胀系数差异对涂层的结合强度,特别是抗开裂性能的影响。目前,大多数研究都是根据激光熔覆涂层与基体材料热膨胀系数的匹配原则进行熔覆材料的选择及成分设计的。传统的观点认为,为防止涂层开裂和剥落,涂层和基体材料的热膨胀系数应满足同一性原则,即二者应尽可能地接近,考虑到激光熔覆的工艺特点,基体材料和涂层的加热和冷却过程不同步,熔覆涂层的热膨胀系数在一定范围内越小,熔覆涂层对开裂越不敏感。为此,一般激光熔覆涂层材料与基体材料热膨胀系数的匹配原则,即二者的相关参数应满足下式:

$$\sigma_2(1-v)/(E \times \Delta T) < \Delta a < \sigma_1(1-v)/(E \times \Delta T) \qquad (4-1)$$

式中,σ_2 和 σ_1 分别为熔覆涂层与基体材料的抗拉强度;E 是涂层的杨氏模量,v 是涂层的泊松比,$\Delta \alpha$ 是涂层与基体之间的热膨胀系数之差,ΔT 是涂层温度与室温之差。

从上式可以看出,熔覆涂层的热膨胀系数并不是越小越好,而是需有一定的范围。超出上述的范围,易在基体材料表面形成残余拉应力,甚至造成涂层和基体材料开裂。

吴新跃等选择了 Fe 基、Co 基、Ni 基三个系列十几种牌号的合金粉末,对 34CrNi3Mo 合金调质钢进行了对比实验,结果选定了一种 Co 基合金粉末。而

Ni 基合金及其他一些热喷涂不易发生裂纹的合金,反而在激光熔覆实验中不适用,这是所选择的合金粉末与基体的热膨胀系数之间的匹配性引起的。

4.1.2　激光熔覆材料与基体材料熔点的匹配

在激光熔覆技术中,需要关注的涂层材料另一重要热物理性质是其熔点。熔覆合金与基体材料的熔点之间差异过大,形成不了良好的冶金结合。若是熔覆材料熔点过高,加热时熔化少,会使得涂层表面粗糙度高且基体表层过烧,严重污染熔覆涂层;反之,熔覆材料熔点过低,则会使熔覆涂层过烧,且与基体间产生孔洞和夹杂。因而,力求采用相对于基体材料具有适宜熔点的涂层材料。

4.1.3　激光熔覆材料对基体材料的润湿性

除了考虑熔覆材料的热物理性能外,还应考虑其在激光快速加热时的流动性、化学稳定性、硬质相与黏结相金属的润湿性及高温快冷时的相变特性等。

熔覆过程中,润湿性也是一个重要的因素。特别是要获得良好的金属陶瓷涂层,必须保证金属相和陶瓷相具有良好的润湿性。在提高润湿性方面,主要基于以下原则:

（1）改善陶瓷颗粒的表面状态和结构,即对熔覆用陶瓷颗粒进行表面处理,以提高其表面能。常用的处理方法有机械、物理和化学清洗、电化学抛光和涂覆等。如在 Al 基复合材料中,用 Ag 浸润于陶瓷表面形成胶状熔体而构成 Ag 涂层,而 Ag 与 Al 有很好的润湿性,从而形成了 Al 与陶瓷间良好的润湿与结合。

（2）改变基体的化学成分。最有效的方法是向基体中添加合金元素,如在 Cu/Al_2O_3 体系中加入 Ti 提高相间润湿性;在基体中添加活性元素 Hf 等也有利于提高基体与颗粒之间的润湿性。

（3）选择适宜的激光熔覆工艺参数,如提高熔覆温度,以降低覆层金属液体的表面能。

由以上可知,涂层的设计是很复杂的,其影响因素较多,所涉及的内容广泛,要综合加以考虑。

4.2　激光熔覆用材料体系

按熔覆材料的初始供应状态,熔覆材料可分为粉末状、丝状、棒状和薄板状,其中应用最广泛的是粉末状材料。按照材料成分,激光熔覆用粉末材料体系一般常用的是自熔性合金粉末、陶瓷粉末、复合粉末和稀土及其氧化物粉末。

4.2.1　自熔性合金粉末

在金属粉末中,自熔性合金粉末的应用和研究最多。自熔性合金粉末一般含有 B 和 Si,是在熔融状态下能够自动脱氧、造渣、除气和浸润基体材料的一类合金粉末,熔点较低,大约在 950~1 250℃之间。自熔性合金粉末的硬度与合金含硼量和含碳量有关,硬度随 B、C 含量的增加而提高,这是由于硼和碳与合金中的镍、铬等元素形成硬度极高的硼化物和碳化物的数量增加所致。

自熔性合金粉末按照主基料的不同,一般可以分为:Co 基、Ni 基和 Fe 基合金粉末三类。这几种自熔性合金粉末对碳钢、不锈钢、合金钢、铸钢等多种基体材料有较好的适应性,能获得氧化物含量低、气孔率小的熔覆涂层。

1) Co 基自熔性合金粉末

Co 基自熔性合金粉末(又称司太立合金,Stellite 合金),它是 Co 为基本成分,加入 Cr、C 及 Mo 等元素组成的合金,一般为 CoCrNiWC 合金体系。Stellite 合金的典型牌号有: Stellite 1、Stellite 4、Stellite 6、Stellite 8、Stellite 12、Stellite 20、Stellite 21、Stellite 31、Stellite 100 等,其中常见的见表 4 - 1。CoCrNiWC 合金在工业生产中主要有两个方面的应用,一是用来提高耐磨性,特别是在恶劣工况下的耐磨性;二是用于高温结构材料。Cr 元素固溶于 Co 的面心立方晶格中,对晶体既可以起到固溶作用,又可以起钝化作用,从而提高高温耐磨和耐腐蚀性;富余的 Cr 与 C 形成碳化铬硬质相(通常是 M_7C_3,当然 $M_{23}C_6$ 在低碳合金中也很常见),提高合金硬度和耐磨性。Cr、Mo、W 等元素的加入可提高耐磨性的功能。Mo 和 W 可固溶于 Co 基体中,使晶格发生畸变,固溶强化合金基体,从而大大提高了基体的高温强度和红硬性;过量的 W 还可以与 C 形成 WC 和 W_2C 等硬质相,提高合金的耐磨性。一定含量 Ni 的加入在提高合金延展性的同时,也可以起到扩大奥氏体稳定区的作用。

表 4 - 1　Co 基合金化学成分(质量分数)　　　　　　　单位: %

合金	C	Si	Mn	Fe	Cr	Ni	Co
Stellite 6	1.0	1.0	1.0	<2.5	27	<2.5	Bal. 余量
Stellite 12	1.8	1.0	1.0	<2.5	30	<2.5	Bal. 余量

2) Ni 基自熔性合金粉末

Ni 基自熔性合金粉末以其良好的润湿性、耐腐蚀性、高温自润滑作用和适中的价格在激光熔覆材料中研究最多且应用最广。它主要适用于局部要求耐磨、耐热腐蚀及抗热疲劳的构件,所需的激光功率密度比熔覆 Fe 基合金的略高。Ni 基自熔性合金的合金化原理是运用 Fe、Cr、Co、Mo、W 等元素进行奥氏体固溶强化,运用 Al、Ti 等元素进行金属间化合物沉淀强化,运用 B、Zr、Co 等元素实现晶界强化。C 元素加入可获得高硬度的碳化物,形成弥散强化相,进一步提高熔覆涂层的耐磨性;Si 和 B 元素一方面作为脱氧剂和自熔剂,增加润湿性,另一方面,通过固溶及弥散强化提高涂层的硬度和耐磨性。Ni 基自熔性合金粉末中各元素的选择正是基于以上原理,而合金元素添加量则依据合金成型性能和激光熔覆工艺确定。

Ni 基自熔性合金粉末成分分类大致有:NiBSi、NiCrBSi、NiCrBSiFe 和 NiCrBSiFe+WC 系列,常见的 Ni 基合金见表 4-2。

表 4-2 Ni 基合金化学成分(质量分数) 单位:%

合 金	C	Si	Fe	Cr	B	Mn	W	Ni
Ni60	0.82	3.82	4.49	15.72	3.08	–	–	Bal. 余量
Ni50	0.45	3.73	3.14	11.10	2.3	–	–	Bal. 余量
Colmony 5	0.7	3.8	3.0	11.5	2.5	1.0	–	Bal. 余量
Colmony 88	0.76	4.12	3.81	15.69	3.09	–	16.22	Bal. 余量

Colmony 系列合金,作为一种具有优异耐磨和耐腐蚀性的 NiCrBSi 系自熔合金而备受关注。NiCrBSi 系自熔合金是 Ni 基自熔合金中的典型代表,具有较高的硬度,良好的耐磨性。NiCrBSi 系等离子堆焊合金涂层主要由 Ni 基固溶体(γ-Ni)、碳化物(M_7C_3)和硼化物(Ni_2B,CrB)组成。Chen 等人研究了 Ni50 涂层显微结构,发现主要是由富 γ-(Ni, Fe)共晶相、碳化物(Cr_7C_3,Cr_3C_2,$M_{23}C_6$)、低熔点共晶相(Ni_3B,Ni_3Si)组成的,与基体钢材相比,其耐磨性大大改善。

Ni 基合金的性能由其化学成分决定,Cr 首先与 C、B 形成碳化铬和硼化铬,之后 Cr 才会进入 Ni 基固溶体(γ-Ni),从而提高 Ni 基合金的抗氧化性。B 的含量对 NiCrBSi 涂层的性能有显著的影响,B 的含量越高,合金涂层的硬度越高,但抗裂性能及抗冲击性变差。Si 能固溶在 γ-Ni 固溶体中,提高 NiCrBSi 涂层的硬度,降低其熔点;但是在室温下,Si 在 Ni 基固溶体中的溶解度仅有 6%,若 Si 的含量过高则易形成脆性相。NiCrBSi 系列涂层的 γ-Ni 基体软,因此其高应力的耐磨性较差。

3）Fe 基自熔性合金粉末

Fe 基自熔性合金粉末的最大的优点是来源广泛、价格低廉，且现在应用的工程构件的基体材料大部分都是钢铁材料，采用 Fe 基熔覆材料，熔覆涂层具有良好的润湿性，界面结合牢固，可以有效地解决激光熔覆中的剥落问题。Fe 基合金粉末适用于要求局部耐磨而且容易变形的零件，熔覆涂层组织主要为富 C、B、Si 等的枝晶和 Fe-Cr 马氏体组织。其最大优点是成本低且耐磨性好，但也存在熔点高、合金自熔性差、抗氧化性差、流动性不好、熔层内气孔夹渣较多等缺点。

常见的 Fe 基合金有 FeCrC 合金体系、FeCrBSiC 合金体系及 FeNiCrMoSiC 合金体系等。对于 Fe 基合金而言，基体相的组织结构与 Fe 的百分含量有关，当 Fe 含量相对较高时，合金倾向于形成面心立方结构的 γ-Fe 基体相；反之，合金则倾向于形成体心立方结构的 α-Fe 基体相。其他合金元素也会对基体相的晶体结构产生影响，其中扩大 γ-Fe 奥氏体相区的元素有 C、Mn 和 Ni，缩小 γ-Fe 奥氏体相区的元素有 Cr、Si、Mo 和 Nb。

相关研究表明，无论是 Co 基、Ni 基和 Fe 基合金涂层，其基本的组织结构只有亚共晶结构和过共晶结构两种。亚共晶结构是由金属基体相和由基体相及硬质相组成的共晶组织组成；而过共晶结构则是硬质相分布于共晶组织中。不同组织结构的合金，其力学和电化学性能有着很大的不同。

目前，Fe 基合金的合金化设计主要为 Fe、Cr、Ni、C、W、Mo、B 等，在 Fe 基自熔性合金粉末的成分设计上，通常采用 B、Si 元素来提高熔覆涂层的硬度与耐磨性，Cr 元素可提高熔覆涂层的耐腐蚀性，Ni 元素可提高熔覆涂层的抗开裂能力。常见 Fe 基合金粉末的化学成分见表 4-3，主要物理参数和使用特点见表 4-4。

表 4-3　常见 Fe 基合金粉末的化学成分

粉末牌号	化学成分（质量分数）/%								
	C	Ni	Cr	B	Si	Cu	Co	Fe	其他
Fe30	1.0~2.5	30~34	8~12	2.0~4.0	3.0~5.0	–	–	Bal. 余量	–
Fe45	1.0~1.6	10~18	12~20	4.0~6.0	4.0~6.0	–	–	Bal. 余量	–
Fe55	1.0~2.5	8~16	10~20	4.5~6.5	4.0~5.5	–	–	Bal. 余量	–
Fe60	1.2~2.4	6~16	12~20	4.2~5.6	4.0~6.0	–	–	Bal. 余量	–
Fe65	2.0~4.0	–	20~23.5	1.5~2.5	3.0~6.0	–	–	Bal. 余量	–

表 4-4 Fe 基合金粉末的物理参数和使用特点

粉末牌号	物 理 参 数					使 用 特 点
	粒度/目	硬度/HRC	熔点/℃	松装密度/$(g \cdot cm^{-3})$	流动性/$(g \cdot 50 \ s^{-1})$	
Fe30	$-150 \sim +400$	$25 \sim 30$	$1\ 050 \sim 1\ 100$	3.5	20	耐磨,切削性能好用于钢轨表面压塌、擦伤等的磨损修复和表面防护
Fe45	$-150 \sim +400$	$42 \sim 48$	$1\ 050 \sim 1\ 100$	3.5	20	耐磨,用于轴类等耐磨损机械零部件
Fe55	$-150 \sim +400$	$54 \sim 58$	$1\ 050 \sim 1\ 100$	3.7	20	耐磨,用于滚机叶片、螺栓输入器、浮动油封面、轴承密封面、矿山机械、工程机械
Fe60	$-150 \sim +400$	$55 \sim 60$	$1\ 050 \sim 1\ 100$	4.0	20	耐磨性强,主要用于石油钻杆接头、农机、矿机等
Fe65	$-60 \sim +200$	$60 \sim 65$	$1\ 150 \sim 1\ 200$	4.0	25	耐磨性强,用于矿机、石油钻杆接头、破碎机等设备零件

4)其他金属粉末

除以上几类激光熔覆材料体系,目前已研发的熔覆材料体系还包括 Cu 基、Ti 基、Al 基、Mg 基、Zr 基、Cr 基及金属间化合物基等。这些材料多数是利用合金体系的某些特殊性质使其达到耐磨减摩、耐腐蚀、导电、抗高温、抗热氧化等一种或多种功能。

Cu 基激光熔覆材料主要包括 Cu-Ni-B-Si、Cu-Ni-Fe-Co-Cr-Si-B、Cu-Al_2O_3、Cu-CuO 等 Cu 基合金粉末及复合粉末材料。利用铜合金体系存在液相分离现象等冶金性质,可以设计出激光熔覆 Cu 基自生复合材料的 Cu 基复合粉末材料。研究表明,Cu 基激光熔覆涂层中存在大量自生硬质颗粒增强体,具有良好的耐磨性。

Ti 基熔覆材料主要用于改善基体材料金属材料表面的生物相容性、耐磨性或耐腐蚀性等。研究的 Ti 基激光熔覆粉末材料主要是纯 Ti 粉、Ti6A14V 合金粉末以及 Ti-TiO_2、Ti-TiC、Ti-WC、Ti-Si 等 Ti 基复合粉末。

Mg 基熔覆材料主要用于镁合金表面的激光熔覆,以提高镁合金表面的耐磨性和耐腐蚀性等。国外学者 J. Dutta Majumdar 等在普通商用镁合金上熔覆 Mg 基 MEZ 粉末(Zn 0.5%, Mn 0.1%, Zr 0.1%, Re 2%,其余为 Mg,均为质量分数)。使熔覆涂层显微硬度由 HV35 提高到 HV85~100,且因晶粒细化和金属间化合物的重新分布,熔覆涂层在质量分数 3.5% 的 NaCl 溶液中的抗耐腐蚀性相比基体材料镁合金有极大提高。

4.2.2　陶瓷粉末

　　激光熔覆陶瓷粉末近年来受到人们的关注。陶瓷粉末具有高硬度、高熔点、低韧性等特点,因此在激光熔覆过程中可将其作为增强相使用。陶瓷材料具有与金属基体材料差距较大的线胀系数、弹性模量、热导率等热物理性质,而且陶瓷粉末的熔点往往较高,因此激光熔覆陶瓷的熔池温度梯度差距很大,易产生较大的热应力,熔覆涂层中容易产生裂纹和空洞等缺陷。激光熔覆陶瓷涂层往往采用过渡熔覆涂层或者梯度熔覆涂层的方法来实现。多数陶瓷材料具有同素异晶结构,在激光快速加热和冷却过程中常伴有相变发生,导致陶瓷体积变化而产生体积应力,使熔覆涂层开裂和剥离。因此,激光熔覆陶瓷材料必须采用高温下的稳定结构(如 α-Al_2O_3、金红石型 TiO_2)或通过改性处理获得稳定化的晶体结构(如 CaO、MgO、Y_2O_3 稳定化 ZrO_2),这是激光加工技术成功制备陶瓷涂层的重要条件。

　　激光熔覆运用的陶瓷粉末种类较多,从化学成分上分类主要包括碳化物粉末、氧化物粉末、氮化物粉末、硼化物粉末等。这些陶瓷粉末具有不同的热物理化学性能,与金属黏结相的润湿性和相容性也不尽相同,使用时往往根据具体的要求进行选择。

　　1) 碳化物粉末

　　常用的碳化物陶瓷粉末有 WC、TiC、ZrC、VC、NbC、HfC 等,这些材料不仅具有熔点高、硬度高、化学性能稳定等典型的陶瓷材料特点,同时又显示出一定的金属性能:其电阻率与磁化率同过渡金属元素及合金相比,大多热导率较高,是金属性导体,因此这类碳化物又称为金属型碳化物。碳化物材料的硬度一般随使用温度的升高而降低,常温下 TiC 最硬,但随使用温度升高,硬度急剧降低。WC 在常温下具有相当高的硬度,至 1 000℃ 其硬度也下降较少,具有优异的红硬性,是高温硬度最高的碳化物。由于碳化物熔点高、硬度高,且喷涂的碳化物颗粒与基体材料的附着力差,在空气中升高温度时容易发生氧化。因此,纯碳化物粉末很少单独用作激光熔覆粉末材料。通常需用 Co、Ni-Cr、Ni 等金属或合金作黏结相制成烧结型粉末或包覆型粉末供激光熔覆使用。

　　WC 是制造硬质合金的主要原材料,也是激光熔覆领域制备高耐磨涂层的重要材料。W-C 二元系能形成 WC 和 W_2C 两种晶型的碳化物。WC 硬度高,特别是其热硬度高。它能很好地被 Co、Fe、Ni 等金属熔体润湿,尤以 Co 熔体对 WC 的润湿性最好。当温度升高至金属熔点以上时,WC 能熔解在这些金属熔体中,而当温度降低时,又能析出。

　　WC 这些优异的性能,使 WC 能用 CO 或 Ni 等作黏结相材料,经高温烧结或包覆处理,形成耐磨性很好的耐磨涂层材料。W_2C 的熔点和硬度比 WC 高,它能与 WC 形成 W_2C+WC 共晶混合物,熔点降低,易于铸造,就是所谓的"铸造WC",其平均含碳量 3.8% ~ 20%(其中 WC 含量为 78% ~ 80%,WC 含量为20% ~ 22%,均为质量分数)。这种铸造 WC 是成本较低的最硬最耐磨的一种材料。包型、团聚型、烧结型 WC 粉末均可用作熔覆材料。

　　TiC 熔点很高,具有极高的硬度,是常温下最耐磨的材料之一,但随着使用温度升高,TiC 硬度急剧下降,超过 500℃时,其硬度非常低,因此 TiC 一般不用作高温耐磨材料。TiC 与 Co、Ni、Fe 等金属熔体的润湿性不好,很难获得 TiC弥散分布在 Co、Ni、Fe 金属相的耐磨涂层中。但 TiC 能与部分硬质合金的铁合金成分结合,制成具有重要用途的钢结硬质合金,其最大特点是退火状态硬度低、易加工成型,然后通过淬火使其硬化,获得高耐磨制件。

　　Cr_3C_2 具有较低的熔点和密度,常温硬度和热硬度都很高,与 Co、Ni 等金属的润湿性好,在金属型碳化物中抗氧化能力最强,在空气中要在 1 100 ~ 1 400℃才会严重氧化,耐腐蚀性优良,是综合性能优异的抗高温氧化、耐磨性和耐燃气冲蚀材料。纯 Cr_3C_2 粉末喷涂层的附着力不强,常作为耐高温复合粉末的原料组分来使用,如 $NiCr\text{-}Cr_3C_2$ 复合粉末。

　　除上述 3 种金属型碳化物以外,可用来喷涂的金属型碳化物材料还有 ZrC、VC、NbC、HfC、TaC 和 Mo_2C。但这些碳化物由于成本高、用量少,应用有限,即使有特殊需要,一般应加入黏结相材料制成烧结粉末或复合粉末方宜进行喷涂。ZrC 与 HfC 的性能与 TiC 相似,熔点和硬度都很高。V、Nb、Ta 的碳化物,除形成 MC 型碳化物外,还能形成 M_2C 型碳化物。只有 MC 型碳化物适合作涂层原料。NbC 和 TaC 有颜色,前者为淡紫色,后者为黄色。Mo_2C 在室温下性能稳定,在 500 ~ 800℃空气中可严重氧化。常用碳化物陶瓷粉末的物理性能见表4 - 5。

表 4-5　常用碳化物陶瓷粉末的物理性能

陶瓷粉末	密度/ ($g \cdot cm^{-3}$)	硬度/ (HV)	熔点/ ℃	热胀系数/ ($10^{-6} \cdot K^{-1}$)	热导率/ ($W \cdot m^{-1} \cdot k^{-1}$)	电阻率/ ($10^{-6} \Omega \cdot cm$)
WC	15.7	1 200 ~ 2 000	2 776	5.2 ~ 7.3	121	22
W_2C	17.3	3 000	2 587	6.0	–	–
TiC	4.93	3 000	3 067	7.74	21	68
Cr_3C_2	6.68	1 400	1 810	10.3	19.1	71

续　表

陶瓷粉末	密度/ ($g \cdot cm^{-3}$)	硬度 （HV）	熔点/ ℃	热胀系数/ ($10^{-6} \cdot K^{-1}$)	热导率/ ($W \cdot m^{-1} \cdot k^{-1}$)	电阻率/ ($10^{-6} \Omega \cdot cm$)
ZrC	6.46	2 700	3 420	6.73	20.5	42
VC	5.36	2 900	2 650	7.2	38.9	60
NbC	7.78	2 000	3 160	6.65	14	35
HfC	12.3	2 600	3 930	6.59	20	37
TaC	14.48	1 800	3 985	6.29	22	25
Mo_2C	9.18	1 500	2 520	7.8	21.5	71

2）氧化物粉末

氧化物及其复合氧化物陶瓷材料一般具有硬度高、熔点高、热稳定性好和化学稳定性好的特点。氧化物陶瓷材料用作激光熔覆涂层材料可以有效地提高基体材料的耐磨、耐高温、抗高温氧化、耐热冲击、耐腐蚀等性能。激光熔覆过程中应用的氧化物陶瓷材料主要有 Al_2O_3、Cr_2C_3、ZrO_2 等。这些陶瓷材料由于熔点较高、热导率低，与金属粉末相比难以在激光束或者熔池中完全熔化，因此激光熔覆中纯氧化物陶瓷粉末的制备仍处于试验研究状态，并未大量应用。目前比较成熟的氧化物涂层制备方法主要为等离子喷涂或气相沉积。

3）其他陶瓷粉末

氮化物陶瓷与碳化物陶瓷一样具有熔点高、硬度高、化学稳定性好、质脆等陶瓷化合物的特点，同时又显示出典型的金属特征，如具有金属光泽、热导率高等。目前常用的氮化物陶瓷粉末主要有 TiN、Si_3N_4、BN 等。

TiN 粉末为浅褐色，熔点和硬度很高，化学性质稳定，耐硝酸、盐酸、硫酸三大强酸腐蚀，耐有机酸和各种有机溶剂腐蚀。TiN 可以使用纯组分喷涂也可以与 TiC 按一定比例复合或者混合使用。

Si_3N_4 是高强度高温陶瓷材料。整体 Si_3N_4 陶瓷是采用高温高压或热压烧结制造的，Si_3N_4 的热胀系数较低，抗热振性能好、硬度高、摩擦系数小，具有自润滑性能，耐磨性优异。但是 Si_3N_4 在高温下容易分解，因此不适于单独用作喷涂材料，多为复合粉末的组分。

BN 是白色松散的粉末，有六方晶型和立方晶型两种晶体结构。六方晶型 BN 质地软，摩擦系数低，是优异的自润滑材料。在高温下六方 BN 可转变为立方晶型 BN。立方晶型 BN 硬度极高，接近金刚石，强度也很高，且具有优异的抗高温氧化性，温度上升到 1 925℃也不会分解，是优异的耐高温磨损材料。

　　硼化物陶瓷粉末材料具有典型的陶瓷特征：熔点高、硬度高、饱和蒸气压低、化学性能稳定。耐强酸腐蚀,抗高温氧化能力强,仅次于硅化物。常用的硼化物陶瓷粉末主要有: TiB_2、ZrB_2、VB_2 等。氮化物、硼化物等陶瓷粉末化学成分与物理性能见表 4－6。

表 4－6　氮化物、硼化物等陶瓷粉末化学成分与物理性能

陶瓷粉末	密度/ (g·cm⁻³)	硬度/ (HV)	熔点/ ℃	热胀系数/ (10⁻⁶·K⁻¹)	热导率/ (W·m⁻¹·k⁻¹)	电阻率/ (10⁻⁶ Ω·cm)
TiN	5.21	>9	2 950	6.61	7.12	$1.65×10^7$
Si_3N_4	3.44	9	1 899	3.66	17.2	$>10^{13}$
六方晶型 BN	2.27	2	3 000	5.9	16.1~50.2	$1.7×10^5$
立方晶型 BN	3.48	10		10.15		
TiB_2	4.4~4.6	8	2 890~2 990	8.64	22.19	15.2
CrB_2	5.6	8~9	2 150	11.2	30.98	21
ZrB_2	6.0~6.2	9	3 000	9.05	24.08	－
VB_2	5.1~5.3	8~9	240	7.56	－	－
WB	16.0	8~9	2 870~2 970	7.38	46.89	

4.2.3　复合材料粉末

　　复合材料粉末是由两种或两种以上不同性质的固相颗粒经机械混合而形成的。组成复合粉末的成分,可以是金属与金属、金属(合金)与陶瓷、陶瓷与陶瓷、金属(合金)与石墨、金属(合金)与塑料等,范围十分广泛,几乎包括所有固态工程材料。通过不同的组分或比例,可以衍生出各种功能不同的复合粉末,获得单一材料无法比拟的优良综合性能,是热喷涂和激光熔覆行业内品种最多、功能最广、发展最快、使用范围最大的材料。

　　在滑动、冲击磨损和磨粒磨损严重的条件下,单纯的 Ni 基、Co 基、Fe 基自熔性合金已不能胜任使用要求,此时可在这些自熔性合金粉末中加入各种高熔点的碳化物、氮化物、硼化物和氧化物陶瓷颗粒,制成金属陶瓷复合涂层甚至纯陶瓷涂层。

　　陶瓷颗粒增强金属基复合材料是用合金粉末作黏结相,用一种或者多种陶瓷

颗粒作增强相,经混合、包覆、烧结等工艺处理后而合成的一类涂层材料。激光熔覆陶瓷颗粒增强金属基复合材料将金属涂层的高韧性、塑性与陶瓷颗粒的高硬度、耐磨等性质有效结合,从而具有比合金涂层或陶瓷涂层更好的力学性能及机械性能,被认为是最有价值的表面强化技术,是激光熔覆技术发展的热点。

尽管激光熔覆陶瓷颗粒增强金属基复合材料有着诸多优异的性能,受到人们的重视,但在应用中存在的问题仍不容忽视。

首先是陶瓷材料与基体金属的热膨胀系数、弹性模量及导热系数等差别较大,造成了涂层中出现裂纹和孔洞等缺陷,在使用过程中将产生变形开裂、剥落损坏等现象。

其次,由于激光辐照时,激光熔池中形成的高温,基体熔体和颗粒间的相互作用及颗粒加入引起熔池中能量、动量和质量传输条件的改变等,这些使涂层成分和组织发生不同程度的变化导致颗粒的部分溶解,并进而影响基体的相组成,使原设计的复合涂层基体和增强体不能充分发挥各自的优势,造成烧损。

最后,激光熔覆陶瓷颗粒增强金属基复合材料技术是通过外加陶瓷相的方法形成的颗粒相,这给熔覆工艺带来了一定的难度,特别是当外加陶瓷相含量较高时,就很难获得理想的熔覆涂层。

除了激光工艺参数外,硬质陶瓷相和黏结金属的类型是影响涂层组织与性能的重要因素。为了解决上述问题,在选择陶瓷材料时可遵循如下原则:

(1)选择能够发生化学反应的陶瓷与金属材料。

(2)可能生成的反应产物要与原金属或原陶瓷相间有较好的相容性,即相似的晶体结构,相近的晶格常数等,且产物不能过大过多,最好以复合材料的形式出现。

(3)尽可能减小陶瓷与基体金属材料的热膨胀系数和比容的差异,以避免凝固后形成的固-固界面不匹配,从而降低裂纹形成的趋势。

(4)从固-液界面角度,要求预置的陶瓷涂层在熔化时对于基体具有很好的润湿性和延展性,也就是说,涂层的表面张力必须小于基体的临界表面张力。

(5)涂层-基体界面并非单层几何面,而是多层的过渡区,这一界面区可能由几个亚层组成,每一亚层的性质都与覆层材料、基体材料及工艺有关。根据固态相变及化学键的理论,可在涂层中添加某些元素,使之对陶瓷及基体材料产生良好的化学作用,在界面上形成共价键结合,从而提高界面强度。

4.2.4　稀土及其氧化物粉末

激光熔覆过程中,由于热应力、温度梯度及局部激光束引起的快速冷却的影响,涂层开裂敏感性大,快速凝固、冷却和对流导致脆性相的不均匀分布,进一步扩展了已产生的裂纹。另外,熔覆材料和基体的稀释也会使涂层的机械性能降低。为了解决上述问题,现已提出了多种有效的手段,如对基体进行预热、开发特殊的可抑制裂纹产生的合金粉末、后热处理等。添加稀土细化组织的方法是最灵活、容易操作的。当稀土及其氧化物以正确的比例添加时,它们可以提高机械强度、硬度及耐腐蚀性能。

稀土及其氧化物在航空航天、石油化工及冶金等领域已得到了广泛应用,被誉为"工业味精",具有无法取代的优异性能,在提高材料力学性能方面做出了巨大贡献。中国的稀土总量居全球首位,为我国各行业稀土及其氧化物的使用提供了坚实的基础。由于纯净的稀土相对于其稀土氧化物比较昂贵,且更容易和基体材料中其他物质生成对熔覆涂层有害的物质,因此在一定程度上限制了稀土元素在熔覆粉末中的应用。稀土氧化物具有多种优异的性能,如净化熔池、细化组织、降低涂层开裂敏感性等。因此,稀土氧化物可作为激光熔覆粉末的添加剂来提高涂层的服役性能,降低开裂敏感性。文献研究还表明,稀土氧化物在改善激光熔覆涂层的力学性能和微观结构方面起到了积极的作用。其中稀土氧化物在激光熔覆粉末的添加物中主要有 La_2O_3、CeO_2、Y_2O_3。

CeO_2 作为应用最为广泛的稀土氧化物之一,其晶体结构属于典型的面心立方结构,熔点高达 2 397℃,密度为 7. 13 g/cm^2 常作为激光熔覆熔覆粉末添加剂来细化涂层晶粒,并具有抑制裂纹、气孔等缺陷的作用,同时可以提高涂层的力学性能。

在激光熔覆粉末中添加稀土氧化物的含量对熔覆涂层的综合性能具有重要的影响。Xiu-Bo Liu 等人研究了不同含量的 La_2O_3 对激光熔覆原位制备 γ/Cr_7C_3/TiC 复合涂层的影响,结果表明:添加 La_2O_3 的涂层其稀释率、组织形貌、耐磨性具有一定的改善,当 La_2O_3 的含量过低过高时,La_2O_3 对涂层的耐磨性没有明显的影响;当 La_2O_3 的含量为 4% 时,涂层具有最高的硬度、且其耐磨性相对于未添加的提高了 30%。Li Jun 等人在 TC4 钛合金表面上采用激光熔覆技术,原位制备 TiC/TiB 复合涂层,研究了添加 Y_2O_3 对涂层组织和断裂韧性的影响,结果表明:添加 Y_2O_3 通过减小胞状枝晶的尺寸和加快晶粒球化,改善了涂层组织,当添加 Y_2O_3 的含量为 2% 时,涂层具有最佳的断裂韧性。Donghua Lu 等人在 TA15 钛合金上采用激光熔覆技术原位制备 Co 基复合涂层,研究了添加 Y_2O_3 对涂层组织、硬度和耐磨性的影响。结果表明:添加 Y_2O_3 对涂层有以下几方面的影响,减小了二次枝晶的间距、减少了涂层的气孔、夹杂物和降低了涂层的摩擦系数,当添加 Y_2O_3 的含量为 0. 8% 时,涂层具有最优的硬度和耐磨性。

只有在合适的含量下,激光熔覆粉末中添加的稀土氧化物才能对熔覆涂层微观组织和性能有优化的作用,其优化作用有以下几点:细化组织、均匀增强相的分布、减少杂质与气孔。通过上述作用,稀土氧化物的添加可使熔覆涂层具有细晶强化、弥散强化和减少缺陷等作用,从而使熔覆涂层的力学性能得到一定提高。

激光熔覆粉末中添加稀土氧化物,稀土氧化物能以异质形核点增加形核点数目,从而达到细化组织的作用;同时也可以提高熔池的润湿性,促使增强相在熔覆涂层中分布更加均匀。朱快乐等人研究了在 TC4 表面激光熔覆原位制备 La_2O_3/TiB 增强 Ti 基的复合涂层,结果表明,添加不同含量 La_2O_3 的熔覆涂层与基体有良好的冶金结合,并随着添加量的增多,增强相 TiB 形貌得到了进一步的细化,且涂层硬度明显提高了。Mingxi Li 等人研究了添加 CeO_2 对激光熔覆原位制备 Co 基涂层组织形貌和耐磨性的影响,结果表明,添加 CeO_2 改善了等轴枝晶,在其含量为 1.5% 时涂层有最高的耐磨性,而熔覆涂层的摩擦磨损机制由磨料和黏着磨损复合转变为单一的腐蚀磨损。马运哲等人研究了添加一定含量 CeO_2 对在 20Cr2Ni4A 钢基体材料,激光熔覆 Ni 基涂层的影响。结果表明,CeO_2 的添加对熔覆涂层的组织有明显的细化、均匀和净化作用;熔覆涂层的硬度相对于未添加 CeO_2 熔覆涂层的硬度提高了 40~70 HV。张瑄珺等人研究了添加 2%(质量分数)Y_2O_3 对激光熔覆原位制备 TiB2/TiC 复合涂层增强 Ni 基组织的影响。研究表明,添加 Y_2O_3 的涂层与基体材料结合界面更加平整,且形成了良好的冶金结合,其增强相较未添加 Y_2O_3 涂层分布更加均匀、致密。Wang K. L. 等人研究了添加不同稀土氧化物 La_2O_3、CeO_2 在激光熔覆 Ni 基粉末对熔覆涂层组织和耐磨性的影响。结果表明,添加的稀土氧化物对熔覆涂层有以下几方面作用:改善了熔覆涂层组织形貌、减小了二次枝晶臂间距、提高了熔覆涂层表层硬度、增强了耐磨性。

4.3　激光熔覆用材料的现状

近年来,国内外学者研究了熔覆涂层裂纹与涂层材料的关系后指出,借助于热喷涂粉末来进行激光熔覆是不科学的。为了防止喷涂时由于温度的微小变化而发生流淌,热喷涂合金的成分往往被设计成具有较宽的凝固温度区间,将这类合金直接应用于激光熔覆中会因为流动性不好而带来气孔问题。另外在热喷涂粉末中加入了较高含量的 B、Si,B 和 Si 的加入一方面降低了合金的熔点,另一方面作为脱氧剂可还原金属氧化物,生成低熔点的硼硅酸盐,起着脱氧造渣的作用。然而与热喷涂相比,激光熔池寿命较短,这种低熔点的硼硅酸盐往往来不及浮到熔池表面而残留在涂层内,于是在冷却过程中形成液态薄膜,加剧涂层开裂。

　　现有的解决办法,一是在通用的热喷涂粉末基础上调整成分,降低膨胀系数。在保证使用性能的要求下,尽量降低 B、Si、C 的含量,减少熔覆涂层及基体材料表面过渡层中产生裂纹的可能性;二是向激光熔覆涂层中添加某种或几种合金元素,在满足其使用性能的基础上,增加其韧性相,提高覆层的韧性,对抑制热裂纹的产生是一种有效的方法。另外,一些稀土元素的加入也能够提高材料的强韧性。以上各种途径虽在一定程度上可以改善涂层的性能,但却改变不了激光加热急冷时产生的热应力,并不能根本解决问题。

　　激光熔覆技术在表面改性领域已显示出了质量和效率上的优势,是国内外研究和开发的重要方向之一。在研制激光熔覆专用合金粉末方面虽取得了一定的成果,但还未能达到按性能要求定量地设计合金的成分的要求,也未形成系列化和标准化,尚需进一步的研究。

　　另外,选择材料时如果能从材料的物理性能入手应该是大有可为的,但由于材料物理性能的数据并不全,在建立材料的物理数据库方面还需大量的工作。功能梯度涂层的开发为解决裂纹问题提供了新思路,但在其制备中还存在一些问题,如难以精确控制涂层成分按理论设计变化,难以应用于大尺寸零件等。因而,加强对涂层形成机理的研究,开发大尺寸的功能梯度材料,可能为解决裂纹问题提供新途径。

参考文献

[1] 吴新跃,谢沛霖,杨胜国.齿面激光熔覆技术研究[J].中国机械工程,1998,9(7):77-80.
[2] 李春彦,张松,康煜平,等.综述激光熔覆材料的若干问题[J].激光杂志,2002,23(3):5-9.
[3] 杨宁,杨帆.激光熔覆工艺及熔覆材料进展[J].铜业工程,2010(3):56-58.
[4] 陈冠秀,安立周,王硕,等.激光熔覆技术的研究概况及其发展趋势[J].机电产品开发与创新,2022,35(5):15-18.
[5] 范丽.铁基复合涂层的制备及其耐磨耐腐蚀性研究[D].上海:上海海事大学,2018.
[6] Zhang H, Shi Y, Kutsuna M, et al. Laser cladding of Colmonoy 6 powder on AISI316L austenitic stainless steel[J]. Nuclear Engineering & Design, 2010, 240(10): 2691-2696.
[7] Lestan Z, Milfelner M, Balic J, et al. Laser deposition of Metco 15E, Colmony 88 and VIM CRU 20 powders on cast iron and low carbon steel[J]. International Journal of Advanced Manufacturing Technology, 2013, 66(9-12): 2023-2028.
[8] Liyanage T, Fisher G, Gerlich A P. Influence of alloy chemistry on microstructure and properties in NiCrBSi overlay coatings deposited by plasma transferred arc welding (PTAW)[J]. Surface & Coatings Technology, 2010, 205(3): 759-765.
[9] Chen G Q, Fu X S, Wei Y H, et al. Microstructure and wear properties of nickel-based

surfacing depositedby plasma transferred arc welding[J]. Surface & Coatings Technology, 2013, 228: 276-282.

[10] Chen Q J, Hu L L, Zhou X L, et al. Effect of corrosive medium on the corrosion Resistance of FeCrMoCB Amorphous Alloy Coating[J]. Advanced Materials Research, 2011, 291-294(2): 65-71.

[11] Veinthal R, Sergejev F, Zikin A, et al. Abrasive impact wear and surface fatigue wear behaviour of Fe-Cr-C PTA overlays[J]. Wear, 2013, 301(1-2): 102-108.

[12] Hou Q Y. Influence of molybdenum on the microstructure and properties of a FeCrBSi alloy coating deposited by plasma transferred arc hardfacing[J]. Surface & Coatings Technology, 2013, 225(7): 11-20.

[13] 娄明. 等离子堆焊 Fe 基涂层结构,力学性能和耐磨性的研究[D]. 长沙: 中南大学,2014.

[14] Majumdar J D, Galun R, Mordike B L, et al. Effect of laser surface melting on corrosion and wear resistance of a commercial magnesium alloy [J]. Materials Science and Engineering. A, Structural Materials, 2003, 361(1-2): 119-129.

[15] 王泉. 稀土氧化物对堆焊 WC/Ni 涂层组织性能影响的研究[D]. 昆明: 昆明理工大学,2016.

[16] 马永. TC4 钛合金表面激光熔覆掺 Y_2O_3 复合涂层的显微组织和性能[D]. 衡阳: 南华大学,2017.

[17] Liu X B, Yu R L. Effects of La_2O_3 on microstructure and wear properties of laser clad γ/Cr_7C_3/TiC composite coatings on TiAl intermetallic alloy[J]. Chinese Journal of Lasers, 2007, 101(2-3): 448-454.

[18] Li J, Yu Z S, Wang H P. Effects of Y_2O_3 on microstructure and mechanical properties of laser clad coatings reinforced by in situ synthesized TiB and TiC[C]. Materials Science Forum. 2011: 477-483.

[19] Lu D, Liu S, Zhang X, et al. Effect of Y_2O_3 on microstructural characteristics and wear resistance of cobalt-based composite coatings produced on TA15 titanium alloy surface by laser cladding[J]. Surface and Interface Analysis, 2014, 47(2): 239-244.

[20] 朱快乐,张有凤,何力,等. La_2O_3 含量对激光熔覆 TiB/Ti 涂层显微结构的影响[J]. 表面技术,2016,45(4): 53-56.

[21] Li M, Zhang S, Li H, et al. Effect of nano-CeO_2 on cobalt-based alloy laser coatings[J]. Journal of Materials Processing Technology, 2008, 202(1): 107-111.

[22] 马运哲,董世运,徐滨士,等. CeO_2 对激光熔覆 Ni 基合金涂层组织与性能的影响[J]. 中国表面工程,2006(1): 7-11.

[23] 张瑄珺,李军,王慧萍,等. 添加 Y_2O_3 对激光熔覆原位合成 TiB2 和 TiC 增强镍基复合涂层组织的影响[J]. 机械工程材料,2012,36(7): 17-20.

[24] Chen J X, Qiu Y J, Zhang J Y, et al. Influence of La_2O_3 and CeO_2 promoters on physic-chemical properties and catalytic performance of Ni/MgO catalyst in methane reforming with carbon dioxide[J]. Acts Physicochemical Silica, 2004, 20(1): 76-80.

[25] Xu P, Lin C X, Zhou C Y, et al. Wear and corrosion resistance of laser cladding AISI 304 stainless steel/Al_2O_3, composite coatings [J]. Surface & Coatings Technology, 2014, 238(2): 9-14.

[26] Sun G F, Zhang Y K, Zhang M K, et al. Microstructure and corrosion characteristics of 304 stainless steel laser-alloyed with Cr-CrB_2[J]. Applied Surface Science, 2014, 295: 94-107.

[27] Birger E. M., Moskvitin G. V., Polyakov A. N., et al. Industrial laser cladding: current state and future[J]. Welding International, 2011, 25 (3): 234-243.

[28] Zhong M., Liu W. Laser surface cladding: the state of the art and challenges [J]. Proceedings of the Institution of Mechanical Engineers, Part C: Journal of Mechanical Engineering Science, 2010, 224 (5): 1041-1060.

[29] Zhou Y F, Yang Y L, Qi X W, et al. Influence of La_2O_3 addition on microstructure and wear resistance of Fe-Cr-C cladding formed by arc surface welding[J]. Journal of Rare

Earths, 2012, 30: 1069 - 1074.

[30] Lan G, Wang Y, Yong J, et al. Effects of rare-earth dopants on the thermally grown $Al_2O_3/$ Ni(Al) interface: the first-principles prediction[J]. Journal of Materials Science, 2014, 49 (6): 2640 - 2646.

[31] Liang B, Zhang Z, Wang Z, et al. Rare earth effect on the microstructure and tribological properties of Fe Ni Cr coatings[J]. Rare Metals, 2010, 29 (3): 270 - 275.

[32] Qi X, Zhu S. Effect of CeO_2 addition on thermal shock resistance of WC - 12% Co coating deposited on ductile iron by electric contact surface strengthening[J]. Applied Surface Science, 2015, 349: 792 - 797.

[33] Dang D Y, Shi L Y, Fan J L, et al. First-principles study of W-Ti C interface cohesion [J]. Surface & Coatings Technology, 2015, 276: 602 - 605.

[34] Hou Y, Cheng Q, Chen H Y, et al. Effects of Y_2O_3 on the microstructure and wear resistance of WC/Ni composite coatings fabricated by plasma transferred arc[J]. Materials express, 2020, 10, 639 - 643.

[35] Cheng Q, Chen H Y, Hou Y, et al. Microstructure and wear behavior of spherical NbC hardmetals with nickel-based binders on AISI 4145H steel [J]. INTERNATIONAL JOURNAL OF REFRACTORY METALS & HARD MATERIALS, 2021, 95, 105414.

[36] 侯悦. 深海石油钻采装备防护涂层耐蚀损性能研究[D]. 上海: 上海海事大学, 2021.

第5章 激光熔覆技术在极地服役材料表面防护中的应用

    EH40-C高强钢拥有优良的低温韧性和抗层状撕裂性能,常被用作破冰船船体用钢。然而,海洋环境是一种非常复杂的环境,破冰船在航行及停靠南海时会受到海水腐蚀和海洋微生物的腐蚀。而且,北极海冰的极高盐度相比于普通的海洋环境腐蚀具有更高的破坏性。同时,由于低温海水结冰现象,在极地地区,破冰船将与冰面发生复杂的接触碰撞。尤其是冰带部分船体用钢必须承受冰层的反复撞击,因此应具备足够的低温耐磨性、低温韧性、强度、耐海水腐蚀性等综合性能。

    破冰船船体用EH40-C高强钢在低温环境下工作时,其低温耐磨性和耐腐蚀性相对较差。为了提高EH40高强钢的表面性能,采用激光熔覆的工艺在EH40-C高强钢基体表面制备4组不同涂层,分别为Co基合金涂层HG和不同WC含量的Ni基涂层,分别为Ni+30%WC(P_{30})、Ni+15%WC(P_{15})、Ni基合金涂层(P_0)。使用扫描电子显微镜、X射线衍射进行物相表征,以及进行耐磨性测试和电化学测试,通过微观结构联系宏观性能,为新型国产破冰船的研发和极地石油运输开采设备防护做技术探索。更为关键的是,此合金涂层在极地极寒服役条件下因摩擦和腐蚀产生缺陷和失效,可及时修复,操作方便简单,大大缩短修复时间。

    本章主要内容如下:

    (1)制备不同类型涂层,分析不同涂层的微观结构和相组成,研究涂层的微观结构和缺陷对涂层性能的影响。

    (2)对涂层进行力学性能测试,研究激光熔覆工艺对基体力学性能的影响。

    (3)模拟极地环境,对涂层进行不同环境的摩擦磨损实验,并通过摩擦系数、磨损体积等,与基体钢 EH40 - C 进行性能对比。通过扫描电子显微镜观察磨损后磨痕微观形貌,研究磨损机制。最后,选取耐磨性最好的试样,研究温度对耐磨性和磨损机制的影响。

(4)模拟极地环境,对涂层进行不同溶液的电化学测试,测试涂层在质量分数 3.5% NaCl 溶液和 0.5 mol/L HCl 溶液的耐腐蚀性,分析涂层在不同溶液介质的腐蚀机理。最后选取耐腐蚀性最好的试样,研究温度对涂层在 3.5% NaCl 溶液和 0.5 mol/L HCl 溶液中耐腐蚀性的影响。

(5)借助电化学工作站和浸泡腐蚀试验,研究制备的 Co 基合金涂层海洋铜绿假交替单细胞菌中的电化学腐蚀行为,并与 317L 不锈钢进行对比。

5.1 激光熔覆涂层的制备与微观结构表征

5.1.1 实验材料及样品的制备

实验采用的基体钢是 EH40 - C 极寒环境船用低温钢,其化学成分见表 5 - 1,其中 C、P、Si 等元素都能提高钢的强度,Al 一般作为脱氧剂;Mn 除了提高强度外,会降低临界变脆温度,减小钢的冷脆倾向,还具有脱氧功能。涂层制备之前,需要对基体钢 EH40 - C 表面打磨、清洗和烘干。用 80# 的粗砂纸对基体钢表面进行打磨处理,去除基体钢表面的锈层和氧化膜,然后用酒精溶液超声清洗,进一步去除油污及其他残留物,最后用热风吹干备用。

表 5 - 1　EH40 - C 低温钢的化学成分(质量分数)　　　　单位: %

C	P	Mn	S	Al	Si	CrNiMoCu	NbTi
0.05	0.01	0.12	0.02	0.04	0.2	添加	添加

自熔性合金粉末选用赫格纳斯公司生产的 Co 基合金粉末、Ni 基合金粉末。Co 基合金粉末化学成分见表 5 - 2,其中 Cr 和 Mo 可以与 C 结合生成硬质相碳化物,有弥散强化作用,并且 Cr 和 Mo 元素也能固溶于 Co、Ni、W 等元素中,起到固溶强化作用,能有效提高涂层硬度,提高摩擦性能。Ni 基合金粉末化学成分见表 5 - 3,其主要成分为 Ni、Cr、Mo 等元素,粉末熔化再结晶的过程中,Cr、Mo 固溶于 Ni,有固溶强化的作用,可以提高涂层硬度。此外,W、Mo、Si、Cr 等元素能有效提高涂层的耐腐蚀性。

表 5-2　Co 基合金粉末化学成分(质量分数)　　　　　　单位:%

Mo	W	Ni	Fe	Cr	Si	C	Co
6	2.5	10	3.5	28	1	0.1	Bal. 余量

表 5-3　Ni 基合金粉末化学成分(质量分数)　　　　　　单位:%

C	P	Mo	W	Fe	Mn	Cr	Si	O	V	Ni
0.12	0.016	15.9	4.5	2.9	1.3	15.6	0.6	0.03	0.6	Bal. 余量

为了进一步提高合金涂层的摩擦性能,将球形 WC 增强颗粒与合金粉末混合。选择的增强颗粒应满足以下条件:① 在金属合金中溶解度小;② 熔点高于金属合金粉末;③ 球形度好,表面缺陷少。在熔覆过程中,大部分 WC 颗粒会保持原有形态,部分颗粒熔解后会与合金粉末组分反应,原位生产碳化物硬质相,或形成新的固溶体,能有效提高涂层耐磨性和耐腐蚀性。球形 WC 粉末化学成分见表 5-4。

表 5-4　球形 WC 粉末化学成分(质量分数)　　　　　　单位:%

C	W
3.9~4.1	Bal. 余量

通过扫描电子显微镜观察三种粉末微观形貌,如图 5-1 所示,三种粉末的形状基本呈球形,只有少量粉体未完全球化,合金粉末的规则球形结构能有效降低粉末粒子间的内聚力和摩擦力,增强粉末的流动性,有利于制备高性能的涂层。图 5-1(c)中 WC 颗粒饱满、表面光滑、没有破损孔洞等缺陷。Co 基合金粉末和 Ni 基合金粉末都有良好的浸润性,能够与 WC 颗粒有效的黏合,防止硬质相颗粒脱落,而 WC 的加入可以有效提高涂层的耐腐蚀性及耐磨性。粉末粒度对涂层的组织和性能也有很大的影响,选择合适粒度的粉末是制备高性能涂层的关键,利用激光粒度分析仪对三种粉末进行粒度分析,得到了 Co 基粉末、Ni 基粉末和 WC 颗粒的粒度范围,如图 5-2 所示,分别为在 $100 \sim 300~\mu m$、$50 \sim 250~\mu m$、$50 \sim 250~\mu m$ 之间,三种粉末都呈现高斯分布,且粒度大小适用于激光熔覆工艺。

粉末质量对涂层有很大影响,为保证粉末质量,确保粉末无其他杂质,使用荷兰公司生产的 PANalytical X,Pert PRO X 射线衍射仪来表征 Co 基合金粉末、Ni 基合金粉末和球形 WC 粉末的物相组成,结果如图 5-3 所示。Ni 基粉末物

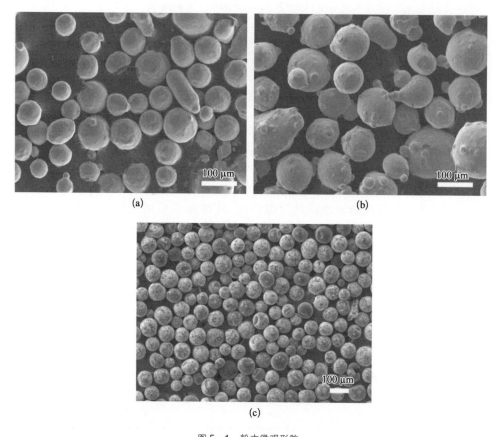

图 5-1 粉末微观形貌

（a）Co 基合金粉末；（b）Ni 基合金粉末；（c）WC 粉末

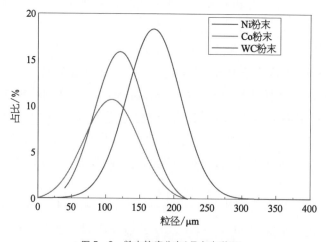

图 5-2 粉末粒度分布（见文末彩图）

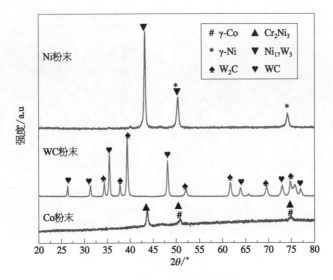

图 5 - 3　粉末 X 射线衍射物相分析

相由 γ-Ni 和 Ni$_{17}$W$_3$ 组成；Co 基粉末物相主要有 γ-Co 和 Cr$_2$Ni$_3$；球形 WC 物相主要有 W$_2$C 和 WC。由粉末的物相分析可知，粉末成分中没有其他杂质，粉末质量良好。

　　将 Ni 基合金粉末和 WC 粉末按照实验方案设定的比例进行混合，实验设有 Ni 基合金粉末、Ni+15% 质量分数 WC 混合粉末和 Ni+30% 质量分数 WC 混合粉末、纯 Co 基合金粉末。Co 基合金粉末和 Ni 基合金粉末用于横向对比，对比两种层的性能；Ni 基合金粉末、Ni+15% 质量分数 WC 和 Ni+30% 质量分数 WC 的混合粉末用于纵向对比实验，研究 WC 含量对 Ni 基合金涂层性能的影响。

　　将混合后的粉末放入南大仪器生产的 QM - 3SP4 行星式球磨机中进行机械混粉，混粉时间为 1 h，使 Ni 基合金粉末和 WC 粉末混合均匀。由于粉末会相互碰撞，混粉时间过长会使粉末破碎细化，破坏 WC 粉体的球形度，减小粉体的粒径，从而影响涂层的质量。如果混粉时间过短，会导致粉末混合不均匀，涂层偏析现象加剧，从而影响涂层质量。混粉结束后，用密封袋保存、备用。

　　本实验采用德国公司 LaserLine 生产的激光器，型号为 LDF 8000 - 60，如图 5 - 4 所示。该激光器最大输入功率为 24.3 kW、激光功率为 8 480 W、激光波长为 940～1 060(±10) nm。本实验制备涂层的激光熔覆工艺参数见表 5 - 5。

　　利用激光熔覆技术将四种粉末喷涂到 EH40 - C 基体钢表面，涂层编号见表 5 - 6。宏观样品尺寸为 300 mm×300 mm×40 mm，样品宏观形貌如图 5 - 5 所示，图中试样表面均匀，无明显裂纹等缺陷。然后将宏观样品部分区域进行线切割，加工成 10 mm×10 mm×5 mm 的涂层小试样，用于 X 射线衍射物相分析、形貌分析、硬度测试及摩擦磨损、电化学实验等。

图 5-4　LDF 8000-60 型激光加工成套设备

表 5-5　激光熔覆工艺参数

激光功率 /kW	激光束波长 /μm	送粉速率 /(g/min)	扫描速度 /(mm/s)	光斑直径 /mm
5.4	10.6	33	11	5

表 5-6　涂层编号

编　号	WC 含量	Ni 粉末含量	Co 粉末含量
P_{30}	30	70	–
P_{15}	15	85	–
P_0	0	100	–
HG	–	–	100

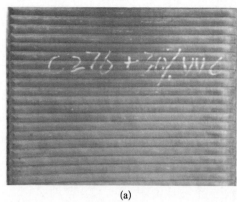

(a)　　　　　　　　　　　　　　　　　(b)

图 5-5　样品宏观形貌

(a) P_{30};(b) P_{15};(c) P_0;(d) HG

5.1.2　涂层表面物相分析

图 5-6 为四种涂层 X 射线衍射图,通过激光熔覆技术得到 P_{30}、P_{15}、P_0 和 HG 四种涂层。在激光熔覆过程中,高温使得基体钢表面和合金粉末熔化,在微小区域内形成一个熔池,由于在一定的温度下,晶格内的原子震动幅度变大,使得部分原子逃逸原有晶格,进入其他物质晶格的空穴或晶格间隙中,形成固溶体。同时,高温环境中有部分金属物质会与游离的 C 发生反应形成新的碳化物,新形成的碳化物也会进入 Co 和 Ni 的晶格中。

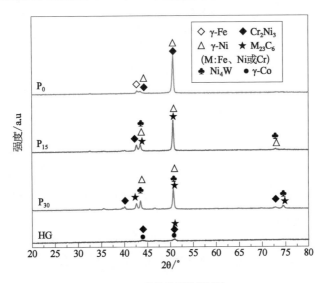

图 5-6　涂层 X 射线衍射图

对 P_0 涂层进行 X 射线衍射分析可知,Ni 基合金涂层物相有 γ-Fe 与 γ-Ni 两种固溶体相,这两种固溶体形成的原因是激光熔覆过程中高温使得 Ni 基合金粉末熔化,并快速冷却再结晶,在熔池冷却的过程中,Mo、W 原子会保留在 Ni 晶格和 Fe 晶格内,使得均匀的 Ni 晶格和 Fe 晶格发生畸变,形成固溶体,使得涂层的强度和硬度都有所提升。根据 X 射线衍射测试结果显示,当涂层中 WC 的质量分数达到 15% 时,涂层的物相除了 γ-Ni 本身成分外,W、Cr 与 Ni 会形成 Ni_4W、Cr_2Ni_3 等金属间化合物。此外,C 原子在高温的作用下,也会与 Fe,Ni 和 Cr 反应生成碳化物($M_{23}C_6$)。当 Ni 基合金粉体中 WC 的质量分数为 30% 时,通过 X 射线衍射对涂层 P_{30} 分析可知,Cr、Mo、W 等原子会进入到 Ni 晶格中,涂层中主要有固溶体 γ-Ni 和 Ni_4W、Cr_2Ni_3 等。同时,金属原子 M 会与 C 原子反应,生产碳化物($M_{23}C_6$)。由于 X 射线衍射图谱中并未发现 WC、W_2C 和游离 C 的衍射峰,但碳化物($M_{23}C_6$)和 Ni_4W 固溶体的衍射峰会随着 WC 的含量增加而增加,可以从侧面反映出 WC 的分解量变大,WC 分解及金属间化合物形成见式(5 - 1)~式(5 - 4)。碳化物($M_{23}C_6$)和 Ni_4W 是硬质相,其硬度大于涂层,因此有利于提高涂层基体的耐磨性。Co 基合金涂层 HG 的物相有碳化物、γ-Co 和 Cr_2Ni_3,Cr 原子能够固溶于 Ni 晶格中,也能够固溶于 Co 晶格,γ-Co 就是由于 Cr 原子与 Co 晶格发生固溶而产生的。P_{30}、P_{15} 和 P_0 元素总类相同,相的总类大体一致,但是随着 WC 含量的增加,各个相的元素分布、质量分数会有较大差异。而 HG 是 Co 基合金涂层,涂层中元素的总类和含量都不同,这将会对组织结构造成较大影响。

$$W + C = WC \tag{5-1}$$

$$2WC = W_2C + C \tag{5-2}$$

$$2Cr + 3Ni = Cr_2Ni_3 \tag{5-3}$$

$$W + 4Ni = Ni_4W \tag{5-4}$$

5.1.3 涂层表面微观组织分析

图 5 - 7 是四种涂层试样的扫描电子显微图,由图可以看出,涂层 P_0 和涂层 HG 的组织结构较为均匀,没有明显的涂层缺陷,而涂层 P_{30} 和涂层 P_{15} 只有较少的气孔和孔洞,没有出现裂纹。孔洞和裂纹产生的原因有三个,一个是在熔覆过程中,WC 在重力作用下对熔池冲击造成的;二是在熔池凝固过程中,由于熔池的流动受到 WC 的抑制,导致气体截留在熔池中而形成的;三是由于 WC 和黏结相材料的热膨胀系数不同。

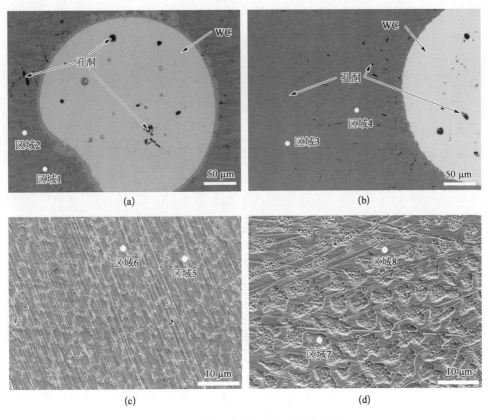

图 5-7　高倍放大下涂层的扫描电子显微图

（a）P_{30}；（b）P_{15}；（c）P_0；（d）HG

　　P_{30} 涂层及 WC 颗粒存在少量的孔洞,此外涂层中还包含大量复杂的析出相,该区域的组织是较为细小的枝晶状组织结构,生长方向是相对 WC 颗粒往外生长。产生枝晶的主要原因是 C、Mo、W 等原子形成碳化物,由于碳化物是不同于镍(通常属于面心立方)的密排立方结构,因此会形成偏析。涂层 P_{30} 对应区域元素分布见表 4-8,从表中数据可以看出,涂层 P_{30} 的主要元素 Ni、C、Cr、Mo、W 等在区域 1 和区域 2 的分布差异大,从元素分布上看,有明显的偏析现象。区域 2 中会有较多的碳化物成分,而区域 1 中则是以 Ni 的固溶体形式存在。此外,区域 2 中还含有少量的 Si、O 元素,根据研究表明,在激光熔覆过程中 Si 会与 O 反应生成 SiO_2,具有自我脱氧的功能,防止其他金属元素氧化。此外,Si 又可以与其他氧化物形成硅酸盐熔渣,具有造渣的功能,即自熔性,从而形成氧化物含量低、孔隙率小的涂层。P_{15} 涂层的组织则较为细小,既有枝晶状组织,也有片状组织,在组织表面也分布着大小不同的孔洞。涂层对应区域的元素含量见表 5-7,结合 X 射线衍射结果和对应区域元素含量可知,区域 3 含有大量的 C、Cr、Ni 等元素,该区域的析出产物为碳化物。区域 4 中 C、Cr、W 元素含量大致相当,而 Ni、Mo 元素含量明显大于区域 3,这主要是 Mo 原子固溶于 Ni 中,没有形成碳化物,而是以 Ni 的固溶体保留在区域 4。涂层 P_0 的组织更为细小且均匀,没有明显的涂层缺陷,主要由枝晶和枝晶间组织构成,对应区域的元素含量见表 5-7。区域 5 主要有枝晶组织,是碳化物的析出相。而区域 6 则是枝晶间组织,主要是固溶体相。从表中数据可以看出,区域 5 和区域 6 的元素含量差别较小,这说明涂层中的组织结构均匀,没有严重的偏析现象。涂层 HG 为 Co 基合金涂层,其元素总类与 Ni 基合金涂层不同,因而涂层 HG 的组织结构明显不同于前三种。由扫描电子显微图可知,HG 的组织具有明显的网状结构和片状结构。涂层对应区域的元素分布见表 5-7,由表可知,区域 7 是块结构,主要是 Ni、W、Mo 等元素固溶于 Co 晶格和 Fe 晶格中,形成固溶体。而区域 8 的网状结构,主要是析出的碳化物。

表 5-7　涂层元素质量分数　　　　　　　　　单位:%

区域	C	O	Si	V	Mn	Fe	Cr	Ni	W	Mo	Co	P
区域 1	4.36	0.37	0.20	0.34	1.31	3.23	12.47	59.84	9.22	8.60	—	0.07
区域 2	10	2.72	1.89	0.51	0.68	1.77	11.92	31.41	17.46	21.53	—	0.11
区域 3	7.98	0.45	0.82	0.79	1.31	2.04	13.24	35.04	13.20	1	—	—
区域 4	4.60	0.24	0.25	0.49	1.30	3.50	13.42	59.44	6.82	9.93	—	0.01
区域 5	5.46	0.59	0.55	0.50	1.22	4.58	14.51	54.34	3.77	14.44	—	0.05
区域 6	4.12	0.17	0.20	0.68	1.37	5.19	13.64	59.39	3.91	11.29	—	0.03
区域 7	3.26	—	0.21	—	—	10.19	21.57	9.09	1.14	3.12	51.16	—
区域 8	5.13	—	0.06	—	—	9.42	23.06	8.39	2.22	7.06	44.26	—

5.1.4　涂层截面分析

图 5-8 为激光熔覆涂层截面扫描电子显微图,由图可见,涂层厚度约为 1.7~2.4 mm,涂层与基体钢有一条明显且细小的结合线,说明涂层与基体形成了良好的冶金结合。由图 5-8(a)(b)可知,WC 的密度较大,会出现沉底的现象,不会均匀弥散在整个涂层中,这将导致涂层顶部硬度较小,而由于 WC 含量增大,涂层底部的硬度将会增加。此外,WC 在涂层底部的沉积,会导致涂层与基体集合不平整,导致结合线呈现波浪状,并且导致涂层缺陷,如孔洞、裂纹产

生。由图 5-9 可以明显看出,涂层截面并未出现明显裂纹,增强颗粒 WC 与基体合金有着较好的结合。P_{30} 缺陷如图 5-9 所示,由于 WC 的热膨胀系数比 Ni 基合金的热膨胀系数低,当 WC 含量过高时,P_{30} 涂层会出现明显的裂纹,且 WC 颗粒出现破裂现象,P_{30} 的缺陷会对涂层的耐磨性和耐腐蚀性有负面的影响。

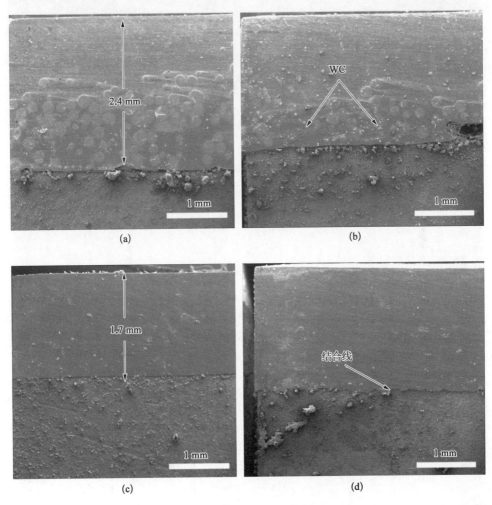

图 5-8　涂层截面宏观扫描电子显微图

(a) P_{30};(b) P_{15};(c) P_0;(d) HG

图 5-10 是涂层中主要元素的分布图,由图可知,HG 的元素偏析最小。相比与涂层 HG,涂层 P_0 的元素分布差异较大,并且随着 WC 含量的增加,元素分布的差异会增大。值得注意的是,在涂层与基体钢的结合线附近,Fe 元素的含量会急剧增加,原因是基体钢表面元素和涂层中的元素发生了浓度差扩散,使得大量的 Fe 元素扩散到涂层组织中。

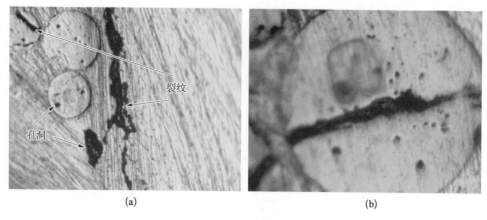

(a)   (b)

图 5 - 9　涂层 P$_{30}$ 缺陷金相图

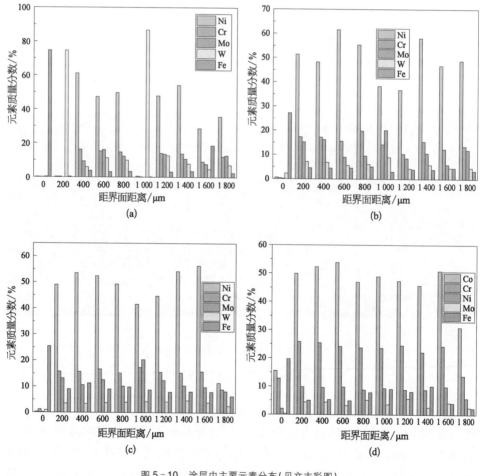

(a)   (b)

(c)   (d)

图 5 - 10　涂层中主要元素分布 (见文末彩图)

(a) P$_{30}$; (b) P$_{15}$; (c) P$_{0}$; (d) HG

5.2　激光熔覆涂层力学性能表征

5.2.1　实验材料与方法

本节的实验材料与制备方法与 5.1.1 相同,试样成分见表 5-8,板厚 40 mm,涂层厚度 2 mm。然后,根据实验要求对试样进行加工,制备所需试样。

表 5-8　涂层试样成分质量分数　　　　　　　单位: %

编　　号	WC 含量	Ni 粉末含量	Co 粉末含量
P_{30}	30	70	—
P_{15}	15	85	—
P_0	0	100	—
HG	—	—	100

1）拉伸实验

依据 GB/T 228.1—2010《金属材料拉伸试验第 1 部分: 室温拉伸试验方法》和 GB/T 5028—2008《金属材料薄板和薄带拉伸应变硬化指数(n 值)的测定》在 SCL 185 2 000 kN 万能拉伸试验机上进行拉伸试验,拉伸试样为板状。拉伸试验设置参数如下: 室温,湿度 55%,屈服前 3 mm/min,屈服后 28 mm/min。试样实物图和示意图如图 5-11 所示。

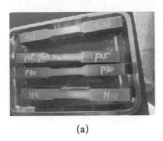
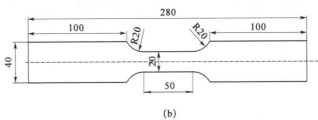

(a)　　　　　　　　　　　　　　　　(b)

图 5-11　试样

(a) 实物图;(b) 示意图

2）剪切强度

按照 GB/T 6396—2008《复合钢板力学及工艺性能试验方法》的规定加工剪切试样,试样形状 W×B=(3×25)mm,在 SCL 185 2 000 kN 万能拉伸试验机上进行横向和纵向剪切试验。剪切试验设置参数如下：室温，应力速率4 N/(mm² · S⁻¹)。

3）冲击韧性

冲击试验采用 GB/T 229—2020《金属材料夏比摆锤冲击试验方法》中的 V 型缺口冲击试样，按照 GB/T 19748—2019《金属材料夏比 V 型缺口摆锤冲击试验仪器化试验方法》在 SCL 186 750J 仪器化冲击试验机上进行−40℃、−60℃ 和−80℃三个温度的低温冲击试验。

4）涂层硬度测试

将试样加工成 10 mm×10 mm×5 mm 的涂层小试样，用 Wilson-Wolpert Tukon 2100B 型维氏硬度计对试样的显微硬度进行测定，实验载荷为 200 g，加载时间为 15 s，维氏硬度计测试原理如图 5−12 所示。维氏硬度计对试样表面的粗糙度比较敏感，因此需将涂层逐级打磨至 2 000#，并研磨、抛光。根据公式(5−5)计算维氏硬度：

$$HV = 0.189\ 1 \times \frac{F}{d^2} \qquad\qquad (5-5)$$

式中，HV 为维氏硬度值；F 为实验载荷，单位为 N；d 为压痕对角线的平均长度，单位为 mm。

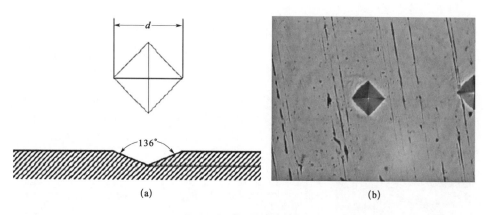

图 5−12　维氏硬度计测试
(a) 原理图；(b) 压痕

5.2.2　拉伸性能测试结果与分析

图 5−13 为四种试样拉伸前后宏观形貌图。由图 5−13 宏观上看，四种涂层在一定拉力下发生断裂，其中 P₃₀ 的形变量大，且涂层出现明显脱落迹象，而 HG 形变较少，且涂层与基体结合较好，涂层部位没有明显的裂纹，表明 HG 涂

层质量较好。P_0 在断裂处涂层有明显裂纹,但涂层没有整体掉落趋势,且 P_0 的形变量相比于 HG 也较小,表明 P_0 的拉伸性能低于 HG。由拉伸后的形貌图可以看出,随着 WC 含量的增加,试样 P_0、P_{15}、P_{30} 形变量会不断增加,这表明 WC 增强颗粒的加入能提高涂层的韧性。但是,涂层与基体的结合能力会明显下降。尤其是 P_{30},涂层和基体出现了整体性的分离的趋势。有研究表明,温度对材料的力学性能影响很大,相比于常温环境,低温对材料的抗拉性能有积极的影响,在 $-160 \sim 20 ℃$,随着温度的升高,材料的拉伸性能均出现下降趋势。因此推断,试样在极地环境中服役会有更好的抗拉伸性能。

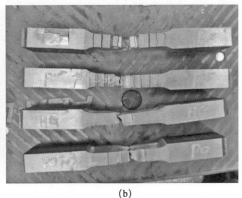

(a)　　　　　　　　　　　　　　　　　(b)

图 5-13　试样拉伸宏观形貌

(a) 拉伸前;(b) 拉伸后

　　四种涂层的拉伸力学性能见表 5-9,HG 的抗拉强度和屈服强度要明显高于 Ni 基涂层,但 Ni-WC 复合涂层的韧性更好。P_0、P_{15}、P_{30} 的断后伸长量和断后收缩率会逐渐变大,表明 WC 颗粒的加入可有效提高材料的韧性。对比 P_0、P_{15}、P_{30} 试样,屈服强度呈现先上升后下降的趋势,而抗拉强度会不断减小。总体而言适量 WC 颗粒对材料的强度有负面影响,但能增加材料韧性。相关研究表明,当材料受到破坏产生裂纹,裂纹在扩展的过程中遇到增强颗粒受到阻挡,使得扩展路径发生变化,导致应力分散,如裂纹分叉、偏转、桥接、弯曲和钉扎等,从而达到增加强度和韧性的效果。但裂纹的传递很大程度上受增强材料与基体结合效果的影响,良好的界面结合可以使载荷由金属基体传递到颗粒上,而较差的界面结合,如在界面上出现微孔、脆性的界面反应产物等,尤其当 WC 颗粒表面出现大量裂纹和孔洞,或者出现严重的沉底团聚时,会严重影响增强材料与黏结相的结合,不仅无法有效传递载荷,而且容易在界面处萌生裂纹,导致材料强度的下降。

表 5 - 9   拉伸力学性能

材料	$(a_0/mm) \times (b_0/mm)$	屈服强度/MPa	抗拉强度/MPa	断后伸长/%	断面收缩/%
P_{30}	20.12×41.29	462	547	12.0	47.0
P_{15}	20.12×40.59	474	547	12.0	43.5
P_0	19.97×40.34	472	569	6.5	38.0
HG	20.07×40.82	486	577	12.5	40.5

5.2.3   剪切强度结果与分析

图 5 - 14 为四种涂层剪切后的宏观图,断口较为平整,H 代表横向,Z 代表纵向。图 5 - 15 为四种涂层的剪切强度直方图,由图可知,HG 涂层的横向剪切强度最大,且横向和纵向的剪切强度较为均衡。而 Ni 基涂层试样中,P_0、P_{15}、P_{30} 的横向剪切强度随着 WC 含量的增加有先上升后下降的趋势,P_{15} 的横向剪切强度最大。而 Ni 基涂层的纵向剪切强度则不断减弱,其原因可能是由于 WC 和 Ni 基合金的热膨胀系数相差过大,导致涂层内部空隙和裂纹缺陷增多,从而

图 5 - 14   四种涂层剪切后的试样

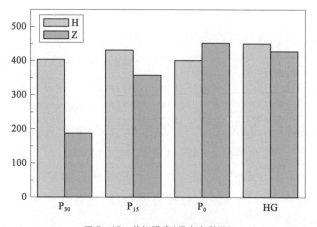

图 5 - 15   剪切强度(见文末彩图)

减少了剪切强度。试样剪切强度数值见表 5 - 10,四种涂层试样中,HG 横向剪切最大,强度为 450.3 MPa,而 P_0 的纵向剪切最大,强度为 452.0 MPa。

表 5 - 10　剪切强度　　　　　　　　　　　单位: MPa

材　料	P_{30}		P_{15}		P_0		HG	
方向	H	Z	H	Z	H	Z	H	Z
剪切强度	403.4	187.1	431.5	357.6	400.5	452.0	450.3	427.6

5.2.4　冲击韧性结果与分析

图 5 - 16 为不同温度下的各涂层试样的冲击韧性,总体而言,低温对金属材

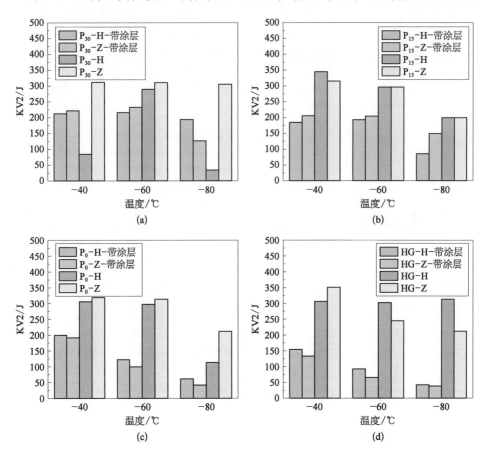

图 5 - 16　不同温度下试样冲击功(见文末彩图)

(a) P_{30};(b) P_{15};(c) P_0;(d) HG

料的抗冲击性能有很大的负面影响,无论是带涂层的冲击韧性,还是不带涂层的冲击韧性,材料的抗冲击能力总体上随温度的下降而下降,这与孔韦海等人的研究结果相同。在表面带涂层的试样中,HG 受温度影响最大,在−80℃时,其冲击工 KV2 为 42 J,仅为−40℃时的 27%,呈现出低温脆性。而 P_{30} 受温度影响最小,在−80℃环境下,依然有良好的韧性,其他三种带涂层表面试样在−80℃环境下均出现低温脆性现象。

   表 5-11 和表 5-12 分别为带涂层试样表面冲击功和不带涂层试样表面冲击功,对比表中数据可以看出,试样带涂层的冲击功要明显小于试样不带涂层的冲击功,表明熔覆的涂层对试样的抗冲击性有较大的负面影响。研究表明:细小碳化物虽然硬度高,但其韧性不足。温度降低会引起材料表面细小碳化物的析出,且温度越低析出的碳化物越多。细小碳化物的存在增加了材料的脆性,使裂纹扩展的阻力降低,从而降低了材料的韧性。另外,温度降低,材料中的各种原子活动能力下降,原子结构内部出现点状缺陷,而且温度越低,这些缺陷原子的运动越不灵活。当受到外力拉伸时,需要很大的力才能使原子脱离原来的位置,从宏观上便表现出强度上升,冲击韧性降低。

表 5-11　带涂层表面冲击功　　　　　　单位: J

材料	P_{30}		P_{15}		P_0		HG	
方向	H	Z	H	Z	H	Z	H	Z
−40℃	212.7	221.7	184.3	205.7	199.3	191.7	154.3	133.3
−60℃	216	232.3	192.7	204	122.3	100	92.7	65.3
−80℃	194	126.5	85.3	149.3	61	41.3	42	38.3

表 5-12　不带涂层表面冲击功　　　　　　单位: J

材料	P_{30}		P_{15}		P_0		HG	
方向	H	Z	H	Z	H	Z	H	Z
−40℃	84.3	312	344.7	315.3	305.7	319	306.6	351.3
−60℃	289.7	311	296.3	296.3	297.6	313.7	302.3	244.7
−80℃	33.7	305.7	199.3	199.3	113	211.7	313.3	211.7

5.2.5　硬度测试结果与分析

   图 5-17 是激光熔覆涂层的显微硬度沿熔覆涂层深度方向的分布曲线,横坐

标 0 表示合金涂层与基体的结合面。由图可知,涂层的显微硬度要明显高于基体。平均显微硬度见表 5 - 13,P_{30}、P_{15}、P_0、HG 试样的显微硬度分别为 444.87 $HV_{0.2}$、387.27 $HV_{0.2}$、342.82 $HV_{0.2}$、363.8 $HV_{0.2}$,大约是基体硬度(265.8 $HV_{0.2}$)的 1.81 倍、1.5 倍、1.29 倍和 1.35 倍。涂层硬度大于基体 EH40 - C 硬度,主要是因为 WC 对涂层的弥散强化作用,此外碳化物($M_{23}C_6$)、Ni_4W、Cr_2Ni_3 等硬质合金的生成,以及 γ-Ni、γ-Co 和 γ-Fe 等固溶体的产生,都能有效提高涂层显微硬度,增强涂层耐磨性。涂层 P_{30} 和涂层 P_{15} 的硬度测试结果表明,硬度在 0～1 000 μm 范围内有明显的提升,值得注意的是,距离结合面 1 000 μm 以后,涂层 P_{30} 和涂层 P_{15} 硬度会有明显的下降趋势,这主要是因为 WC 的密度大,会出现沉底的现象。除此之外,由于结合线附近 WC 密度大,分解产生的 W 和 C 元素能与 Ni、Cr、Mo 等形成硬质相。但涂层顶部由于 WC 浓度低,导致产生的硬质相浓度低,所以涂层 P_{30} 和涂层 P_{15} 顶部硬度值会出现明显的下降。在之前的相关研究表明,质量分数 30%WC+Co 涂层的硬度可达 411 $HV_{0.2}$,随着 WC 含量增加大 60%,涂层硬度可以高达 701 $HV_{0.2}$,并且,涂层缺陷较少。根据 Archard 理论,试样硬度越大,耐磨性越高,但耐磨性需结合硬度、摩擦系数和磨损体积综合考虑。

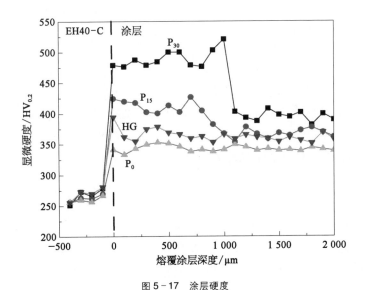

图 5 - 17　涂层硬度

表 5 - 13　涂层平均维氏硬度　　　　　　　　　　　　　单位: $HV_{0.2}$

材料	P_{30}	P_{15}	P_0	HG
平均硬度	444.87	387.27	342.82	363.88

5.3　激光熔覆涂层的低温耐磨性

5.3.1　实验材料与方法

本节所使用实验样品的制备方法,同 5.1.1 部分。摩擦磨损实验所使用的样品尺寸为 10 mm×10 mm×5 mm。样品测试前,测试面用 SiC 砂纸逐级打磨到 1 000#,其余面用 80#砂纸打磨去除表面油污,然后用酒精清洗,热风吹干备用。

本实验模拟了在 −20℃ 标准大气压下干滑动摩擦磨损实验和质量分数 3.5% NaCl 溶液的湿摩擦实验,研究低温对耐磨性的影响。并设置不同温度梯度,研究温度对涂层耐磨性的影响。摩擦磨损实验使用德国 BRUKER UMT TriboLab 摩擦磨损试验机,对涂层进行往复滑动的摩擦磨损实验。使用的磨球为 WC,直径为 8 mm,硬度为 94 HAR。实验过程中,实验载荷为 50 N,频率为 2 Hz,振幅为 5 mm,测试时间为 60 min,总行程为 72 m,然后将数据导入到 BRUKER UMT Viewer 中,得到摩擦系数数据文本。摩擦磨损实验结束后,使用 BRUKERContourGT 白光干涉 3D 光学轮廓仪,来测定磨损体积及磨痕 3D 形貌图。磨损率 Wr 按照式(5−6)计算:

$$Wr = V/(F \cdot D) \tag{5−6}$$

其中,Wr 为样品的体积磨损率,单位为 $mm^3/(N \cdot m)$;V 为样品的磨损体积,单位为 mm^3;F 为正压力(载荷),单位为 N;D 为滑动距离,单位为 m。

5.3.2　干摩擦环境下涂层的耐磨性

图 5−18 为干摩擦环境下的摩擦曲线,四种涂层和基体钢 EH40−C 的动态摩擦系数随时间变化的规律如图所示,基体的摩擦系数波动较大,摩擦系数的波动与试样的表面复杂状态相关。根据摩擦力公式 $f = \mu \cdot F_n$,在初始阶段,摩擦系数会迅速增加,这主要与载荷 F_n 有关。当载荷完成后,由于涂层与磨球间的摩擦,使得表面物质脱落,产生的磨屑会改变涂层表面状态,从而影响系数 μ。因此,摩擦曲线的波动则与涂层表面状态密切相关。由表 5−14 可知,基体的摩擦系数(0.808 8)最大,Ni 基涂层试样 P_{30}(0.773 8)、P_{15}(0.772 9)、P_0(0.723 2)的摩擦系数要低于基体,高于 Co 基涂层 HG(0.424 2)。对比 P_{30}、P_{15}、P_0 的摩擦曲线可知,随着 WC 含量的增加,摩擦系数会相应增大。根据 Archard 理论,

摩擦系数越大,耐磨性越弱,而硬度越大,耐磨性越强。实验中,在 Ni 基合金中添加 WC 增大了摩擦系数,可能对摩擦性能有负面影响。因为 HG 的摩擦系数要低于 P_0 和 EH40 - C,而 HG 硬度(363. 88 $HV_{0.2}$)要高于 P_0(342. 82 $HV_{0.2}$)和 EH40 - C,因此推断 HG 的耐磨性要强于 P_0 和 EH40 - C,但 HG 与 Ni - WC 涂层的耐磨性需进一步比较。

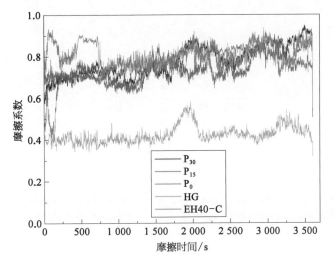

图 5 - 18　干摩擦环境下摩擦系数曲线(见文末彩图)

表 5 - 14　干摩擦环境下平均摩擦系数

材　　料	P_{30}	P_{15}	P_0	HG	EH40 - C
平均摩擦系数 μ	0. 773 8	0. 772 9	0. 723 2	0. 424 2	0. 808 8

涂层磨痕 2D 轮廓如图 5 - 19 所示,由于基体 EH40 - C 的硬度最小,其磨痕宽度和深度最大。与基体相比,Ni 基涂层中有碳化物和固溶体的存在,使得涂层的硬度增加,磨痕深度和宽度变小,耐磨性明显增强。Ni 基涂层中,适量 WC 的添加能有效增强涂层耐磨性,但 WC 含量的进一步提高,会减弱涂层的耐磨性。表 5 - 15 为干摩擦环境下试样的摩擦学性能,涂层 P_0 的磨损体积为 0. 213 6 mm^3。磨损量高于 HG(0. 211 4 mm^3)。对比 P_{30}、P_{15} 和 P_0 磨损量发现,P_{15} 磨损体积为 0. 188 1 mm^3 低于 P_0,这是由于 WC 的加入,提高了涂层硬度,减小了磨损。相比于涂层 P_{15},涂层 P_{30} 的磨损量变大,这是因为加入过量 WC,虽然增加了涂层的硬度,但摩擦系数也变大,此时摩擦系数是影响试样耐磨性的主要因素。此外,P_{30} 的耐磨性减弱与涂层内部的残余应力和缺陷有关。从表 5 - 15 中的数据可以看出,涂层 P_{15} 的磨损体积和磨损率最低,表现出最好的耐磨性。

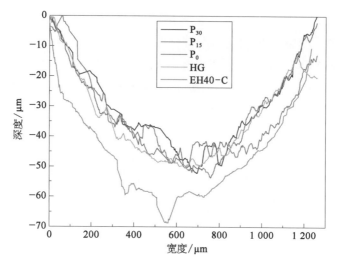

图 5-19 干摩擦环境下 2D 轮廓图(见文末彩图)

表 5-15 干摩擦环境下试样的摩擦学性能

材　料	磨痕宽度/μm	磨痕深度/μm	磨损体积/mm³	磨损率/[mm³/(N·m⁻¹)]
P_{30}	660.94	21.26	0.197 3	7.9×10^{-4}
P_{15}	641.38	20.99	0.188 1	7.5×10^{-4}
P_0	714.58	21.72	0.213 6	8.5×10^{-4}
HG	694.94	21.15	0.211 4	8.4×10^{-4}
EH40-C	1 177.49	54.97	0.223 9	9.0×10^{-4}

图 5-20 为试样在干摩擦环境下磨痕的 3D 轮廓图。四种涂层与基体的磨痕形貌有所不同,由图可知,涂层 HG 磨痕深度最低,最高点与最低点差为 50.8 μm,涂层 P_0 的磨痕深度则比 HG 大,表明 HG 涂层的耐磨性要强于 P_0。此外,P_{15} 试样的磨痕宽度也小于 P_0,表明适量 WC 含量的增加,可有效提高 Ni 基涂层的硬度,从而增强耐磨性,但 P_{30} 试样磨痕宽度大于 P_{15},说明过量 WC 对 Ni 基涂层耐磨性有负面影响。

相关研究表明,金属基复合涂层的磨损有黏着磨损、塑性变形和磨粒磨损等,而由于 WC 颗粒的支撑作用,涂层的塑性变形会明显减小。如图 5-21 所示,Ni 基涂层 P_{30} 磨痕表面有黏着痕迹,且黏着点多,具有明显的黏着磨损现象,并伴随少量塑性变形。P_{30} 硬度比 WC 磨球低,涂层与磨球相对运动发生摩擦,会使涂层发生塑性变形,从而出现犁沟现象。此外,WC 散弥散在涂层表面,

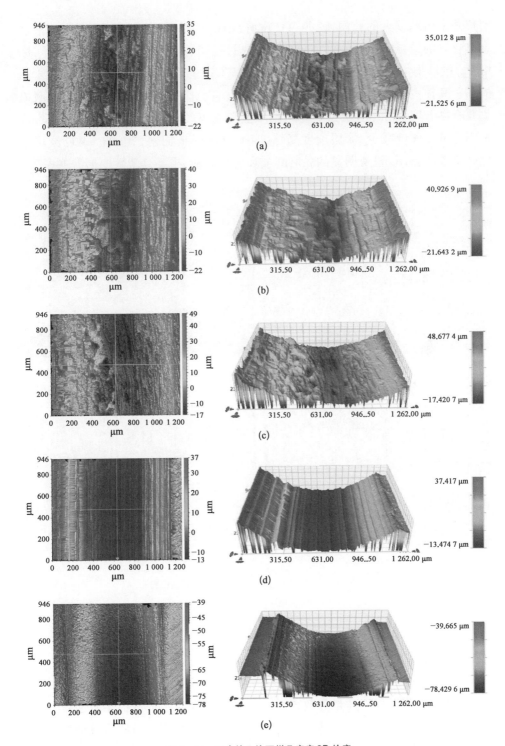

图 5-20　干摩擦环境下样品磨痕 3D 轮廓

(a) P$_{30}$;(b) P$_{15}$;(c) P$_0$;(d) HG;(e) EH40-C

磨痕并未出现较大的孔洞,说明 WC 没有出现整体掉落的现象,WC 与 Ni 基合金有较好的结合,且球形 WC 颗粒并未破损,说明并未出现磨粒磨损。因此,涂层 P_{30} 的磨损主要以黏着磨损为主。随着 WC 含量的减少,涂层 P_{15} 和涂层 P_0 的黏着磨损也有所增加,同塑性变形也变大。因此,涂层 P_{15} 和涂层 P_0 的磨损主要有黏着磨损和塑性变形。犁沟现象会随着 WC 含量的减少而更加明显,这是因为 WC 含量减少,涂层硬度降低,变形会进一步加剧。与 Ni - WC 涂层相比,Co 基涂层 HG 没有明显的黏着磨损和磨粒磨损,主要是塑性变形为主。

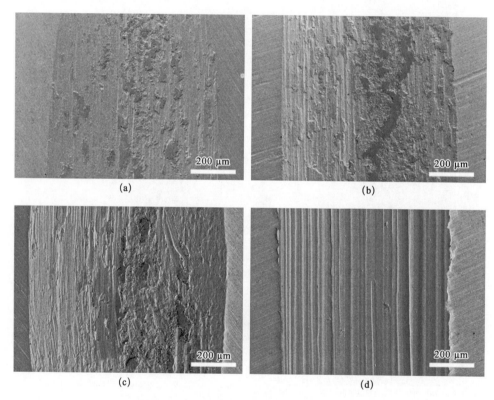

图 5 - 21   干摩擦环境下样品磨痕扫描电子显微图

(a) P_{30};(b) P_{15};(c) P_0;(d) HG

5.3.3   NaCl 溶液介质中涂层的耐磨性

图 5 - 22 为试样在质量分数 3.5% NaCl 溶液介质中的摩擦系数曲线,由于溶液在低温环境下会迅速结冰,表面状态变得复杂,摩擦系数曲线波动较大,尤其是涂层 P_0,摩擦系数曲线出现异常,这是因为磨球与冰面发生复杂的接触碰撞,从而导致摩擦系数异常。此外,由于冰层的防护,摩擦系数要明显小于干磨

情况,说明冰层的形成有利于减小涂层的磨损。表 5 - 16 为试样在质量分数
3.5% NaCl 溶液介质中的平均摩擦系数,P_{15}、HG 和 EH40 - C 的摩擦系数分别
为 0.230 7、0.241 2、0.220 3,而干摩擦情况下 P_{15}、HG 和 EH40 - C 的摩擦系
数分别为 0.772 9、0.424 2、0.808 8,通过数据比对可以看出,冰层对于试样的
摩擦性能有积极的影响。

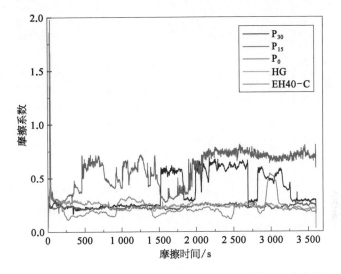

图 5 - 22　试样在质量分数 3.5% NaCl 溶液中的摩擦系数曲线(见文末彩图)

表 5 - 16　质量分数 3.5% NaCl 溶液中的平均摩擦系数

材　料	P_{30}	P_{15}	P_0	HG	EH40 - C
平均摩擦系数 μ	0.376	0.230 7	0.723 2	0.241 2	0.220 3

图 5 - 23 为试样在质量分数 3.5% NaCl 溶液介质中的磨痕 2D 轮廓图。从
整体来看,由于试样表面冰层的保护,P_{15} 试样和 HG 试样的磨痕深度和磨痕宽
度明显小于其他试样。但是,冰层在试样表面的覆盖并不均匀,且厚度不均,这
对试样表面的磨损量影响很大,所以试样的耐磨性优劣很难判断,但可知的是
冰层对试样具有明显的防护作用。

试样在质量分数 3.5% NaCl 溶液介质中的摩擦学性能见表 5 - 17。表中数据
显示,由于冰层有效地减少磨头和涂层间的摩擦,涂层 P_{15} 和涂层 HG 的磨损量很
小,这与 2D 磨痕轮廓图像吻合。从表中数据可知,P_{30}、P_{15}、P_0 和 HG 的磨损率分
别为 6.16×10^{-4} mm³/N · m⁻¹、6.36×10^{-5} mm³/N · m⁻¹、7.86×10^{-4} mm³/N ·
m⁻¹、9.28×10^{-5} mm³/N · m⁻¹,而涂层干磨的磨损率分别为 7.9×10^{-4} mm³/N ·
m⁻¹、7.5×10^{-4} mm³/N · m⁻¹、8.5×10^{-4} mm³/N · m⁻¹、8.4×10^{-4} mm³/N · m⁻¹。

对比表 5 - 16 和表 5 - 17 的数据发现,试样在 3.5% NaCl 溶液介质中的磨损率要低于干摩擦环境下的磨损率,说明冰层的覆盖可以有效地对试样表面进行防护,减少磨损量。

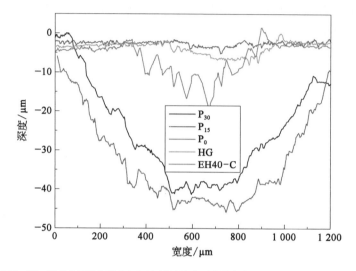

图 5 - 23   试样在质量分数 3.5% NaCl 溶液介质中的磨痕 2D 轮廓图(见文末彩图)

表 5 - 17   试样在质量分数 3.5% NaCl 溶液介质中的摩擦学性能

材　料	磨痕宽度/μm	磨痕深度/μm	磨损体积/mm³	磨损率/[mm³/(N·m⁻¹)]
P_{30}	671.38	17.42	0.153 9	6.16×10^{-4}
P_{15}	258.94	2.54	0.015 9	6.36×10^{-5}
P_0	851.44	24.79	0.196 4	7.86×10^{-4}
HG	391.27	4.82	0.023 2	9.28×10^{-5}
EH40 - C	594.14	20.93	0.038 2	1.52×10^{-4}

5.3.4   温度对涂层的耐磨性的影响

通过 5.3.2 部分的干摩擦实验,选取摩擦性能表现最好的试样 P_{15},进一步研究温度对 P_{15} 试样耐磨性的影响。设置不同温度梯度进行干摩擦测试,温度分别为 -20℃ 、0℃ 和 20℃,研究 P_{15} 试样不同温度下的动态摩擦系数随时间的变化规律,不同温度下 P_{15} 摩擦曲线如图 5 - 24 所示。由图可知,摩擦系数值与温度成反比,温度越高,P_{15} 摩擦系数越小。在 -20℃ 环境中,摩擦系数最大,达到 0.772 2,

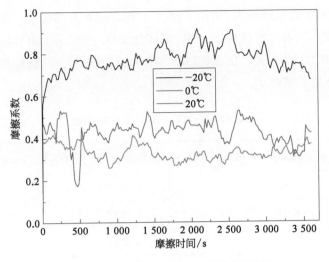

图 5 - 24　不同温度下 P_{15} 摩擦曲线(见文末彩图)

而在室温环境中,摩擦系数为 0.330 6。P_{15} 摩擦系数越大,表明磨损越严重,因此温度越低,磨损越严重。相关研究表明,涂层表面与空气中的水接触产生氧化膜,其有润滑的作用,能降低摩擦系数。但随着温度的降低,涂层表面对水的吸附能力下降,减少了摩擦时氧化膜的生成,从而增加了涂层与磨球之间的摩擦系数。因此,随着温度降低,摩擦系数增加,磨损量增加。同时,在低温环境下,材料存在冷脆现象,韧性降低,导致涂层表面容易被磨球切削而剥落,从而磨损加剧。

图 5 - 25 为 P_{15} 试样在不同温度下磨痕 2D 轮廓图,相比于 20℃ 环境下的磨损,涂层在 0℃ 的磨损较为严重。一方面原因是材料在低温环境下的冷脆现象,

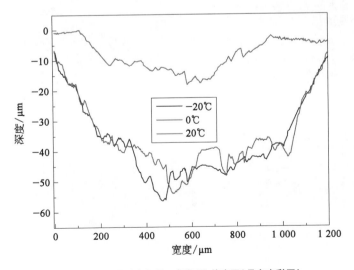

图 5 - 25　不同温度下 P_{15} 磨痕 2D 轮廓图(见文末彩图)

另一方面由于摩擦系数较大,增加了磨损。表 5 - 18 为涂层 P_{15} 在不同温度下的摩擦学性能,从表中数据可以看出,试样在 20℃、0℃ 和 -20℃ 环境下的磨损体积分别为 0.035 1 mm^3、0.209 7 mm^3 和 0.212 0 mm^3,可以看出,随着温度的降低,磨损会越来越严重。

表 5 - 18　P_{15} 在不同温度下的摩擦学性能

温　度	磨痕宽度/μm	磨痕深度/μm	磨损体积/mm^3	磨损率/[mm^3/(N·m^{-1})]
-20℃	845.93	18.87	0.212 0	$8.48×10^{-4}$
0℃	698.04	18.12	0.209 7	$8.38×10^{-4}$
20℃	507.90	11.82	0.035 1	$1.40×10^{-4}$

图 5 - 26 为 P_{15} 在不同温度环境下磨痕的 3D 轮廓图。由于低温环境的影响,涂层表面的摩擦系数会增大,此外材料的冷脆现象会使得材料的磨损更严重。试样在 -20℃ 环境中,有非常明显的犁沟,其磨痕深度高达 19.238 9 μm,磨痕宽度也较大。当实验温度升高到 0℃ 时,局部区域磨痕深度增大,原因可能是磨球与硬质颗粒发生碰撞,使得表面材料整体剥落。但从整体深度形貌看,温度升高,深度减小,并且磨痕宽度也明显减小,犁沟现象减缓,表面较为平滑。随着温度升高到 20℃,磨痕宽度和磨痕深度均进一步减小。

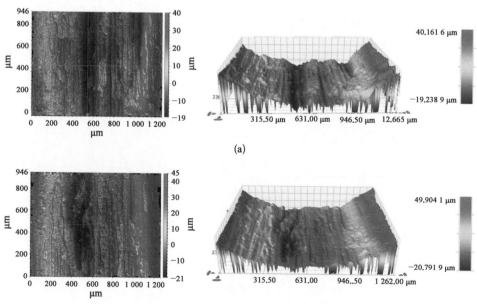

(a)

(b)

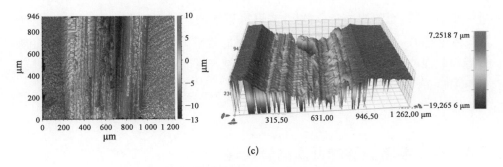

(c)

图 5 - 26　不同温度下 P_{15} 磨痕 3D 轮廓

(a) −20℃;(b) 0℃;(c) 20℃

　　图 5 - 27 为不同温度下 P_{15} 试样磨痕扫描电子显微图,从图 5 - 27(a)可以看出,磨痕表面有少量的塑性变形,但磨损的主要形式是黏着磨损。随着温度升高到 0℃,磨痕表面出现较多的深坑,且塑性变形现象加剧,但黏着磨损现象有所缓解,表面粗糙度增大。图 5 - 27(c)表明,温度升高到 20℃,表面粗糙度

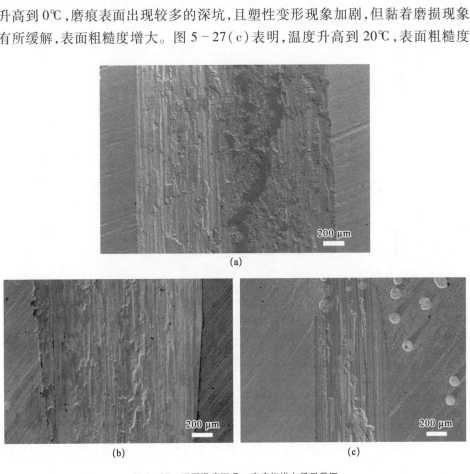

图 5 - 27　不同温度下 P_{15} 磨痕扫描电子显微图

(a) −20℃;(b) 0℃;(c) 20℃

进一步增大,表面的凹坑变多,塑性变形也更加明显。有研究表明,当磨球与涂层反复摩擦时,涂层会出现裂纹,随着时间的推移,裂纹发生扩展,涂层会出现疲劳剥落现象。由图 5 - 27(b)、(c)可知,随着温度的升高,涂层疲劳剥落现象也更加显著。

5.4 激光熔覆涂层的低温耐腐蚀性

5.4.1 实验材料与方法

本节所使用的材料与制备方法与 5.1.1 相同。电化学测试样品的尺寸大小为 10 mm×10 mm×3 mm。封装前将涂层测试面用砂纸逐级打磨至 800#,并用铜线与基体面焊接,最后用环氧树脂将测试面以外的所有面封装。浸泡实验的样品尺寸为 5 mm×5 mm×2 mm,封装前将测试面用砂纸逐级打磨至 2 000#,随后将其余面封装。

1)电化学实验

电化学测试在-40℃环境中,样品用电解液浸泡冷藏 5 d,电解液为去离子水配置的质量分数 3.5% NaCl 溶液和 0.5 mol/L HCl 溶液。然后在常温常压下,借助美国 Gamry Reference 600 电化学工作站,分析涂层在模拟海水介质和酸性介质低温浸泡 5 d 后的腐蚀行为及规律。设置不同温度,分别在质量分数 3.5% NaCl 溶液和 0.5 mol/L HCl 溶液中,不同温度下浸泡 24 h,探究温度对耐腐蚀性的影响。工作站采用三电极测试,测试参数设置:Int E 为-1 V、Final E 为 1.5 V、Sweep Segment 为 1、Hold Time at Final E 为 0 s、Scan Rate 为 0.002 V/s、Quiet Time 为 2 s。

2)浸泡实验

选取耐腐蚀性最好的试样进行浸泡实验,样品在-40℃环境中,用电解液浸泡冷藏 30 d,电解液为去离子水配置的质量分数 3.5% NaCl 溶液和 0.5 mol/L HCL 溶液,样品浸泡实验后,先进行 XPS 测试,分析样品表面钝化膜成分,随后进行扫描电子显微镜测试,观察样品腐蚀形貌,分析腐蚀机理。

5.4.2 试样在 0.5 mol/L HCl 溶液中电化学测试结果与分析

图 5 - 28 是试样在-40℃的 HCl 溶液中浸泡 5 d 的极化曲线,由图可知,除基体外,四组涂层都有明显的钝化现象。试样的钝化范围大致在-0.2~0 V 之间,随着 WC 含量的增加,Ni 基涂层钝化能力会逐渐减弱,即 P_0 涂层的钝化现

象最为明显。并且随着 WC 含量的增加,P_0、P_{15}、P_{30} 的腐蚀电位会不断向正方向移动,这表明涂层的腐蚀倾向会随着 WC 含量的增加而减小。对比 P_0 和 HG 试样,HG 涂层腐蚀电位正向移动,表明 P_0 具有更强的腐蚀倾向,但 HG 涂层钝化现象更低,表明 HG 的钝化膜保护能力较弱。五组试样中,EH40 - C 基体钢的腐蚀电位趋于负电位,且没有明显钝化现象,耐腐蚀性较差。

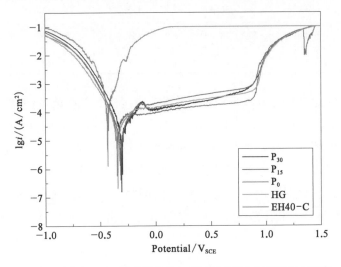

图 5 - 28 试样在 0.5 mol/L HCl 溶液中浸泡 5 d 的极化曲线(见文末彩图)

表 5 - 19 为试样在 0.5 mol/L HCl 溶液浸泡 5 d 的极化曲线拟合结果,表 5 - 19 中,β_a、β_c 和 R_p 分别为阳极斜率、阴极斜率和极化电阻。五种试样的阳极斜率均明显大于阴极斜率,说明阳极过程阻力大于阴极过程阻力,腐蚀过程主要受阳极过程控制。从表 5 - 19 可以看出,随着 WC 含量的增加,Ni 基涂层试样的腐蚀电位会逐渐正向移动。通常,电位越正,腐蚀倾向越小。P_{30} 和 P_{15} 样品的腐蚀电位分别为 -308 mV 和 -315 mV,明显高于 P_0(-347 mV)。但 P_0 的腐蚀电流(36.47 μA · cm^{-2}),大于 P_{30}(33.37 μA · cm^{-2})和 P_{15}(20.23 μA · cm^{-2}),而 P_{15} 试样腐蚀电流最小,这是因为适量添加 WC 陶瓷颗粒能够提高涂层腐蚀电位,减少腐蚀。但 WC 与金属黏结相之间存在电位差,会引起电偶腐蚀,过多的 WC 含量会加剧电偶腐蚀。相对于 P_0 涂层,HG 涂层的腐蚀电位为 -342 mV,而基体的腐蚀电位(-431 mV)最趋向于负电位。从动力学上看,极化电阻 R_p 越大,腐蚀电流 i_{corr} 越小,说明试样的耐腐蚀性越好。在五组试样中 P_{15} 的极化电阻($1\,357.6$ Ω)最大,腐蚀电流最小(20.23 μA · cm^{-2}),腐蚀电流顺序为 P_{15}(20.23 μA · cm^{-2})< P_{30}(33.37 μA · cm^{-2})< P_0(36.47 μA · cm^{-2})< HG(38.44 μA · cm^{-2})< EH40 - C(254.1 μA · cm^{-2})。极化曲线结果表明,P_{15} 的耐腐蚀性最好。

表 5 - 19　试样在 0.5 mol/L HCl 溶液中浸泡 5 d 的极化曲线拟合结果

材　料	E_{corr}/mV	i_{corr}/(μA·cm^{-2})	R_p/Ω	β_a/(V/dec)	β_c/(V/dec)
P$_{30}$	−308	33.37	908.7	8.907	4.251
P$_{15}$	−315	20.23	1 357.6	9.183	6.324
P$_0$	−347	36.47	875.3	7.281	1.573
HG	−342	38.44	853.5	8.520	4.732
EH40 - C	−431	254.1	94	9.495	8.717

图 5 - 29 是试样在 0.5 mol/L HCl 溶液中浸泡 5 d 的 Nyquist 图,由图可知,除基体外,涂层试样的阻抗呈半圆弧形,仅由一个容抗弧组成,高频容抗弧与样品表面的电子转移过程密切相关,容抗弧半径越大,表明电子转移过程的阻抗 Z 越大。由图可以看出,P$_{30}$ 的容抗弧大于涂层 P$_0$,表明涂层 P$_{30}$ 的阻抗大于 P$_0$,加入 WC 可以明显提高电子转移过程中的阻抗。P$_{15}$ 试样的圆弧半径大于 P$_{30}$ 圆弧半径,表明 P$_{15}$ 的阻抗最大。P$_{30}$ 的容抗弧小于 P$_{15}$ 的原因是过量的 WC 会造成更多的涂层缺陷,导致溶液与涂层的接触面积增大,并增加电位差,造成严重的电偶腐蚀。因此,当 WC 的质量分数在 15% 时,Ni 基涂层的耐腐蚀性达到最佳。相关研究表明,Co 具有较为活泼的化学性质,而 Ni 的化学性质较为稳定,其具有优良的抗氧化性和耐腐蚀,因此 P$_0$ 涂层的耐腐蚀性要高于 HG 涂层。而基体的容抗弧半径最小,表现出很小的阻抗,表明其耐腐蚀性较低。从图 5 - 29 可以看出,在 0.5 mol/L HCl 溶液中,试样阻抗大小顺序为:P$_{15}$>P$_{30}$>P$_0$>

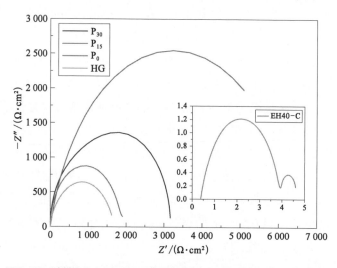

图 5 - 29　试样在 0.5 mol/L HCl 溶液中浸泡 5 d 的 Nyquist 图(见文末彩图)

HG>EH40‐C。

　　图 5‐30 为试样在 0.5 mol/L HCl 溶液中浸泡 5 d 的 Bode 图,可以看出,高频区四种涂层的阻抗约为 1 Ω,相角接近 0°,说明溶液阻抗约为 1 Ω;在中频区域,相位角达到最大,为典型的容抗特性;在低频区,容抗值与双电层有关,在低频区出现平台,说明有两个时间常数。图 5‐31 为试样在 0.5 mol/L HCl 溶液中的等效电路,其中 R_s 为溶液电阻; R_f 为钝化膜电阻; Q_f 为钝化膜容抗, Q_f 和 R_f 越大,表明钝化膜对试样表面的保护越好; Q_{dl} 为双电层电容, R_{ct} 为电化学转移电阻, R_{ct} 越大,表明试样阻抗越大,耐腐蚀性越好。相关研究表明,金属材料在酸溶液中会失去电子形成金属离子,金属离子与水中 O^{2-} 和 OH^- 结合形成致密的钝化膜吸附在试样表面,从而提高了材料的耐腐蚀性。

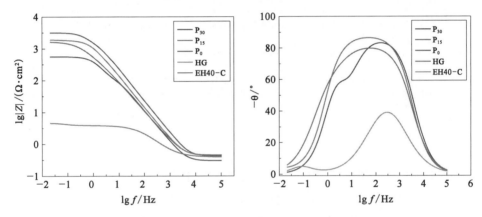

图 5‐30　试样在 0.5 mol/L HCl 溶液中浸泡 5 d 的 Bode 图(见文末彩图)

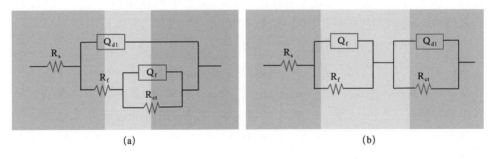

图 5‐31　试样在 0.5 mol/L HCl 溶液中的等效电路图
(a) 涂层;(b) EH40‐C

　　根据图 5‐31 等效电路得到的拟合结果见表 5‐20,由表中数据可知,随着WC 含量的增加,钝化膜的阻抗 R_f 越小,说明 Ni 基涂层随着碳化含量的增加,其钝化膜的保护能力越弱。HG 的钝化膜电阻要小于 P_0,而 EH40‐C 基体的钝

化膜电阻仅为 $2.025\ \Omega\cdot cm^2$,说明基体难以形成致密的保护膜。从电化学转移电阻来看 P_{15} 涂层试样电化学转移电阻最大,达到了 $5\ 321\ \Omega\cdot cm^2$,分别是 P_{30} 涂层转移电阻的 1.4 倍,是 P_0 试样的 3.2 倍。Co 基涂层 HG 的转移电阻要小于 P_0,但高于基体。电化学转移电阻 R_{ct} 可以反映试样在 0.5 mol/L HCl 溶液中的耐腐蚀性,因此可以推断,Ni 基涂层中,P_{15} 试样在 0.5 mol/L HCl 溶液中具有最好的耐腐蚀性,HG 的耐腐蚀性要弱于 P_0。

表 5 - 20　试样在 0.5 mol/L HCl 溶液中浸泡 5 d 等效电路拟合结果

材料	$R_s/$ $(\Omega\cdot cm^2)$	Q_f		$R_f/$ $(\Omega\cdot cm^2)$	Q_{dl}		$R_{ct}/$ $(\Omega\cdot cm^2)$
		$Y_0/(\Omega^{-1}\cdot cm^{-2}\cdot s^n)$	n_f		$Y_0/(\Omega^{-1}\cdot cm^{-2}\cdot s^n)$	n_{dl}	
P_{30}	0.482 9	2.65×10^{-4}	0.884 5	573.6	2.149×10^{-4}	0.807 5	4 633
P_{15}	0.483 3	2.208×10^{-4}	0.9	769.4	1.652×10^{-4}	0.8	5 321
P_0	0.429 3	6.796×10^{-5}	1	2 106	2.710×10^{-4}	1	1 994
HG	0.468 5	1.164×10^{-4}	0.988 8	1 515	5.658×10^{-2}	1 356	
EH40 - C	0.309 8	9.497×10^{-2}	0.383 8	2.025	9.347×10^{-4}	1	2.157

　　图 5 - 32 为不同温度下 P_{15} 在 0.5 mol/L HCl 溶液中浸泡 24 h 后的电化学测试结果,如图 5 - 32(a) 所示,试样在不同温度下都有不同程度的钝化现象,并且随着温度的降低,腐蚀电位不断正向移动,表明低温能够降低 P_{15} 试样的腐蚀倾向。表 5 - 21 为图 5 - 32(a) 的拟合结果,从表中数据可以看出,当温度从 20℃ 降低至 -20℃ 时,极化电阻会增大,若温度进一步降低,极化电阻会有所减小。因此,-20℃ 时,极化电阻最大。而腐蚀电流变化趋势与极化电阻相反,是先减小后增大的过程,在 -20℃ 时,腐蚀电流最小。图 5 - 32(c)(d) 是 P_{15} 试样在 0.5 mol/L HCl 溶液中的 Bode 图,由图 5 - 32(d) 可知,试样在不同温度下呈现出容抗特性,对 Bode 图进行拟合得到表 5 - 22,在拟合的过程并未发现钝化膜的附着,可能出现了伪钝化现象。从表中数据可知,电化学转移电阻 R_{ct} 随温度的降低有先增大后减小的趋势,在 -20℃ 时,电化学转移电阻达到最大,这与极化曲线测试结果一致。电化学转移电阻 R_{ct} 能反应试样的整体阻抗,因此在 -20℃ 时 P_{15} 试样的整体耐腐蚀性最好。有研究表明:氧的溶解度随着温度的升高而降低,但氧化物的溶解度却增大,高温一方面阻碍了氧化膜的生成,另一方面温度越高,Cl⁻ 活性越强,降低了氧化膜的稳定性,从而钝化膜电阻 R_f 很小。此外,由于腐蚀性离子侵蚀导致钝化膜被破坏,短时间难以再修复,从而阻抗结

果显示无钝化膜的生成。腐蚀速率受电化学反应过程控制,当电荷转移难度加大,即电化学转移电阻 R_{ct} 增大,则电化学腐蚀难以进行。实验结果表明,电化学转移电阻由于温度影响,有先增大再减小的趋势,在-20℃是达到最大。

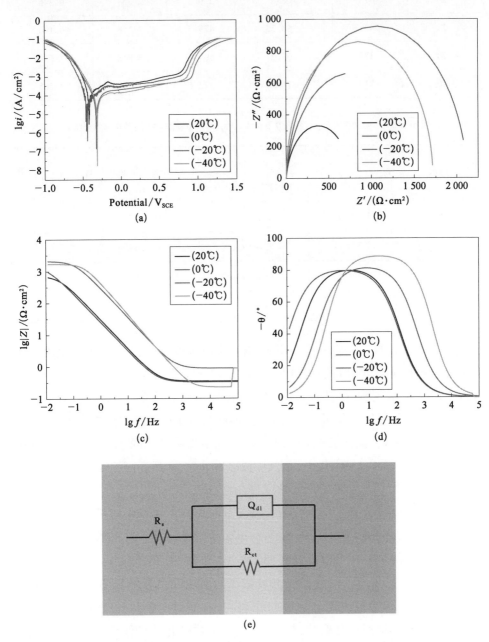

图 5-32　不同温度下 P_{15} 试样在 0.5 mol/L HCl 溶液中浸泡 24 h 电化学测试(见文末彩图)

(a) 极化曲线;(b) Nyquist 图;(c)、(d) Bode 图;(e) 等效电路图

表 5-21 不同温度下 P_{15} 试样在 0.5 mol/L HCl 溶液中的浸泡 24 h 极化曲线拟合结果

温度/℃	E_{corr}/mV	i_{corr}/($\mu A \cdot cm^{-2}$)	R_p/Ω	β_c/(V/dec)	β_a/(V/dec)
20	−418	168.8	220.2	2.353	9.345
0	−439	88.33	479.3	3.358	6.196
−20	−323	63.27	599.8	3.818	7.640
−40	−312	76.99	572.6	2.297	7.565

表 5-22 不同温度下 P_{15} 试样在 0.5 mol/L HCl 溶液中浸泡 24 h 等效电路拟合结果

温度/℃	R_s/($\Omega \cdot cm^2$)	Q_{dl}		R_{ct}/($\Omega \cdot cm^2$)
		Y_0/($\Omega^{-1} \cdot cm^{-2} \cdot s^n$)	n_{dl}	
20	0.3466	6.065×10^{-3}	0.9141	756.3
0	0.3247	7.461×10^{-3}	0.9042	1537
−20	0.8761	5.988×10^{-4}	0.9288	2134
−40	0.2245	2.02×10^{-4}	1	1715

相关研究表明：在腐蚀初期 Cl^- 吸附在金属表面产生腐蚀，阳极金属会溶解形成金属阳离子。随着腐蚀的进行，金属阳离子会在溶液中结合 O^{2-} 和 OH^- 形成致密的钝化膜，吸附在材料表面。随着钝化膜附着力的增加，其有效减缓了 Cl^- 的腐蚀作用，保护了阳极金属材料，使得样品的耐腐蚀性得到提高。

图 5-33 为 P_{15} 试样在 0.5 mol/L HCl 溶液中浸泡 30 d 的 XPS 光谱。在−40℃环境下，P_{15} 试样在 0.5 mol/L HCl 溶液中浸泡 30 d 后，样品表面的钝化膜主要以不同价态的氧化物和水合物的形式稳定存在，生成钝化膜的主要元素有 Fe、Ni、O 和 Mo 元素。Fe2p 光谱包含 Fe_3O_4 的峰（723.9 eV）和 FeO 的峰（710.6 eV）；Mo3d 光谱包含 MoO_3 的峰（232.5 eV）；Ni2p 光谱包含 Ni_2O_3 的峰（855.0 eV）；O1s 光谱分为两个峰，即 H_2O 的峰（530.6 eV）和 O^{2-} 的峰（531.6 eV）。图 5-34 是 P_{15} 在 0.5 mol/L HCl 溶液浸泡 30 d 的表面腐蚀形貌。图 5-34(a)未显示有明显腐蚀现象，但涂层表面有少量的孔洞，有点蚀的现象，其形成的原因是 Cl^- 对钝化膜的破坏造成局部腐蚀，另外 H^+ 也会造成钝化膜的溶解，进一步使孔洞扩大。此外，图中显示涂层基体有较大裂纹，这意味着腐蚀溶液将深入渗透涂层内部，从而腐蚀涂层内部。图 5-34(c)显示 WC 颗粒与黏结相结合处出现了

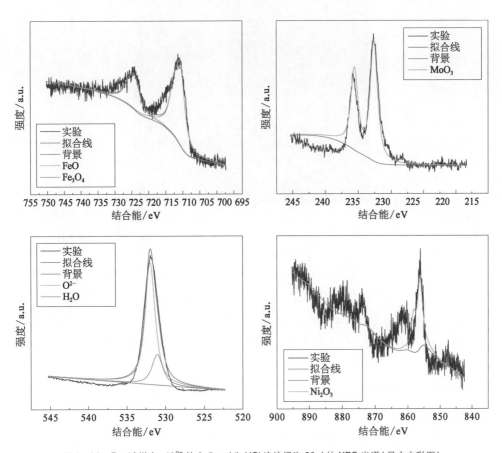

图 5 - 33　P_{15} 试样在-40℃的 0.5 mol/L HCl 溶液浸泡 30 d 的 XPS 光谱(见文末彩图)

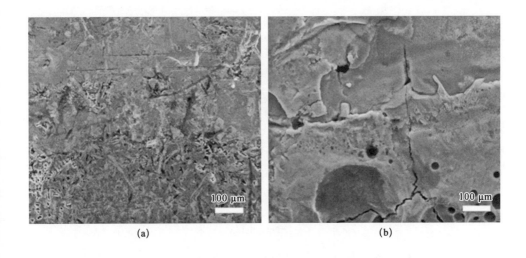

(c)

图 5 - 34 P_{15} 试样在 -40℃ 的 0.5 mol/L HCl 溶液浸泡 30 d 的表面腐蚀扫描电子显微形貌

明显的裂纹,表明 WC 颗粒周围有比较严重的腐蚀,这是由于 WC 与基体之间存在电位差,会引起严重的电偶腐蚀,P_{15} 基体由于电位低而被优先腐蚀。

5.4.3   试样在质量分数 3.5% NaCl 溶液中的电化学测试结果与分析

图 5 - 35 为试样在质量分数 3.5% NaCl 溶液中浸泡 5 d 的极化曲线。由图可知,随着 WC 含量的增加,Ni 基涂层的腐蚀电位会负向移动。对比 P_0 和 HG 试样,Ni 基涂层腐蚀电位正向移动,且钝化能力更强,表明 HG 具有更强的腐蚀倾向。在质量分数 3.5% NaCl 溶液中,EH40 - C 基体钢的腐蚀电位趋于负电

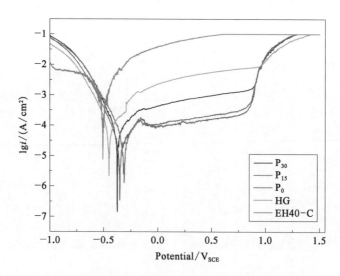

图 5 - 35   试样在质量分数 3.5% NaCl 溶液中浸泡 5 d 的极化曲线(见文末彩图)

位,且没有明显钝化现象,耐腐蚀性较差。

表 5-23 是试样在质量分数 3.5% NaCl 溶液中浸泡 5 d 的极化曲线拟合结果,由表可知 P_0、P_{15} 和 P_{30} 的腐蚀电位 E_{corr} 分别为 $-313\ mV$、$-352\ mV$ 和 $-374\ mV$,随着 WC 含量的增加,腐蚀电位不断负向移动。极化电阻值 R_p 则分别为 1 088.4 Ω、1 303.5 Ω 和 366.1 Ω,是先增大后减小的趋势。而腐蚀电流密度的变化趋势与极化电阻相反,腐蚀电流密度会随着 WC 含量的增加出现先减小后增大的趋势。值得注意的是,P_{30} 的极化电阻急剧减小,对应的腐蚀电流则急剧的增加,这与涂层表面的孔洞、裂纹等缺陷有关。相关研究也表明,由于增强颗粒与 Ni 基合金的热膨胀系数不同,在镀层过程中会产生裂纹、孔洞等缺陷。由于涂层中的缺陷密度大,涂层与溶液的接触面积增大,从而增大腐蚀电流密度,造成更严重的腐蚀。在质量分数 3.5% NaCl 溶液中,相比于 P_0,HG 的腐蚀电位为负向移动,表明有更强的腐蚀倾向,极化电阻也仅为 P_0 的 1/3。P_{30}、P_{15}、P_0、HG、EH40-C 的腐蚀电流密度分别为 $112\ \mu A \cdot cm^{-2}$、$25.14\ \mu A \cdot cm^{-2}$、$28.39\ \mu A \cdot cm^{-2}$、$114.7\ \mu A \cdot cm^{-2}$、$283.7\ \mu A \cdot cm^{-2}$。在质量分数 3.5% NaCl 溶液中,基体的耐腐蚀性较差,P_{15} 耐腐蚀性最好。

表 5-23　试样在质量分数 3.5% NaCl 溶液中的浸泡 5 d 极化曲线拟合结果

材　料	E_{corr}/mV	i_{corr}/($\mu A \cdot cm^{-2}$)	R_p/Ω	β_a/(V/dec)	β_c/(V/dec)
P_{30}	−374	112	366.1	7.829	3.314
P_{15}	−352	25.14	1 303.5	8.651	4.614
P_0	−313	28.39	1 088.4	8.49	5.579
HG	−449	114.7	356.1	7.411	3.238
EH40-C	−505	283.7	125.7	6.966	5.225

图 5-36 是试样在质量分数 3.5% NaCl 溶液中浸泡 5 d 的 Nyquist 图,随着 WC 含量的增加,P_{15} 比 P_0 的阻抗弧半径略大,当 WC 含量继续增加到质量分数 30%时,P_{30} 在质量分数 3.5% NaCl 溶液中的半径明显减小。一方面,P_{30} 涂层阻抗弧迅速减小的原因是涂层缺陷,如孔洞、裂纹等,P_{30} 表面缺陷如图 5-37 所示;另一方面,WC 含量增加会加剧电偶腐蚀,从而导致腐蚀加剧。由于化学性质活泼,且 HG 的钝化程度也较低,导致 HG 的阻抗弧半径要明显小 Ni 基涂层 P_0。由图 5-36 可知,在 NaCl 溶液中,不同试样的阻抗顺序为 $P_{15} > P_0 > P_{30} > HG >$ EH40-C。

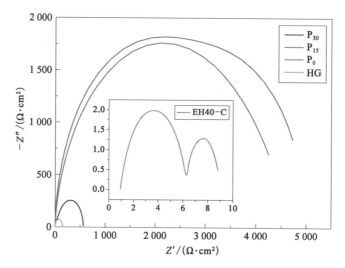

图 5-36   试样在质量分数 3.5% NaCl 溶液中浸泡 5 d 的 Nyquist 图(见文末彩图)

(a)   (b)

图 5-37 P_{30} 涂层缺陷

(a)表面缺陷;(b)横截面缺陷

图 5-38 为试样在质量分数 3.5% NaCl 溶液中浸泡 5 d 的 Bode 图,图中显示,涂层试样在质量分数 3.5% NaCl 溶液中的 Bode 图也显示了典型的容抗特性。在高频区,相位角接近 0°,阻抗在 1 Ω 左右,说明溶液阻抗约为 1 Ω;在低频区主要反应双电层的电化学转移阻抗;在中频区域,相位角达到最大值,这是典型的容抗特性。图 5-39 为试样在质量分数 3.5% NaCl 溶液中的等效电路,其中 R_s 为溶液电阻;R_f 为钝化膜电阻;Q_f 为钝化膜容抗,Q_f 和 R_f 越大,表明钝化膜对试样表面的保护越好;Q_{dl} 为双电层电容,R_{ct} 为电化学转移电阻。

表 5-24 为试样在质量分数 3.5% NaCl 溶液中浸泡 5 d 等效电路拟合结果。从表中数据来看,试样在溶液中的电阻 R_s 小于 1 Ω·cm²,结果与图 5-38 一致。

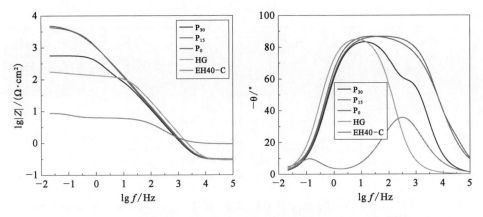

图 5-38　试样在质量分数 3.5% NaCl 溶液中浸泡 5 d 的 Bode 图(见文末彩图)

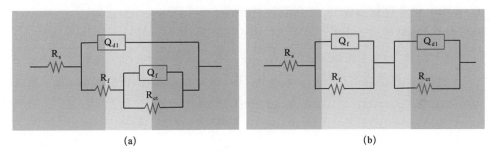

(a)　　　　　　　　　　　　(b)

图 5-39　试样在质量分数 3.5% NaCl 溶液中的等效电路图

(a) 涂层;(b) EH40-C

HG 钝化膜的容抗值为 $7.745×10^{-5}\ \Omega^{-1}\cdot cm^{-2}s^{n}$,钝化膜电阻 R_f 为 $115.3\ \Omega\cdot cm^2$,而 P_0 的钝化膜电阻 R_f 为 $2\,648\ \Omega\cdot cm^2$,随着 WC 含量的增加,P_{15} 钝化膜的容抗值变大,且钝化膜电阻也增大。由于缺陷的增加,P_{30} 试样的钝化膜电阻 R_f 仅为 $172.3\ \Omega\cdot cm^2$。所有试样中 P_{15} 试样的钝化膜电阻和转移电阻最大,分别为 $3\,571\ \Omega\cdot cm^2$ 和 $4\,127\ \Omega\cdot cm^2$。转移电阻 R_{ct} 对整个电荷转移过程有阻碍作用,可以反映试样在溶液中的耐腐蚀性。耐腐蚀性顺序为: $P_{15}>P_0>P_{30}>HG>EH40-C$。

表 5-24　试样在质量分数 3.5% NaCl 溶液中浸泡 5 d 等效电路拟合结果

材料	$R_s/$ ($\Omega\cdot cm^2$)	Q_f		$R_f/$ ($\Omega\cdot cm^2$)	Q_{dl}		$R_{ct}/$ ($\Omega\cdot cm^2$)
		$Y_0/(\Omega^{-1}\cdot cm^{-2}\cdot s^n)$	n_f		$Y_0/(\Omega^{-1}\cdot cm^{-2}\cdot s^n)$	n_{dl}	
P_{30}	0.301 8	$1.597×10^{-4}$	1	172.3	$2.583×10^{-4}$	1	392.5
P_{15}	0.314 2	$1.45×10^{-4}$	1	3 571	$1.453×10^{-3}$	1	4 127

续　表

材料	$R_s/$ ($\Omega \cdot cm^2$)	Q_f		$R_f/$ ($\Omega \cdot cm^2$)	Q_{dl}		$R_{ct}/$ ($\Omega \cdot cm^2$)
		$Y_0/(\Omega^{-1} \cdot cm^{-2} \cdot s^n)$	n_f		$Y_0/(\Omega^{-1} \cdot cm^{-2} \cdot s^n)$	n_{dl}	
P_0	0.044	9.45×10^{-5}	0.6	2 648	1.076×10^{-4}	1	3 739
HG	0.294 9	7.745×10^{-5}	1	115.3	1.731×10^{-2}	0.419 3	101.8
EH40 – C	0.537 9	1.203×10^{-3}	0.789	5.478	3.519×10^{-2}	0.661 9	6.341

　　温度对 P_{15} 试样的耐腐蚀性具有较大影响,其电化学性能测试如图 5 - 40 所示。由图 5 - 40(b)可知,相比于 20℃,低温环境下,P_{15} 试样的阻抗弧半径明显增大,表明电化学过程阻碍变大,耐腐蚀性提高。根据 Tafel 外推法对图 5 - 40(a)进行拟合,结果见表 5 - 25。在 -40 ~ 20℃极化电阻会随着温度先增大后减小,而腐蚀电流会随温度先减小后增大。在对 P_{15} 试样进行 EIS 测试时发现,在 -40 ~ 20℃,试样呈现容抗特性,选用 R(QR)电路对 Bode 图进行拟合,结果见表

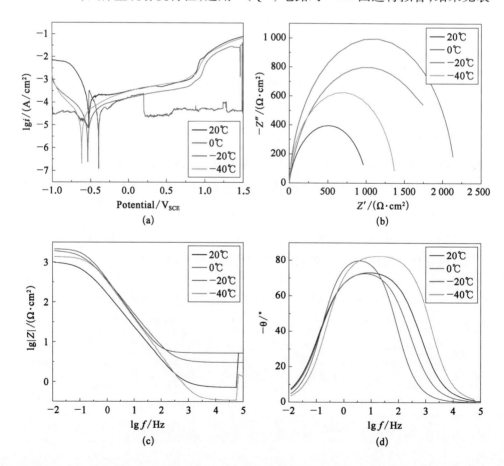

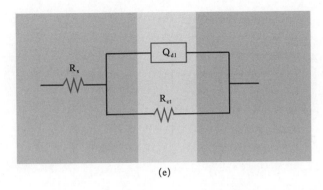

(e)

图 5-40　不同温度下 P_{15} 试样在质量分数 3.5% NaCl 溶液中浸泡 24 h 电化学测试

(a)极化曲线;(b) Nyquist;(c)、(d) Bode;(e)等效电路

5-26。电化学转移电阻的变化趋势为由小变大再减小,转移电子最大值出现在 0℃,阻抗大小为 2 159 Ω · cm²。

表 5-25　不同温度下 P_{15} 试样在质量分数 3.5% NaCl 溶液中浸泡 24 h 的极化曲线拟合结果

温度/℃	E_{corr}/mV	i_{corr}/($\mu A \cdot cm^{-2}$)	R_p/Ω	β_a/(V/dec)	β_c/(V/dec)
20	-524	249.2	189	1.23	8
0	-397	16.92	2 863.7	10.18	7.543
-20	-537	19.22	2 245.4	4.608	5.465
-40	-615	23.58	2 106.3	4.124	4.593

表 5-26　试样在质量分数 3.5% NaCl 溶液中浸泡 24 h 等效电路拟合结果

温度/℃	R_s/($\Omega \cdot cm^2$)	Q_{dl}		R_{ct}/($\Omega \cdot cm^2$)
		Y_0/($\Omega^{-1} \cdot cm^{-2} \cdot s^n$)	n_{dl}	
20℃	0.73	7.643×10^{-4}	0.846	1 011
0℃	0.529 7	4.661×10^{-4}	0.949 5	2 159
-20℃	0.305 6	5.789×10^{-4}	0.854 5	2 025
-40℃	0.564 1	9.716×10^{-3}	0.788 2	1 768

图 5-41 是 P_{15} 试样在-40℃的质量分数 3.5% NaCl 溶液中浸泡 30 d 的 XPS 光谱。样品表面的钝化膜主要以不同价态的氧化物、氢氧化物和水合物的

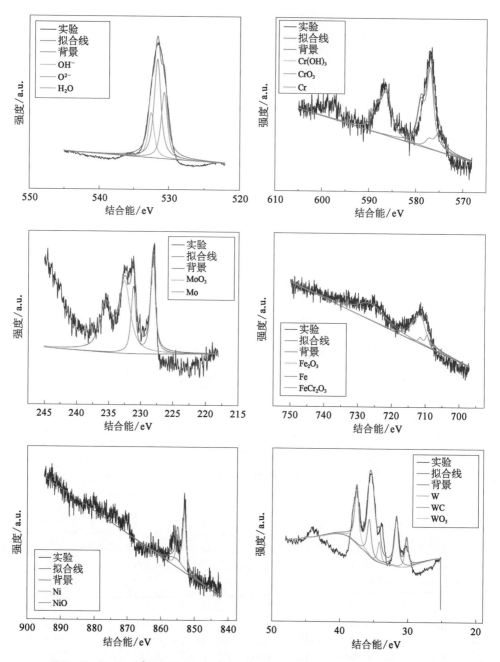

图 5 - 41 P_{15} 在-40℃的质量分数 3.5% NaCl 溶液中浸泡 30 d 的 XPS 光谱(见文末彩图)

形式稳定存在。一般情况下,合金的耐腐蚀性与钝化膜的形成、破坏(过钝化)和修复(再钝化)相关。通常 Cr、Mo、Fe、W、Ni 等元素在侵蚀离子的作用下,形成金属阳离子,并与 O 元素结合形成氧化膜。相关研究表明:Cr 氧化物的存在能有效提高涂层的耐腐蚀性,而 Mo 氧化物则可以提高涂层钝化能力和局部耐腐蚀性。XPS 结果表明:Cr2p 光谱主要由 Cr(OH)$_3$ 的峰(586.3 eV)、Cr$_2$O$_3$ 的峰(575.1 eV)和 Cr 的峰(577.0 eV)组成;O1s 光谱分为 3 个峰,即 H$_2$O 的峰(530.6 eV)、O^{2-} 的峰(531.6 eV)和 OH$^-$ 的峰(532.5 eV);Fe2p 光谱包含 Fe$_2$O$_3$ 的峰(711.4 eV)、FeCr$_2$O$_4$ 的峰(725.5 eV)和 Fe 的峰(709.5 eV);Mo3d 光谱包含 Mo 的峰(228.1 eV)和 MoO$_3$ 的峰(232.5 eV);Ni2p 光谱包含 Ni 的峰(853.0 eV)和 NiO 的峰(855.0 eV);W4f 光谱包含 W 的峰(31.7 eV)和 WO$_3$ 的峰(35.3 eV)。

图 5-42 为 P$_{15}$ 试样在-40℃的质量分数 3.5% NaCl 溶液中浸泡 30 d 的表面腐蚀形貌,图 5-42 显示 WC 与黏结相结合部位未出现明显的缝隙,WC 颗粒周围没有明显的电偶腐蚀迹象。但在金属氧化物和电位差的共同作用下,金属

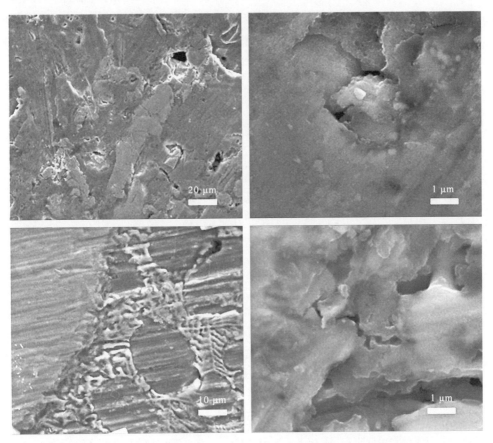

图 5-42　P$_{15}$ 在-40℃的质量分数 3.5% NaCl 溶液中浸泡 30 d 的表面腐蚀形貌图

涂层基体部位腐蚀严重,出现明显腐蚀孔洞和裂纹,腐蚀溶液会渗透到狭缝中,从而导致 WC 颗粒周围的基体被迅速腐蚀。在腐蚀的初始阶段,溶液中的腐蚀性 Cl^- 会将 Fe、Mo、Cr 原子中的电子剥离,形成不同价态的金属离子。因此,富 Cr、Mo、Fe 元素区域是首要攻击位点,但 XPS 的结果表明,腐蚀进行的同时,金属阳离子会与 O 形成氧化物,并附着在试样表面,增加腐蚀的阻力。

5.5   激光熔覆涂层的耐微生物腐蚀性

海洋面积广阔,环境复杂,但几乎每一个区域都有大量微生物的存在。自 1891 年盖瑞特首次报道了微生物会加速腐蚀以来,大部分研究者认为,微生物的存在会加速金属材料在海洋环境中的腐蚀。微生物腐蚀是由微生物附着在材料表面并形成生物被膜引起的。在海洋环境中,由于存在多种微生物,暴露的金属表面容易形成海洋微生物生物膜,提高了微生物腐蚀的可能性,给许多行业带来了巨大的经济损失。铜绿假单胞菌是一种海洋中常见的好氧型杆状细菌,并且广泛分布于土壤、沼泽等环境,它在代谢过程中会排出有机酸、CO_2 和 SO_4^{2-},能加速碳钢、不锈钢等多种材料的腐蚀。铜绿假单胞菌生物被膜及其代谢产物的形成导致合金元素的氧化和溶解,破坏了钝化膜,加速了点蚀的发生。

目前微生物腐蚀的研究主要还是依靠电化学手段,同时研究对象以微生物与钢铁材料形成的生物膜为主,在微生物新陈代谢的过程中,因微生物生命活动所产生的胞外分泌物(Extracellular Polymeric Substances,简称"EPS")是微生物附着腐蚀过程中的一个重要因素,主要由蛋白质、多糖、核酸和脂类等多种高分子物质组成。EPS 与金属离子的结合力能影响微生物腐蚀,因为它可以选择性地去除金属基体中的合金元素,尤其是高价金属离子如 Cu^{2+}、Mg^{2+} 和 Fe^{3+}。

5.5.1   实验材料与方法

本实验研究所采用的是海洋铜绿假单胞菌,铜绿假单胞菌(MCCC 1A00099)来自中国海洋微生物菌种保藏管理中心。

本实验采用的 2216E 培养基的主要成分为:每升溶液含 19.45 g NaCl、5.89 g $MgCl_2$、3.24 g Na_2SO_4、1.8 g $CaCl_2$、0.55 g KCl、0.16 g Na_2CO_3、0.08 g KBr、0.034 g $SrCl_2$、0.08 g $SrBr_2$、0.022 g H_3BO_3、0.004 g $NaSiO_3$、0.002 4 g NaF、0.001 6 g NH_4NO_3、0.008 g NaH_2PO_4、5.0 g 蛋白胨、1.0 g 酵母膏和 0.1 g

柠檬酸铁。培养基的更新周期为 5 d。

　　本实验采用的试样为激光熔覆 Co 基 HG 涂层材料、317L 不锈钢材料,由宝武钢铁集团有限公司提供,其成分见表 5 - 27。实验样品均采用线切割技术切割成 10 mm×10 mm×4 mm 的尺寸。

表 5 - 27　317L 不锈钢的成分(质量分数)　　　　　　单位:%

元素	C	Mn	Ni	Si	P	S	Cr	Fe
含量	0.03	2	11	1	0.045	0.03	18	Bal. 余量

　　实验采用 Gamry Reference 600 电化学工作站进行开路电位、电化学阻抗谱和极化曲线测试。电化学测试在 37℃ 的 2216E 培养基中连续进行 7 d(测试时间为 1 d、3 d、7 d)。测试采用经典的三电极体系,辅助电极为 Pt 电极(15 mm×15 mm×0.4 mm),参比电极为饱和甘汞电极,工作电极为用环氧树脂镶嵌的 Co 基合金和 317L 不锈钢试样,工作面积为 1 cm^2。使用线切割机将试样切割成 10 mm×10 mm×4 mm 的尺寸。工作面经 300#、600#、800#和 1 200#耐水 SiC 砂纸依次打磨,然后用 0.3 μm 氧化铝粉末进行抛光处理,丙酮超声除油,最后用乙醇冲洗、自然干燥待用。在电化学测试中,开路电位的检测时间为 2 000 s,线性极化的扫描范围为(开始电位±5) mV,扫描速率为 0.125 mV/s。电化学阻抗谱的扰动电压为 5 mV,频率范围为 $10^{-2} \sim 10^5$ Hz,测量结果用 ZSimpWin 软件进行拟合。电化学频率调制采用的基频为 0.01 Hz,输入信号幅值为 5 mV,扫描 4 圈。循环极化从开路电位以下 0.3 V 开始以 0.333 3 mV/s 的速率正向扫描,在电流密度达到 1 mA/cm^2 时反向扫描,当达到保护电位后停止。循环极化测试结束后,利用 Ultra Plus 场发射扫描电子显微镜观察在含铜绿假单胞菌的培养基中浸泡 7 d 后试样的生物膜形貌。拍摄前将浸泡后的 Co 基合金和 317L 不锈钢试样放入体积分数 2.5%的戊二醛溶液中浸泡 8 h 以固定生物膜。

　　为了分析铜绿假单胞菌新陈代谢活力与 Co 基涂层和 317L 不锈钢腐蚀之间的关系,通过失重法计算试样在一个微生物生长周期内的平均腐蚀重量差异。实验中试样浸泡腐蚀采用如下处理:首先在 200 mL 无菌培养基中加入 0.01 mL 菌液(O. D. 600 nm = 1.0),并将试样(10 mm×10 mm×4 mm)工作面经 300#、600#、800#和 1 200#耐水 SiC 砂纸依此打磨边角并打孔并用鱼线缓慢悬挂于有铜绿假单胞菌的培养基中。试样定期取出,依照 GB 5776—1986 标准清除腐蚀产物,称重记录数据。采用 BRUKERContourGT 3D 光学轮廓仪观察试样浸泡称重后的腐蚀点蚀形貌。

5.5.2 Co 基涂层与 317L 不锈钢浸泡菌液时电化学测试结果与分析

图 5-43 是浸泡于两种试样在铜绿假单胞菌中浸泡 7 d 的极化曲线图,可以看出,Co 的极化电位明显比 317L 的极化电位向正极偏移更多,可以得出在稳态腐蚀环境中,Co 基涂层更加耐腐蚀,表 5-28 列出了两种试样在铜绿假单胞菌中浸泡 7 d 的极化曲线拟合结果,通过比较腐蚀电流 I_{corr},可以得出 Co 基的腐蚀电流值更小,相对应的耐腐蚀能力更强。将测试的两组极化曲线数据经 Gamry Reference 600 电化学工作站自带的极化曲线拟合软件进行拟合,见表 5-28,从表中可以看到 Co 基涂层的腐蚀速率比 317L 不锈钢高 17 倍。

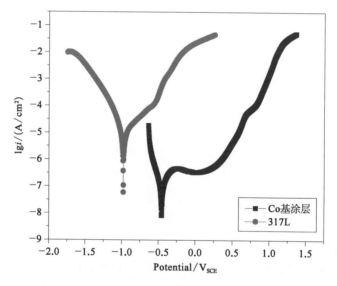

图 5-43 Co 基涂层与 317L 不锈钢在铜绿菌液中浸泡 7 d 的极化曲线图

表 5-28 两种试样在铜绿假交替单细胞菌中浸泡 7 d 的极化曲线拟合结果

试 样	$I_{corr}/\mu A$	E_{corr}/mV	$\beta_a/(V/10y)$	$\beta_c/(V/10y)$	腐蚀速率/(mil/y)
Co 基	0.408 9	-457.2	$1\ 546\times10^{-3}$	63.4×10^{-3}	4.747×10^{-3}
317L	6.107	-957.4	270×10^{-3}	171×10^{-3}	70.89×10^{-3}

图 5-44 是两种试样电化学阻抗谱图和 Bode 图及拟合电路图。一般而言,腐蚀电位的附近,电极表面阳极和阴极电流并存,当电极表面被钝化层或缓蚀剂覆盖时,铁离子就只能在局部区域穿透钝化层或缓蚀剂层形成阳极电流,从而导致不均匀的电流分布,引发弥散效应。对于 Co 基涂层而言,从 Nyquist 图

[图 5 - 44(a)]可以看出,容抗弧的直径在第 3 d 小幅变小,这说明 EPS 的存在,改变了试样在培养基中的腐蚀行为。在接下来的 7 d 内,容抗弧开始逐渐变小,其变化趋势与 317L 前 3 d 基本相同。从图 5 - 44(a)可以看出,容抗弧的直径随时间变化逐渐变小,这种趋势与低频段的阻抗值一致,这说明试样在培养基中腐蚀速率逐渐加快;而且从容抗弧逐渐变小的趋势来看,因弥散效应,试样表面随时间形成的腐蚀层在局部区域内阻碍了电荷的转移,同时可以进一步看出,试样浸泡在培养基中不同时间后的阻抗都应对 1 个时间常数。其中高频段的时间常数与沉积在试样表面的 EPS 有关,这说明沉积在试样表面的 EPS 参与了电

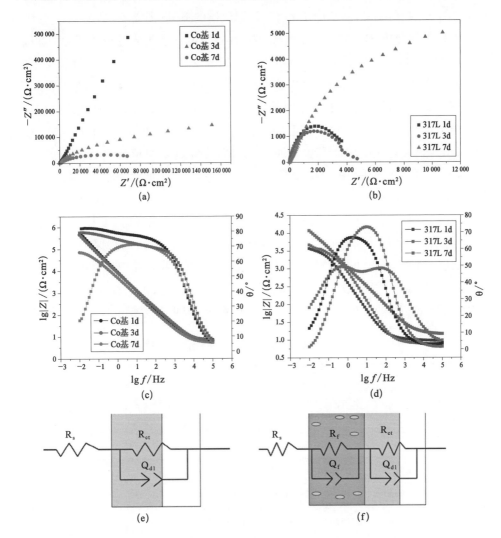

图 5 - 44　Co 基涂层与 317L 不锈钢在铜绿假单胞菌液中浸泡 7 d 的电化学阻抗及等效电路

(a) Co 基涂层 Nyquist 图;(b) 317L 钢 Nyquist 图;(c) Co 基涂层 Bode 图;(d) 317L Bode 图;
(e) Co 基涂层与 317L 在 1 d、3 d 拟合电路;(f) 317L 在 7 d 拟合电路

极反应,产生了吸附络合物等中间产物。从 Co 基的图像可以看出,随着 EPS 浓度进一步提高,试样在短期内的腐蚀受到抑制,但随着浸泡时间延长,高浓度的 EPS 加速了试样在海水中的腐蚀。

317L 试样在高浓度的 EPS 培养基溶液中,不同浸泡时间的电化学阻抗谱容抗特征变化十分显著[图 5-44(b)],而且从 317L 的 Nyquist 图上看,其容抗弧的直径变化趋势基本一致,在前 3 d 的时候都有明显的容抗特征,在先增大后大幅变小,然而在 7 d 的时候出现了极大半径的容抗弧,证明表面的微生物已形成具有一定耐腐蚀性的生物矿化膜,能有效地提高 317L 的耐腐蚀性。图 5-44 (c)与图 5-45(d)是 Co 基涂层和 317L 钢试样的 Bode 图谱。

根据上述分析,Co 基涂层和 317L 钢试样通过电化学测试,其电化学阻抗可以通过如图 5-44(e)(f)所示的等效电路图来拟合。其中,R_s 为工作电极和参比电极之间的溶液阻抗;R_{pf} 为电极表面膜阻抗;其值反应电场作用下离子在电极表面膜迁移时所受到阻力的大小与表面膜的致密性关系密切,R_{ct} 为工作电极的电荷转移电阻;Q_{dl} 为电极表面膜下双电层的常相位元件;Q_f 为电极表面膜的常相位元件,大小与膜层的介电性质有关。通过阻抗曲线经过软件拟合之后的数据如表 5-29 所示,Co 基涂层在菌液中浸泡 7 d 后,随着浸泡时间的增加,其 R_{ct} 逐渐降低,证明细菌腐蚀会对 Co 基表面随着时间的变化产生了较为严重的腐蚀。而 317L 前 3 d 的浸泡后,R_{ct} 几乎没有变化,证明在前 3 d 并没有对 317L 造成较为严重的腐蚀,而 7 d 后 R_{ct} 增加了很多,说明产生了耐腐蚀的生物膜,保护了 317L 的表面,使得腐蚀减慢。但从数值上来看,整体上 Co 基涂层的耐腐蚀性要高于 317L 的耐腐蚀性,虽然耐腐蚀性逐渐减弱,通过浸泡 7 d 后的数值来看,Co 基涂层的耐腐蚀性仍为 317L 的 4 倍。证明了 Co 基涂层对于 EH40 低温钢的保护作用显著。

表 5-29　两种试样在铜绿假交替单细胞菌中浸泡 7 d 的阻抗拟合结果

试样	$R_s/$ $(\Omega \cdot cm^2)$	Q_{dl}		$R_{ct}/$ $(\Omega \cdot cm^2)$	Q_f		$R_{ct}/$ $(\Omega \cdot cm^2)$
		$Y_0/(\Omega^{-1} \cdot cm^{-2} \cdot s^n)$	n_{dl}		$Y_0/(\Omega^{-1} \cdot cm^{-2} \cdot s^n)$	n_f	
Co 1 d	7.595	2.078×10^{-5}	0.87	8.65×10^{19}	–	–	–
Co 3 d	6.562	2.078×10^{-5}	0.81	2.43×10^{17}	–	–	–
Co 7 d	5.444	4.477×10^{-5}	0.79	9.09×10^4	–	–	–
317L 1 d	9.868	5.357×10^{-4}	0.80	3.94×10^3	–	–	–
317L 3 d	7.786	2.343×10^{-4}	0.85	3.80×10^3	–	–	–
317L 7 d	14.32	3.04×10^{-4}	0.76	1.58×10^4	3.33×10^{-4}	0.64	2.329×10^2

5.5.3　Co 基涂层与 317L 不锈钢浸泡菌液后的扫描电子显微表面形貌分析

　　由于海洋铜绿假单胞菌是一种在海洋和河口环境普遍存在的好氧类细菌,其在海洋中分布较广,具有金属腐蚀细菌的普遍特性,关键的是它极易在材料表面形成生物膜,所以本节实验将使用铜绿假单胞菌作为实验菌种进行附着腐蚀分析。图 5-45(a)是 Co 基试样悬挂于铜绿假单胞菌的培养基中 7 d 的表面细菌附着形貌扫描电子显微照片。从图中可以看出,试样浸泡 7 d 后,原本光滑的表面上附着了一些零星的细菌个体和少量的腐蚀产物。随着浸泡时间的增长,试样表面细菌显著变多,浸泡 7 d 后,可以观察到明显的胞外分泌物,同时试样表面的细菌菌落开始形成,不再是零星的个体。图 5-45(b)是 317L 试样悬挂于铜绿假单胞菌的培养基中 7 d 的表面细菌附着形貌扫描电子显微照片。试样浸泡 7 d 后,对照 Co 基试样上,表面形成了粗糙、几何状、不均匀的膜,附着了一些零星的细菌个体和少量的腐蚀产物,还有层状和带有裂纹的腐蚀产物膜。图中显示该膜具有一些裂缝和孔,以及一些细菌和絮凝物。

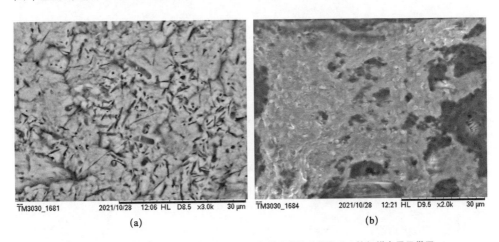

(a)　　　　　　　　　　　　　　　　　(b)

图 5-45　Co 基涂层与 317L 不锈钢在铜绿假单胞菌液中浸泡 7 d 的扫描电子显微图

(a) Co 基;(b) 317L

　　材料表面的菌落生成越来越多,一方面是由于附着在试样表面的细菌不断利用材料表面和溶液中的营养物质生长繁殖,另一方面是细菌的附着和新陈代谢使得材料表面状态发生了改变,细菌的附着变得越来越容易,这个过程中,生物膜逐渐形成,而且越来越厚,里面不仅仅是活的细菌,而且包括它们新陈代谢的产物和衰亡的细菌,这种复杂的结构使得材料与微生物之间形成了一种半生命、半活性的特殊复合界面结构。

图 5 - 46(a)是 Co 基试样在菌液中浸泡不同时间后,表面的能谱分析(EDS)谱图。由图可见,浸泡 7 d 后,试样表面的主要化学元素为 Fe、Ca、O 和少量的 P[图 5 - 46(c)]。试样表面还检测出 S 元素,而且 S 元素含量成倍增长。这种 S、P 生命元素的变化,说明材料表面的生物膜逐渐形成,而且氧化腐蚀逐渐加剧。

图 5 - 46(b)是 317L 试样表面在细菌培养基中表面形貌的扫描电镜图片。在钢表面上形成了典型的铁腐蚀产物,还有明显的矿物膜。腐蚀产物主要由氧化铁组成,而生物矿化膜元素能谱如图 5 - 46(d)所示。显然,在具有细菌细胞的培养基中形成的沉淀物具有相当不同的元素组成,主要有细菌有机物的主要

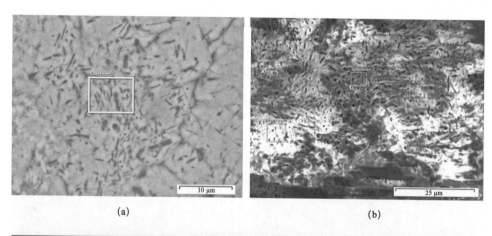

(a)   (b)

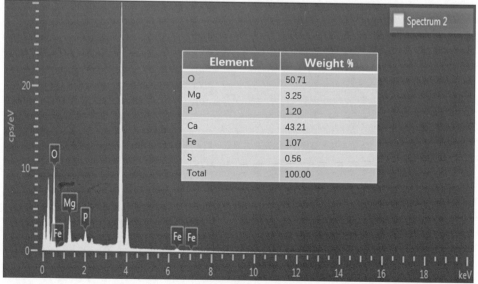

Element	Weight %
O	50.71
Mg	3.25
P	1.20
Ca	43.21
Fe	1.07
S	0.56
Total	100.00

(c)

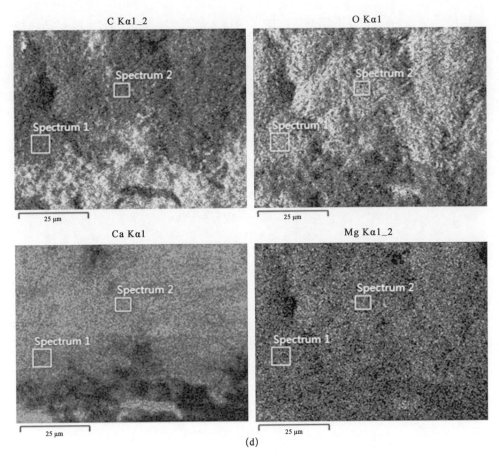

图 5-46　Co 基涂层与 317L 不锈钢在铜绿菌液中浸泡 7 d 的情况

(a) Co 基 EDS 谱图;(b) 317L SEM 图;(c) Co 基 EDS 能谱;(d) 317L EDS 面扫能谱

元素 C 和生物膜氧化形成的矿化生物膜元素 O。细菌生物体内残留的 Ca 元素
与 Mg 元素,证明腐蚀产物在 317L 表面腐蚀均匀,并产生了一些点蚀形貌。

5.5.4　Co 基涂层与 317L 不锈钢浸泡菌液后的腐蚀 3D 轮廓形貌

通过白光衍射实验,可以看到 Co 基涂层与 317L 不锈钢浸泡菌液后的腐蚀
3D 轮廓形貌,清楚地显示了凹坑大小和深度的变化。通过比较样品微生物腐蚀
表面的光学轮廓分析结果,可以观察和测量腐蚀坑或腐蚀表面的深度和密度来
评估两种试样的腐蚀表面特性。显而易见的,更多的点蚀和更深的凹坑导致耐
腐蚀性差。图 5-47 为去除生物矿化和腐蚀产物后的点蚀形态的光学轮廓图。
在含有铜绿假单胞菌的海水中浸泡后,Co 基涂层表面几乎没有点蚀坑洞[图 5-
47(a)],且整体表面较光滑,说明 Co 基涂层在微生物培养基环境中有极好的耐

腐性能。然而,在 317L 不锈钢表面的点蚀坑大而且多[图 5 - 47(b)]。腐蚀坑变深变大变多明显是由于缺乏矿化导致的,317L 形成的微生物矿化膜的形成不足以使得材料产生足够的耐腐蚀强度,并生成了不均匀的点蚀形貌。从 3D 形貌上来看[图 5 - 47(c)、(d)],Co 基涂层表面较为平整,有较均匀细致的竖纹,而 317L 表面的点蚀深度平均为 25 μm。平均的孔洞直径为 100 μm。

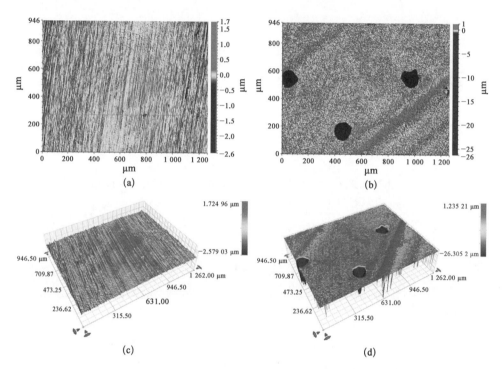

图 5‑47　Co 基涂层与 317L 不锈钢在铜绿假单胞菌液中浸泡 7 d 的腐蚀形貌

（a）Co 基；（b）317L；（c）Co 基 3D；（d）317L 3D

5.5.5　Co 基涂层与 317L 不锈钢浸泡菌液后的失重分析

通过 Co 基涂层与 317L 不锈钢浸泡菌液后的失重分析,可以有效得出铜绿假单胞菌对于浸泡 7 d 的 Co 基涂层与 317L 不锈钢的具体腐蚀量。图 5 - 48 显示,两种试样分别做了三组对照实验,得出的结论是:微生物腐蚀对于两种试样的腐蚀重量影响较小,Co 基涂层损失了大约 3.4 mg,误差约在 0.8 mg 之间;317L 损失了 2.2 mg,误差约在 0.6 mg 之间。铜绿假单胞菌在海洋环境中对于两种试样的腐蚀重量微乎其微,但由其引起的点蚀、均匀腐蚀等缺陷会使得试样失效更快。

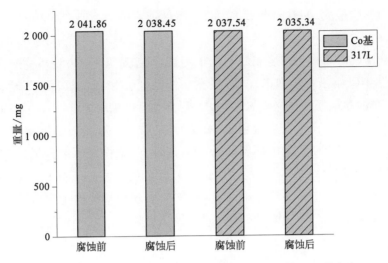

图 5-48　Co 基涂层与 317L 不锈钢在铜绿假单胞菌液中浸泡 7 d 的失重

5.6　小结

本章讨论了采用激光熔覆技术制备的 Co 基涂层(HG)、Ni+30%WC(P_{30})、Ni+15%WC(P_{15})和 Ni 基合金涂层(P_0)对 EH40-C 基体钢力学性能的影响,并研究了涂层的耐磨、耐腐蚀性,从微观角度发现了 WC 对 Ni 基涂层的增强机理。涂层中的物相有 γ-Fe、γ-Ni、γ-Co 及碳化物($M_{23}C_6$)、WC、Ni_4W 和 Cr_2Ni_3;Ni 基涂层 WC 含量越高,颗粒沉底现象越明显,涂层与基体的元素扩散越明显。

对四种试样进行力学性能测试发现,常温下,HG 的屈服强度和抗拉强度要高于 P_0、P_{15} 和 P_{30},但 Ni 基涂层的韧性更好。Ni 基涂层随着 WC 含量的增加,抗拉强度和屈服强度有先上升后下降的趋势,而涂层的韧性会随着 WC 含量的增加而增加;对试样进行的低温冲击试验中发现,低温对金属材料的抗冲击性有很大的负面影响。并且,在同一试样中,试样带涂层的冲击功要明显小于试样不带涂层的冲击功,表明涂层对试样的抗冲击性有一定的负面影响。Ni 基涂层 WC 含量越高,硬度越大,而 HG 的硬度高于 P_0,低于 P_{15}、P_{30} 涂层。

在低温干摩擦环境下,Ni 基涂层中 WC 含量越高,涂层硬度越大,但摩擦系数也越大。从磨损量的角度看,P_{15} 试样的磨损量为 0.1181 mm^3,表现出最好的耐磨性。HG 的耐磨性高于 P_0,低于 P_{15}、P_{30} 涂层。通过磨痕形貌分析发现,P_{15} 试样的磨损主要以黏结磨损为主;在质量分数 3.5% NaCl 溶液中低温湿摩擦发现,冰层能有效减少涂层的磨损,但冰层覆盖的不均匀性和不稳定性,对试样的摩擦行为影响很大;探究温度对 P_{15} 的摩擦性能影响时发现,温度越低,摩擦系数越高,磨损越严重。

对试样进行两种不同溶液的电化学测试,结果显示:-40℃ 环境下,试样在 0.5 mol/L HCl 溶液中浸泡 5 d,HG 的耐腐蚀性低于 Ni 基涂层,而 Ni 基涂层中,P_{15} 的耐腐蚀性最好。在探究温度对 P_{15} 耐腐蚀性影响时发现,P_{15} 在-20℃ 环境下耐腐蚀性最好。浸泡试验表明,试样表面有 Cr、Mo 等元素的氧化物附着,并且 WC 颗粒周围有明显的电偶腐蚀;-40℃ 环境下,试样在质量分数 3.5% NaCl 溶液中浸泡 5 d,同样发现 P_{15} 的耐腐蚀性最好。但研究温度对 P_{15} 试样的耐腐蚀性影响时发现,在 NaCl 溶液中,P_{15} 在 0℃ 时表现出最佳的耐腐蚀性。浸泡实验表明,试样表面有 Cr、Mo、Fe 等元素的氧化物附着,WC 颗粒周围没有明显的电偶腐蚀。

参考文献

[1] Xu Y, Chen H, Fan L, et al. Microstructure and wear resistance of spherical tungsten carbide rein-forced cobalt-based composite coating[J]. Materials Express, 2021, 11(2): 233 – 239.

[2] Deschuyteneer, D., Gonon, et al. Influence of large particle size-up to 1.2 mm-and morphology on wear resistance in NiCrBSi/WC laser cladded composite coatings [J]. Surface & Coatings Technology, 2017, 311: 365 – 373.

[3] Boussaha E H, Aouici S, Aouici H, et al. Study of Powder Particle Size Effect on Microstructural and Geometrical Features of Laser Claddings Using Response Surface Methodology RSM[J]. 2019, 11: 99 – 116.

[4] Chen S, Liu S Y, Wang Y, et al. Microstructure and Properties of HVOF-Sprayed NiCrAlY Coatings Modified by Rare Earth[J]. Journal of Thermal Spray Technology, 2014, 23(5): 809 – 817.

[5] Yang F, Guo J, Xiu F C, et al. Effect of Nb and CeO_2 on the mechanical and tribology properties of Co-based cladding coatings[J]. Surface & Coatings Technology, 2016, 288: 25 – 29.

[6] Hu Z L, Pang Q, Ji G Q, et al. Mechanical behaviors and energy absorption properties of Y/Cr and Ce/Cr coated open-cell nickel-based alloy foams[J]. Rare Metals, 2018, 37 (8): 650 – 661.

[7] Weng F, Yu H, Chen C, et al. Microstructure and property of composite coatings on titanium alloy deposited by laser cladding with Co42 + TiN mixed powders[J]. Journal of Alloys & Compounds, 2016, 686: 74 – 81.

[8] Tao Q, Wang J, Galindo-Nava E I. Effect of low-temperature tempering on confined precipitation and mechanical properties of carburised steels [J]. Materials Science and Engineering: A, 2021, 822: 141688 – 141697.

[9] Xu L, Liang C, Sun W. Effects of soaking and tempering temperature on microstructure and mechanical properties of 65Si2MnWE spring steel[J]. Vacuum, 2018, 154: 322 – 332.

[10] Wang W, Yan R, Xu L. Effect of Tensile-Strain Rate on Mechanical Properties of High-Strength Q460 Steel at Elevated Temperatures[J]. Journal of Materials in Civil Engineering, 2020, 32(7): 04020188.

[11] Zhiwei, Dong, Zhiwu, et al. On the Supplementation of Magnesium and Usage of

Ultrasound Stirring for Fabricating in Situ TiB2/A356 Composites with Improved Mechanical Properties[J]. Metallurgical and Materials Transactions, 2018, 49(11): 5585 – 5598.

[12]　薛彦庆,李博,王新亮,等. 微合金化对 TiB2 颗粒增强铝基复合材料微观组织和力学性能影响的研究进展[J]. 材料工程,2021,49(11): 51 – 61.

[13]　孔韦海,陈学东,陈勇等. 应变强化对 S30408 奥氏体不锈钢低温冲击性的影响[J]. 压力容器,2015,32(7): 1 – 7.

[14]　Malarr A J, Sade M, Lovey F. Microstructural evolution in the pseudoelastic cycling of Cu-Zn-Al single crystals: behavior at a transition stage[J]. Materials Science & Engineering A, 2001, 308(1 – 2): 88 – 100.

[15]　张世英,郭金,张伟强. 40CrNi2Mo 钢的低温力学性能[J]. 机械工程材料,2010(11): 79 – 82.

[16]　Peng Y, Zhang W, Li T, et al. Effect of WC content on microstructures and mechanical properties of FeCoCrNi high-entropy alloy/WC composite coatings by plasma cladding[J]. Surface and Coatings Technology, 2020, 385: 125326.

[17]　Shi M, Pang S, Zhang T. Towards improved integrated properties in FeCrPCB bulk metallic glasses by Cr addition[J]. Intermetallics, 2015, 61: 16 – 20.

[18]　Guo C, Zhou J, Zhao J, et al. Effect of ZrB2 on the Microstructure and Wear Resistance of Ni-Based Composite Coating Produced on Pure Ti by Laser Cladding [J]. Tribology Transactions, 2010, 54(1): 80 – 86.

[19]　程前. 镍基碳化铌涂层摩擦磨损性能研究[D]. 上海：上海海事大学,2021.

[20]　Fan L, Dong Y, Chen H, et al. Wear Properties of Plasma Transferred Arc Fe-based Coatings Reinforced by Spherical WC Particles [J]. Journal of Wuhan University of Technology—Materials Science Edition, 2019, 34: 433 – 439.

[21]　Karimzadeh, Aliofkhazraei, Rouhaghdam, et al. Study on wear and corrosion properties of functionally graded nickel-cobalt-(Al_2O_3) coatings produced by pulse electrode position [J]. Bulletin of Materials Science, 2019, 42(2): 1 – 11.

[22]　于坤,祁文军,李志勤. TA15 表面激光熔覆镍基和钴基涂层组织和性能对比研究[J]. 材料导报,2021,35(6): 6135 – 6139.

[23]　Xiao-Hong Y, Wen-Xian H, Shao-Gang Q, et al. Microstructure and wear properties of Co-based composite coatings on H13 steel surface by laser cladding[J]. Journal of Jilin University (Engineering and Technology Edition), 2017, 47(3): 891 – 899.

[24]　迟静,王淑峰,李敏,等. WC 与 TiC 复合增强镍基涂层的组织和性能[J]. 中国表面工程,2021,34(1): 85 – 96.

[25]　Hirvonen J P, Koskinen J, Jervis J R, et al. Present progress in the development of low friction coatings[J]. Surface and Coatings Technology, 1996, 80(1 – 2): 139 – 150.

[26]　王鸿灵,阎逢元. 一种高碳钢低温干摩擦行为的研究[J]. 摩擦学学报,2008,28(5): 469 – 474.

[27]　Badisch E, Stoiber M, Fontalvo G A, et al. Low-friction PACVD TiN coatings: influence of Cl-content and testing conditions on the tribological properties [J]. Surface & Coatings Technology, 2003, 174: 450 – 454.

[28]　Ahn, Hyungjun, Lee, et al. Low-Temperature Performance of Seal Coat[J]. Journal of Testing and Evaluation: A Multidisciplinary Forum for Applied Sciences and Engineering, 2016, 44(3): 1194 – 1204.

[29]　范丽,陈海龑,董耀华,等. 激光熔覆铁基合金涂层在 HCl 溶液中的腐蚀行为[J]. 金属学报,2018, 54(7): 1019 – 1030.

[30]　Wang J, Zhang L F. Effects of cold deformation on electrochemical corrosion behaviors of 304 stainless steel[J]. Anti-Corrosion Methods and Materials, 2017, 64(2): 252 – 262.

[31]　杨启志,王俊英. WC 添加量对 Ni 基复合涂层结构和耐腐蚀性的影响[J]. 江苏大学学报：自然科学版,2003,24(2): 58 – 61.

[32]　H Wang, H Lu, Song X, et al. Corrosion resistance enhancement of WC cermet coating by carbides alloying[J]. Corrosion Science, 2019, 147: 372 – 383.

[33]　吴向清,胡慧玲,谢发勤,等. 等离子喷涂镍基合金涂层的组织与耐腐蚀性[J]. 中国表

150极地环境服役材料与表面防护技术

面工程,2011,24(5):13 - 17.

[34] Sun Y P, Wang Z, Yang H J, et al. Effects of the element La on the corrosion properties of CrMnFeNi high entropy alloys[J]. Journal of Alloys and Compounds, 2020, 842: 155825 - 155834.

[35] Rt A, Grj, Hu Z A, et al. The influence of electrodeposited Ni-Co alloy coating microstructure on CO_2 corrosion resistance on X65 steel - ScienceDirect[J]. Corrosion Science, 2020, 167: 108485 - 108496.

[36] Zheng J Q, Hua G L, Min G W, et al. Effect of Temperature and Dissolved Oxygen on Corrosion Properties of 304 Stainless Steel in Seawater[J]. Corrosion & Protection, 2011, 32(9): 708 - 711.

[37] 臧启山. 频率、pH 值和温度对 A537 海洋用钢腐蚀疲劳性能的影响[J]. 腐蚀科学与防护技术,1989,1(2): 10 - 14.

[38] 郎丰军,阮伟慧,李谋成,等. 温度对 316L 不锈钢耐海水腐蚀性能的影响[J]. 腐蚀科学与防护技术,2012,24(1): 61 - 64.

[39] Qing Q U, Yan C, Zhang L, et al. Influence of NaCl Deposition on Atmospheric Corrosion of A3 Steel[J]. Journal of Materials Science & Technology, 2002, 18(6): 552 - 555.

[40] Wu Q, Li W, Zhong N. Corrosion behavior of TiC particle-reinforced 304 stainless steel [J]. Corrosion Science, 2011, 53(12): 4258 - 4264.

[41] Jing Y, Bo S. Friction and wear behavior of a Ni-based alloy coating fabricated using a multistep induction cladding technique[J]. Results in Physics, 2018, 11: 105 - 111.

[42] 马浩然. Fe 基非晶涂层的制备及其耐磨防腐性能研究[D]. 上海: 上海大学,2016.

[43] Jinlong L, Hongyun L. Electrochemical investigation of passive film in pre-deformation AISI 304 stainless steels[J]. Applied Surface Science, 2012, 263: 29 - 37.

[44] 徐宇荣. 低温钢表面激光熔覆涂层耐磨耐腐蚀性研究[D]. 上海: 上海海事大学,2022.

[45] Yurong Xu, Haiyan Chen, Li Fan, et al. Microstructure and wear resistance of spherical tungsten carbide reinforced cobalt-based composite coating[J]. Materials Express, 2021, 11(2): 233 - 239.

[46] QiZheng Cao, Li Fan, Haiyan Chen, et al. Corrosion behavior of WC-Co coating by plasma transferred arc on EH40 steel in low-temperature [J]. High Temperature Materials and Processes, 2022, 41: 191 - 205.

[47] Xinwang Wang, Li Fan, Yurong Xu, et al. Low-temperature corrosion behavior of laser cladding metal-based alloy coatings on EH40 high-strength steel for icebreaker[J]. High Temperature Materials and Processes, 2022, 41: 434 - 448(SCI).

[48] Qizheng Cao, Li Fan, Haiyan Chen, et al. Wear behavior of laser cladded WC-reinforced Ni-based coatings under low temperature[J]. Tribology International, 2022, 176: 107939.

第6章 极地服役低温钢表面等离子堆焊涂层与激光熔覆涂层的性能比较

    不同的表面处理技术及工艺有不同的特点。总体来说,激光熔覆适用于不同的基体材料,如碳钢、合金钢、铸铁、铝合金、铜合金等,并且对熔覆材料基本无限制,熔覆的粉末可以是 Ni 基、Co 基、Fe 基合金及陶瓷材料等,选择相对比较广泛。激光熔覆涂层的组织结构致密,裂纹、孔洞等微观缺陷少,有利于提高材料表面的耐磨、耐腐蚀等性能。等离子堆焊技术使用的合金范围广,具有较低的稀释率,堆焊涂层的质量高,设备价格相对便宜,操作便捷,对操作工人要求较低。目前对激光熔覆和等离子堆焊这两种技术制备同一涂层的研究较少,从而制约了涂层制备工艺的选择。

    本章节以 Co 基和 Ni 基合金粉末为材料,分别采用激光熔覆和等离子堆焊技术,在极地服役低温钢表面制备四组对比涂层:激光熔覆 Co 基和 Ni 基涂层,等离子堆焊 Co 基和 Ni 基涂层。主要内容可以分为以下几个部分:

    (1)对四组涂层进行金相观察对比,射线衍射分析。

    (2)对制备涂层进行显微硬度对比,结合四种涂层的组织表征,分析涂层产生不同显微硬度的原因。

    (3)对四组涂层进行−20℃的低温摩擦磨损试验,对不同工艺下 Co 基和 Ni 基涂层的耐磨性进行分析和对比。

6.1 样品制备与性能表征

6.1.1 试验材料与样品制备

    选用极寒环境船用钢板作为基体材料,样品尺寸为 150 mm×150 mm×

15 mm,其化学组成见表6－1。试验前,需要对低温钢板表面打磨抛光。通常先用320号砂纸对堆焊面打磨处理来除去锈层和氧化膜,在喷砂过后用有机溶剂除去钢板上残留的油污。试验选用的Ni基合金、Co基合金粉末由赫格纳斯生产,两种合金粉末的化学成分由厂商提供,见表6－2、表6－3。

表6－1 极寒环境船用钢板的化学成分(质量分数)   单位:%

C	P	Mn	S	Al	Si	Cr Ni Mo Cu	Nb Ti
0.053	0.011	1.2	0.002	0.041	0.18	添加	添加

表6－2 Ni基合金粉末化学成分(质量分数)   单位:%

C	P	Mo	W	Fe	Mn	Cr	Si	Ni
0.14	0.025	18.0	5.5	4.0	1.5	17.0	0.8	Bal. 余量

表6－3 Co基合金粉末化学成分(质量分数)   单位:%

C	Mo	W	Ni	Fe	Cr	Si	Co
0.1	6.0	2.5	10.0	3.5	28.0	1.0	Bal. 余量

利用扫描电子显微镜和激光粒度仪对试验中用到的两种粉末进行微观形貌和粒度的表征,图6－1和图6－2展示了Ni基合金、Co基合金粉末的微观形貌及粒度分布。两种粉末颗粒都为球形,颗粒饱满,没有出现碎块。利用激光粒度仪分析,得到了球形Ni基合金粉末和Co基合金粉末的粒度分布。根据两种粉体的粒度分布情况图可以看出,Ni基合金粉末粒径约为120 μm,Co基合金粉末的粒径约为130 μm。两种粉体的微观结构呈球形并且粒度大小符合等离

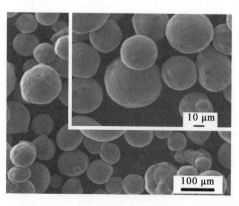
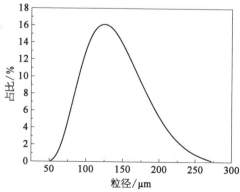

图6－1 Co基合金粉末的微观形貌及粒度分布

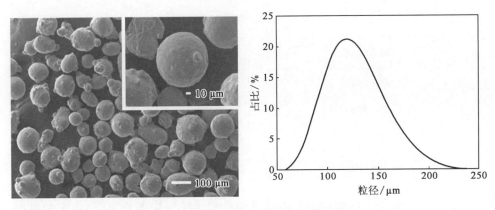

图 6-2　Ni 基合金粉末的微观形貌及粒度分布

子堆焊和激光熔覆工艺的理想水平,在堆焊和熔覆过程中流动性好,有助于进一步提升涂层的质量。

　　利用等离子堆焊工艺和激光熔覆工艺,在极寒船用钢板上涂覆一层硬质涂层。所选设备为圣戈班公司生产的 PTA-PHE 型等离子堆焊机和上海光机所生产研制的 HJ-3KW 横流 CO_2 激光器。熔覆材料为赫格纳斯生产的 Ni 基合金粉末和 Co 基合金粉末,分别利用两种工艺共制备出四种涂层,四种涂层的命名见表 6-4。等离子堆焊机和横流 CO_2 激光器操作的运行数据设置见表 6-5 和表 6-6。

表 6-4　四种涂层的命名方式

样 品 编 号	熔 覆 材 料	制 备 工 艺
LC-Co	Co 基合金	激光熔覆
PTA-Co	Co 基合金	等离子堆焊
LC-Ni	Ni 基合金	激光熔覆
PTA-Ni	Ni 基合金	等离子堆焊

表 6-5　等离子堆焊工艺参数

项　　　目	参　　　数
速度	120 mm/mm
送粉率	25 g/min
摆动幅度	20 mm
维弧电压	30~40 V
维弧电流	120~150 A

表 6-6 激光熔覆工艺参数

项　目	参　数
激光功率	900 W
扫描速度	6 mm/s
搭接率	30%
光斑直径	2 mm

等离子堆焊设备在焊接流程中提供的高集中能量束能量极高,巨大的热应力会使钢材发生形变,造成缺陷。为了减少残余应力带来的影响,焊前需要将低温钢在400℃下保温2 h来降低堆焊过程中温度急剧上升带来的危害,避免钢板报废。另外,等离子堆焊结束后,为防止因冷却过快而导致涂层发生开裂的现象,需要将温度较高的工件放在蛭石粉中,以较慢的速率冷却至常温。样品宏观图如图6-3所示。

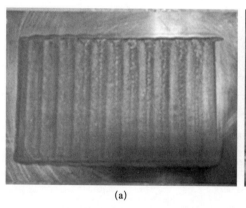 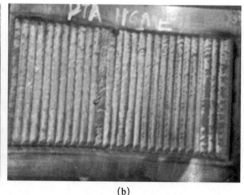

(a)   (b)

图6-3 制备样品

(a) 激光熔覆样品;(b) 等离子堆焊样品

采用单向走丝电火花线切割机对已做过平面磨的样品开始加工。单向走丝的原理是:以铜线作为其中一个电极,以加工材料作为另一个电极,两电极之间施加60~300 V的脉冲电压,脉冲间隙为5~50 μm,在此间隙中加入去离子水或其他类型的绝缘介质,这会让两个电极之间产生电火花,由于铜线是以小于0.2 m/s的速度单向运动的,所以铜线和被加工材料都会产生消耗,在材料的表面会产生大量的小坑,因此样品还需要再次被打磨抛光。为了选取到组织结构均匀、性能良好的涂层,线切割时要避开两头的起弧和收弧处,因为这些部位常常会存在氧化、孔隙和裂纹,要按照图 6-4 所示取样。利用电火花切割机切割后的样品需要经过不同级别的砂纸进行打磨抛光。

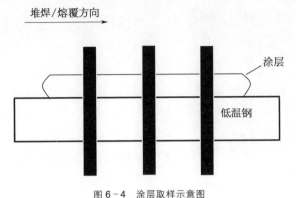

图 6-4　涂层取样示意图

6.1.2　涂层的性能表征

　　为了研究由两种工艺制备的 Ni 基和 Co 基涂层的组织结构,需要对其微观形貌进行观察。观察面选取侧面和表面,侧面抛光面的大小为 10 mm×10 mm,如图 6-5 所示。分别用 150#、500#、800#、1 500#的砂纸逐步打磨,然后在抛光布上抛光。用配好的王水对样品进行腐蚀,腐蚀好的样品用 JEOL JSM7500F 型场发射扫描电子显微镜观察微观形貌,并进行微区 X 射线能谱分析。扫描电子显微镜主要是来观测基体和涂层的结合情况,以及涂层组织结构,能谱分析能够辅助判断微观结构的元素组成,从而对涂层性能拥有初步认识。

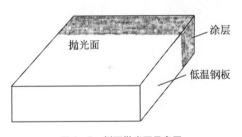

图 6-5　侧面抛光面示意图

　　物相分析所用样品尺寸为 20 mm×20 mm×5 mm,按照上述抛光流程抛光后,进行物相分析。X 射线衍射是目前研究涂层内部成分的一种有效手段,常常用来研究涂层的物相组成。使用 X 射线衍射对 Ni 基和 Co 基涂层进行物相分析,将测得数据衍射峰强度与标准卡对比,来确定涂层是由哪些物相组成的,并得出相应的结果。研究中使用的物相分析仪器为 X-Pert Pro 型 X 射线衍射仪,采用的是 Kα 射线,电流 40 mA,加速电压 40 kV,扫描角度为 10°~90°。

　　使用 Shimadzu HMV-2000 维氏硬度测定仪器测定涂层的剖面硬度,研究

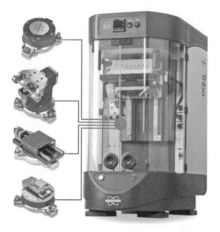

图6-6 摩擦磨损试验机

硬度的梯度变化。研究对象为涂层中 Ni 基组织、Co 基涂层及基体材料。试验载荷为 200 g,加载时间为 15 s。

摩擦磨损试验主要在图 6-6 所示的布鲁克公司生产的 UMT-3 TriboLab 型多功能擦磨损试验机上开展。该设备采用模块化概念设计,底盘系统集成单一高扭矩电机,可以提供全量程的速度和扭矩,并在同一平台上运行互换模块驱动,实现几乎所有的摩擦磨损试验,电机能提供 0~5 000 rpm 的高扭矩速度,通过更换传感器单元可以实现 0.001 N~100 KN 的加载力。

摩擦磨损试验在-20℃进行,摩擦试验为干摩擦,在原有的摩擦试验模块基础上,加装低温摩擦模块和腐蚀摩擦单元,以完成对船用钢板的各项摩擦试验,各模块装置如图 6-7 所示。

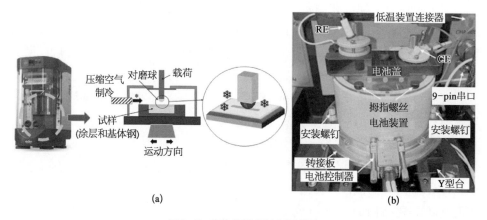

图6-7 摩擦磨损试验机试验模块
(a)低温摩擦模块;(b)电化学摩擦模块

干摩擦试验采用的 UMT-3 TriboLab 模块中的往复运动试验模块进行干态往复摩擦试验,试验载荷分别为 50 N,往复频率为 2 Hz,滑动幅度为 5 mm,滑动速度为 20 mm/s。接触方式为球-面接触,对磨球摩擦副选用直径为 8 mmWC 硬质合金球(硬度 1 800 $HV_{0.2}$),每次往复试验时间 1 h,试验环境温度为(20±2)℃,相对湿度为(65±5)%。

为测试低温下的摩擦性能,对布鲁克公司生产的 UMT-3 TriboLab 型多功能摩擦磨损试验机的往复摩擦试验模块进行了改装,改装后低温摩擦腔结构如

图 6-8 所示。为保证试验环境的一致性,该装置中使用的压缩空气必须经过干燥除湿处理,干燥后的空气经过低温压缩制冷单元降温,然后流入低温腔,可以控制低温腔内的温度在-40℃至室温之间,安装在侧壁的温度传感器可以实时测量腔内温度并将其反馈至摩擦磨损试验机和低温制冷单元,通过闭环控制可以保证低温腔温度稳定在设定值,误差为±0.5%。采用的试验环境温度为-20℃;试验载荷分别为 50 N;往复频率为 2 Hz,滑动幅度为 5 mm。测试表面接触方式为球-面接触,对偶球选用直径为 8 mm 的 WC 硬质合金球,往复试验时间 60 min。

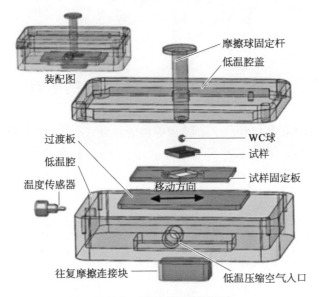

图 6-8　低温摩擦装置示意图

　　所有摩擦磨损前后的试样表面形貌经抛光后,在白光干涉仪观察表面形貌,获取磨痕的表面三维形貌、粗糙度、截面轮廓等数据,白光干涉仪用先进的 64 位多核操作和分析处理软件,拥有超大视野内亚埃级至毫米级的垂直计量范围,样品安装灵活。其测定原理如图 6-9(a)所示:光源经过分光镜分成两束光,分别投射到样品和参考镜的表面。从这两个表面反射的两束光会再次通过分光镜,然后合成一束光,并由成像系统在 CCD 传感器的感光面形成两个叠加的像。两束光相互干涉,从而在 CCD 传感器感光面形成明暗相间的干涉条纹。干涉条纹的亮度则取决于两束光的光程差,因此可以根据干涉条纹的明暗度来解析所测样品的相对高度,同时生成如图 6-9(b)所示的磨痕 3D 形貌图,用来表征涂层磨痕在深度方向上的变化,从而解释磨损机理。

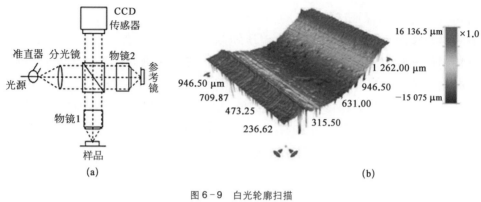

图 6-9　白光轮廓扫描

(a) 白光干涉原理;(b) 涂层磨痕 3D 形貌

6.2　不同工艺对 Co 基涂层显微组织结构的影响

　　对激光熔覆 Co 基(LC-Co)涂层和等离子堆焊 Co 基(PTA-Co)涂层进行 X 射线衍射测试,测试结果如图 6-10 所示,激光熔覆法和等离子堆焊法制备的 Co 基涂层的衍射峰相似,两者的主要相为 γ-Co、Cr_7C_3、$Ni_{17}W_3$。生成的碳化物 Cr_7C_3 拥有较高硬度,可以优化涂层的耐磨性。

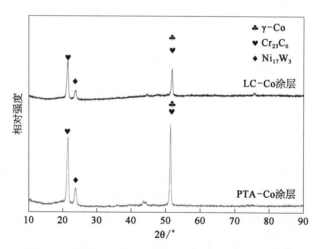

图 6-10　激光熔覆及等离子堆焊 Co 基涂层的 X 射线衍射图谱

　　图 6-11 和图 6-12 展现了 LC-Co 和 PTA-Co 涂层的表面形貌。两种涂层表面光滑,无气孔和裂纹,表明所制备的涂层质量优良。图 6-11(b)和图 6-12(b)是两种涂层表面区域的高倍放大图,从图中可看出晶界上相分布形成的共晶组织,而枝晶区被认为是 Co 基固溶体。表 6-7 和表 6-8 中的能谱分析证实枝晶

区和晶间区的相分别为富 Co 区和富 Cr 区。与 X 射线衍射结果相结合可以推测出,Co 基固溶体具有面心立方结构,未发现体心立方或密排六方结构,富铬区被鉴定为 Cr_7C_3。另外,图 6-11(b) 中的晶间区域间隙比图 6-12(b) 中的大得多,为了检测是否存在其他共晶组织,用扫描电子显微镜放大图 6-12(b) 的枝晶间区域,图像如图 6-13 所示。

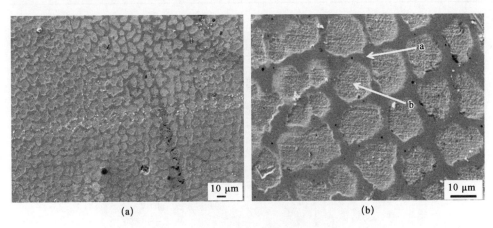

(a)　　　　　　　　　　　　　　　　(b)

图 6-11　激光熔覆 Co 基涂层表面形貌

(a) 低倍放大;(b) 高倍放大

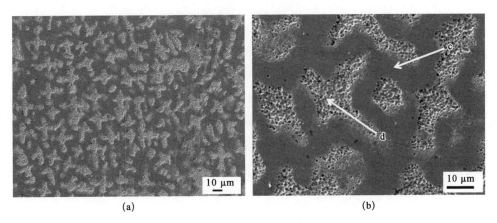

(a)　　　　　　　　　　　　　　　　(b)

图 6-12　等离子堆焊 Co 基涂层表面形貌

(a) 低倍放大;(b) 高倍放大

表 6-7　激光熔覆 Co 基涂层不同区域的能谱分析

元素	Co	Cr	Ni	Fe	Mo	C	Mn	W	Si
结构 a	18.84	53.44	8.88	6.72	1.23	7.65	0.82	2.08	0.34
结构 b	39.35	20.86	5.99	13.01	3.26	14.88	–	2.12	0.53

表6-8　等离子堆焊Co基涂层不同区域的能谱分析

元素	Co	Cr	Ni	Fe	Mo	C	Mn	W	Si
结构c	19.1	52.2	7.0	4.1	3.1	4.8	0.7	7.8	1.1
结构d	40.8	23.2	8.8	4.8	1.4	15.9	0.8	3.6	0.8

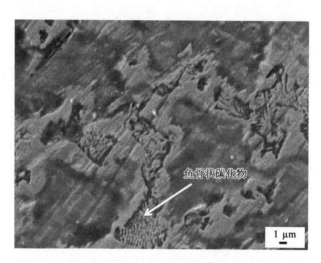

图6-13　PTA-Co涂层晶间放大区域

　　图6-13显示了在共晶组织中形成的鱼骨型组织,鱼骨型组织的邻近相是Cr_7C_3碳化物。共晶化合物具有不同的形态,如平行的短棒状、球状、花瓣状、鱼骨状等,相应化合物的含量随形态的变化而变化。在表6-7中,Co、Cr、W元素也占很小的比例。由于在凝固过程中,C、Cr和W聚集在枝晶间,当涂层冷却到共晶转变温度时,出现了Cr_7C_3型富Cr碳化物和鱼骨状$(CoCrW)_6C$碳化物。与PTA-Co涂层相比,LC-Co涂层的表面形貌更加均匀,晶界成分分布纯净。这种优良的微观组织性能有助于提高LC-Co涂层的耐腐蚀性。

　　图6-14和图6-15显示了从涂层基体界面到涂层顶部的横截面扫描电子显微镜金相显微照片。在高能热源作用下,由于液体成分变化的不确定性和局部微区冷却速度的不同,不同区域的晶体结构也不同。整个涂层区域大致分为三个不同的亚层,分别是熔合区亚层、熔合区附近的树枝状亚层和表面附近的等轴晶。

　　在熔覆涂层和堆焊涂层底部拍摄的显微照片如图6-14所示,其中两张图在涂层和基体之间都有一条白亮带。图6-14(a)中的白亮带比图6-14(b)中

图 6-14　Co 基涂层截面扫描电子显微镜分析

(a) LC-Co；(b) PTA-Co

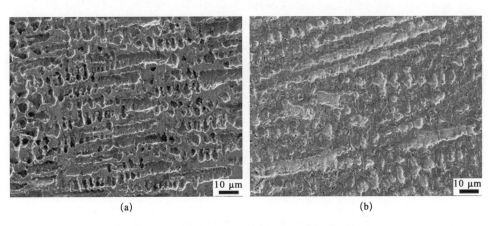

图 6-15　Co 基涂层中部放大区的截面扫描电子显微形貌

(a) LC-Co；(b) PTA-Co

的白亮带弯曲得多,说明 LC-Co 的结合力比 PTA-Co 好。在激光熔覆过程中,基体与熔覆涂层之间存在浓度差,导致元素从一侧向另一侧强烈扩散,从而形成了良好的冶金结合。在固液界面温度梯度大、结晶速度慢、液相中缺少组分过冷区等参数作用下,白亮带以上区域为熔合区,导致晶化过程中只有在平面内平直向前推进的方式才能形成平面晶。图 6-15 清楚地显示了垂直于界面熔合线生长的枝晶。LC-Co 的二次枝晶间距比 PTA-Co 短,这与冷却速度有关。激光熔覆的冷却速度很快,达到 $10^6℃/s$,有助于细化 LC-Co 涂层的晶粒。从熔池中部到涂层表面的散热条件各不相同,且散热方向是多个方向的。在这种情况下,随着离熔合区距离的增加,晶粒变得越来越小,枝晶转变为等轴晶。

6.3　不同工艺对 Ni 基涂层显微组织结构的影响

图 6‒16 为激光熔覆 Ni 基(LC-Ni)涂层和等离子堆焊 Ni 基(PTA-Ni)涂层的 X 射线衍射图谱,LC-Ni 涂层和 PTA-Ni 涂层中所表现出来的成分一样,除了有主要的{Ni, Fe}和 γ-Ni,还有硬质相 $M_{26}C_3$。其中,M 是 Cr、Fe、Mo、W。基于结果可以推断出,无论是激光熔覆制备涂层还是等离子堆焊制备涂层,对所得的 Ni 基涂层的成分不会有影响。

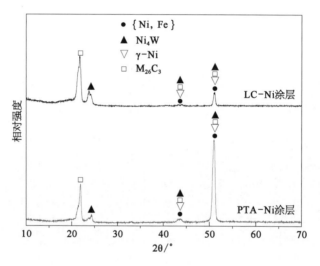

图 6‒16　激光熔覆及等离子堆焊 Ni 基涂层的 X 射线衍射图谱

LC-Ni 和 PTA-Ni 涂层的截面形貌如图 6‒17 所示。与 LC-Ni 涂层相比,PTA-Ni 涂层有明显的分界线,这是因为激光熔覆制备过程中热量集中、加热快、冷却快、热影响区小,能够很好地将涂层与基体融合在一起。LC-Ni 涂层和 PTA-Ni 涂层的表面形貌如图 6‒18 所示,从图中可以清楚地看到涂层表面分布着许多微孔,小孔的存在可以抵消能量的影响,提高抗冲击性。但是,比起 LC-Ni 涂层,PTA-Ni 涂层表面的微孔少很多,这是因为等离子做热源进行堆焊时热量更加集中,离子弧稳定性更好,没有电极熔耗,输出热量均匀,便于控制,这样就使得熔铸区热量分布均匀,材料熔合也充分均匀,排气浮渣都充分,收缩应力亦分布均匀。图 6‒17 中固溶体 γ-Ni 是以 Ni 元素为主,且固溶了大量的 Cr、Si 元素的间隙过饱和固溶体,起到固溶强化的作用。$M_{26}C_3$ 是析出碳化物,具有复杂的面心立方结构。硬度的增加是因为生成了硬质相 $M_{26}C_3$,以及有固溶体的固溶强化作用。

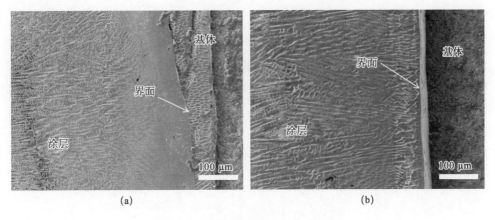

图 6-17　Ni 基涂层截面扫描电子显微镜分析

（a）LC-Ni；（b）PTA-Ni

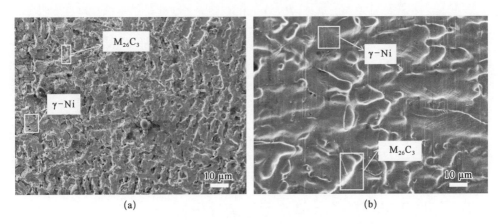

图 6-18　Ni 基涂层中部放大区的截面扫描电子显微形貌

（a）LC-Ni；（b）PTA-Ni

6.4　不同工艺下涂层的显微硬度性能分析

图 6-19 为四种不同涂层的维氏显微硬度。测量时以熔合线为 0 点，从图 6-19 可以看出，堆焊（熔覆）层靠近熔合线的热影响区硬度最低，是涂层性能较差的部位。从涂层整体硬度变化趋势来看，随着距涂层与基体界面距离的增加，硬度显著提高，且硬度在开始阶段呈直线线性上升，后来趋于稳定，有小范围的波动。在熔合线附近涂层硬度较低是由于该区域靠近基体，低温钢的硬度较 Co 基或 Ni 基合金来说低得多。Ni 基涂层的硬度约为基体的 1.5 倍，Co 基涂层的硬度约为基体的 2 倍。Co 基涂层中 Cr_7C_3 硬质相的弥散

强化,$Ni_{17}W_3$ 固溶体的固溶强化,使涂层的硬度得到了提高。LC-Co 的平均硬度在 380 HV,PTA-Co 的硬度较激光熔覆涂层硬度低,但两者的硬度曲线平缓,波动不大。与 Co 基涂层情况类似,整体上 LC-Ni 的硬度较 PTA-Ni 涂层的硬度高,但是 Ni 基涂层的硬度波动大,这或与涂层中形成的硬质相分布不均匀有关。

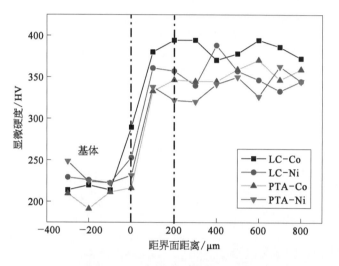

图 6-19   四种涂层维氏显微硬度曲线

6.5   不同工艺下的 Co 基涂层耐磨性分析

图 6-20 为低温钢基体与 LC-Co、PTA-Co 两种涂层摩擦系数在荷载一定条件下随时间的变化趋势,在每次摩擦循环中,摩擦系数随着时间的变化在摩擦前期逐渐上升,然后趋于相对稳定的状态。开始阶段,摩擦系数随时间的变化波动较大,是因为摩擦副在开始阶段有一个"磨合期",摩擦副间相互作用影响大,摩擦较严重。经过 3~5 min 后,摩擦系数基本趋于稳定,在某一范围内上下波动,此时接触面积增大,摩擦力减小,进入了稳定摩擦阶段。低温钢本身的摩擦系数整体波动幅度较大,平均摩擦系数为 0.91。相比较而言,LC-Co 和 PTA-Co 涂层摩擦系数整体波动范围较小,最后平均摩擦系数为 0.55 和 0.58。由摩擦系数变化图可知,在低温钢表面利用表面工程技术制备一层 Co 基合金涂层,可有效降低基体钢本身的摩擦系数,提高基体钢的低温耐磨性。涂层耐磨性的提高是因为在激光熔覆或等离子堆焊过程中形成了碳化物硬质相 Cr_7C_3 等,这种碳化物具有较高的温度稳定性,在低温下可有效降低对磨材料对涂层的磨损

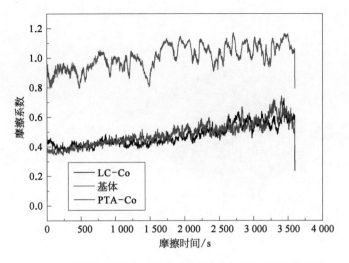

图 6-20　低温钢及两种 Co 基涂层摩擦系数的变化状态（见文末彩图）

作用。对比两种工艺下的摩擦系数可以看出，LC-Co 涂层的摩擦系数相对较小且波动更加平稳。

　　采用白光干涉仪对试验后试样表面的磨痕截面轮廓线（图 6-21）及 3D 轮廓图（图 6-22）进行观察可知，在低温钢表面熔覆涂层后，磨痕的宽度和深度都发生了减少，在 3D 轮廓图中可以看到，磨痕的两侧发生凸起，这是因为在 WC 球与试样接触初期，两者之间以赫兹接触为主，基体材料在轴向载荷力作用下会产生塑性变形；在磨合阶段，球的往复运动会对基体表面产生微切削作用，在微切削力作用下材料发生疲劳失效从基体上脱离。从 3D 轮廓图中

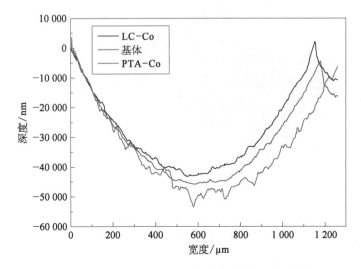

图 6-21　低温钢和 Co 基涂层磨损后截面轮廓线（见文末彩图）

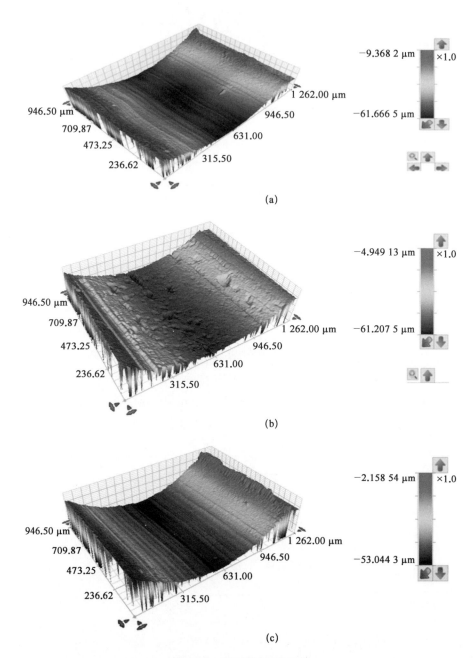

图 6-22 磨损后表面 3D 轮廓

(a) LC-Co 涂层;(b) PTA-Co 涂层;(c) 低温钢

可以发现,LC-Co 涂层的磨痕表面粗糙度比 PTA-Co 涂层低,这说明 LC-Co 涂层表面硬度相对较高,摩擦功在接触区域产生的热影响降低,进而导致黏附磨损减少。

6.6　不同工艺下的 Ni 基涂层耐磨性分析

图 6‑23 展示了低温钢及两种 Ni 基涂层摩擦系数的变化状态,从图 6‑23 中可以看出,与 Co 基涂层类似,不同工艺下 Ni 基涂层的摩擦系数整体上也是呈现先增加后趋于稳定的规律。与基体钢相比,涂层的摩擦系数小且波动平稳,这与涂层的硬度有一定关系。两种涂层的摩擦系数在前期阶段均出现先增加后降低的情况,这是由于低温状态下材料表面温升较慢,黏附磨损出现的概率减小。

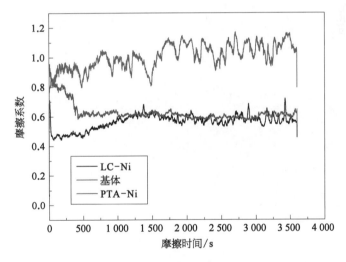

图 6‑23　低温钢及两种 Ni 基涂层摩擦系数的变化状态(见文末彩图)

图 6‑24 为在干摩擦环境下低温钢和 Ni 基涂层摩擦磨损后的截面轮廓线。从图中可以看出:磨痕呈 U 形,相较低温钢基体,涂层磨痕的深度和宽度都有所变小。从图 6‑25 观察到,Ni 基合金涂层表面凹凸不齐,这可能与涂层内部含有的硬质相与 WC 球对磨时,由于硬度较 WC 低,出现微切削现象而发生黏着磨损有关。稳态摩擦系数 μ 和磨损体积 V 的大小顺序为:$\mu_{\text{基体}} > \mu_{\text{PTA-Ni}} > \mu_{\text{LC-Ni}}$ 和 $V_{\text{基体}} > V_{\text{PTA-Ni}} > V_{\text{LC-Ni}}$,即 LC-Ni 涂层具有优异的耐磨性。

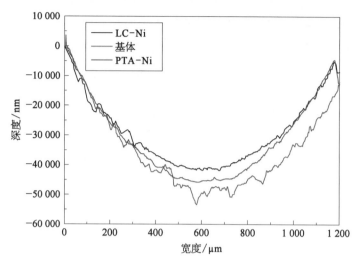

图 6 - 24   低温钢和 Ni 基涂层磨损后截面轮廓线(见文末彩图)

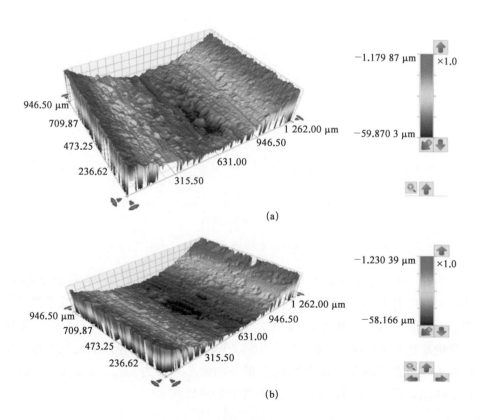

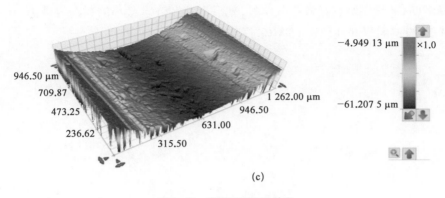

(c)

图 6-25　磨损后表面 3D 轮廓

(a) LC-Ni 涂层；(b) PTA-Ni 涂层；(c) 低温钢

6.7　等离子堆焊工艺下两种涂层的耐磨性分析

图 6-26 为 PTA 工艺下两种涂层的摩擦系数随时间变化的关系曲线，可以看出，Ni 基涂层和 Co 基涂层的摩擦系数均随摩擦时间增加略有增大，但 Ni 基涂层摩擦系数明显高于 Co 基涂层。

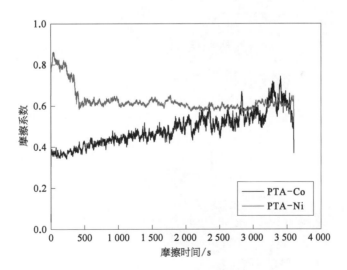

图 6-26　等离子堆焊工艺下两种涂层的摩擦系数（见文末彩图）

图 6-27 和图 6-28 为两种涂层磨损后在白光干涉下拍出的 2D 和 3D 磨损图，结合磨损体积对比可见，Ni 基涂层的磨损体积远大于 Co 基涂层。从 3D 磨损图的表面平整度可以看出，PTA-Co 涂层磨损后表面更平整，有轻微的剥落，

但是 PTA-Ni 涂层磨损痕迹十分明显,划痕上存在许多微小的孔洞等缺陷,说明 PTA-Ni 涂层的耐磨性低于 PTA-Co 涂层。

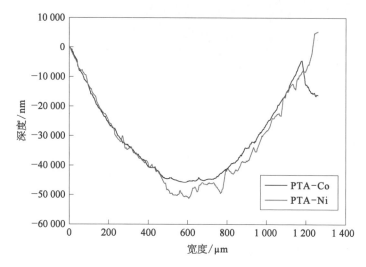

图 6‑27　等离子堆焊工艺下两种涂层的 2D 磨损轮廓(见文末彩图)

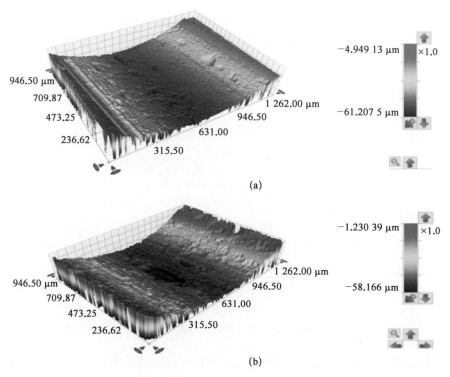

图 6‑28　等离子堆焊工艺下两种涂层的 3D 磨损轮廓

(a) PTA-Co 涂层;(b) PTA-Ni 涂层

6.8　激光熔覆工艺下两种涂层的耐磨性分析

图 6 - 29 为 LC-Co 和 LC-Ni 涂层的摩擦系数曲线,因涂层表面的硬质相尺寸差异及分布导致 Ni 基涂层的摩擦系数有些波动,与 PTA 制备涂层的结果相似,Ni 基涂层的摩擦系数略高于 Co 基涂层。从图 6 - 30 和图 6 - 31 可以看出,Co 基涂层的耐磨性优于 Ni 基涂层。经过试验证明,硬质相是涂层中主要耐磨组织的成分,其硬质相越多、在基体中的分散越均匀,涂层材料的耐磨性就越好。

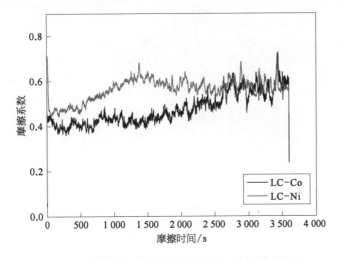

图 6 - 29　激光熔覆工艺下两种涂层的摩擦系数(见文末彩图)

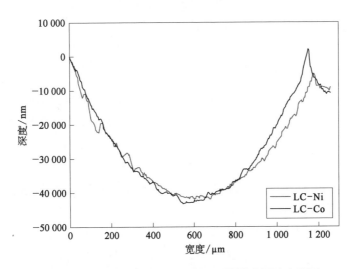

图 6 - 30　激光熔覆工艺下两种涂层的 2D 磨损轮廓(见文末彩图)

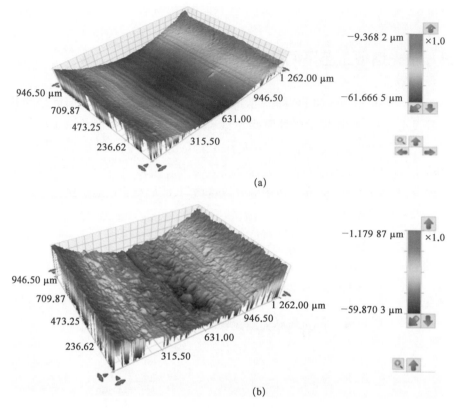

图 6-31   激光熔覆工艺下两种涂层的 3D 磨损图

（a）LC-Co 涂层；（b）LC-Ni 涂层

6.9   小结

本部分主要研究了样品 PTA-Co、LC-Co、PTA-Ni、LC-Ni 涂层的组织结构和显微硬度，主要工作为操作 X 射线衍射仪检测四种涂层物相组成，操作扫描电子显微镜并通过能谱分析观察分析其微观形貌。另外，通过摩擦磨损试验，对比了样品的摩擦系数、磨损后 2D 和 3D 形貌，研究了激光熔覆和等离子堆焊两种工艺下制备的 Co 基和 Ni 基涂层的耐磨性，得出的主要结论如下：

（1）使用等离子堆焊和激光熔覆技术在低温钢上制备 Ni 基涂层和 Co 基涂层，涂层和低温钢冶金结合性能良好。

（2）激光熔覆法和等离子堆焊法制备的 Co 基涂层的衍射峰相似，两者的主要相除了有主要的 {Ni，Fe} 和 γ-Ni，还有硬质相 $M_{26}C_3$。其中，M 是 Cr、Fe、Mo、W。固溶体 γ-Ni 是以 Ni 元素为主，且固溶了大量的 Cr、Si 元素的间隙过饱和固溶体,起到固溶强化的作用。$M_{26}C_3$ 是析出碳化物,具有复杂的面心立方结构。硬度的增加是因为生成硬质相 $M_{26}C_3$,以及固溶体的固溶强化作用。

（3）在 PTA-Co 基涂层中,在共晶组织中形成了鱼骨型组织,经能谱分析和 X 射线衍射对比分析出此组织为鱼骨状($(CoCrW)_6C$ 碳化物。与 PTA-Co 涂层相比,LC-Co 涂层的表面形貌更加均匀,晶界成分纯净。整个涂层区域大致分为三个不同的亚层,分别是熔合区亚层、熔合区附近的枝晶状亚层和表面附近的等轴晶。

（4）LC-Co 的平均硬度在 380 HV,PTA-Co 的硬度较 LC-Co 涂层硬度低,但两者的硬度曲线平缓,波动不大。与 Co 基涂层情况类似,整体上 LC-Ni 的硬度较 PTA-Ni 涂层的硬度高,但是 Ni 基涂层的硬度波动大,这或与涂层中形成的硬质相分布不均匀有关。

（5）LC-Co 和 PTA-Co 涂层摩擦系数整体波动范围较小,最后平均摩擦系数为 0.55 和 0.58。低温钢的摩擦系数波动大,平均摩擦系数为 0.91。涂层耐磨性的提高是由于涂层制备过程中形成了碳化物硬质相 Cr_7C_3 等,这种碳化物具有较高的温度稳定性,在低温下可有效降低对磨材料对涂层的磨损作用。对比两种工艺下 Co 基涂层的摩擦系数可以看出,LC-Co 涂层的摩擦系数相对较小且波动更加平稳。

（6）在低温钢表面熔覆涂层后,磨痕的宽度和深度都发生了减少。从 3D 轮廓图中可以发现,LC-Co 涂层的磨痕表面粗糙度比 PTA-Co 涂层低,这说明 LC-Co 涂层表面硬度相对较高,摩擦功在接触区域产生的热影响降低,进而导致黏附磨损减少。Ni 基涂层磨损后表面粗糙,这与涂层内部含有的硬质相与 WC 球对磨时,由于硬度较 WC 低,出现微切削现象而发生黏着磨损有关。

（7）在 Ni 基、Co 基两种涂层的工艺对比中,以激光熔覆制备的涂层耐磨性明显优于等离子堆焊制备的。在同一工艺下,对 Ni 基合金和 Co 基合金两种涂层进行对比发现,Co 基涂层在低温时的耐磨性优于 Ni 基涂层。

参考文献

［1］于新伟,陈林,王化明,等.破冰船技术发展现状分析[J].造船技术,2017(3):1-4.
［2］桂阳,何炎平,陈哲.破冰船动力系统及主推进器发展现状[J].造船技术,2021,49(4):62-68.
［3］何纤纤,夏鑫,刘雨鸣.极地破冰船的破冰技术发展趋势研究[J].中国水运,2020(6):76-80.
［4］戴永佳,王化明,詹毅,等.船用钢发展历史与现状分析[J].中国水运:下半月,2012(6):33-36.
［5］Junichi, TANAKA, Mamoru, et al. Recent Development in Steels for Ice Breaking Ships and Ice Strengthened Offshore Structures[J]. Tetsu to Hagane, 1984, 70(1): 23-36.

[6]   Kumakura Y, Kaihara S. Characteristics of steel plate and welding joints of offshore structures for the arctic sea[J]. Yosetsu Gakkai Shi/journal of the Japan Welding Society, 1989, 58(2): 115 – 122.

[7]   秦闯. 极地破冰船用钢低温疲劳性能研究[D]. 江苏科技大学.

[8]   Tak-Kee L, Hyun-Jin P. Review of Ice Characteristics in Ship-Iceberg Collisions [J]. Journal of Ocean Engineering and Technology, 2021, 35(5), 369 – 381.

[9]   Ming S, Ma J, Yi H. Fluid-structure interaction analysis of ship-ship collisions[J]. Marine Structures, 2017, 55: 121 – 136.

[10]   Li Z, Riska K, Polach R V B U, et al. Experiments on level ice loading on an icebreaking tanker with different ice drift angles[J]. Cold Regions Science & Technology, 2013, 85 (JAN.): 79 – 93.

[11]   Manuel M, Colbourne B, Daley C. Ship Structure Subjected to Extreme Ice Loading: Full Scale Laboratory Experiments Used to Validate Numerical Analysis[J]. Memorial University of Newfoundland, 2015.

[12]   王东胜, 常雪婷, 王士月, 等. 温度对 10CrMn2NiSiCuAl 极地破冰船用钢板干摩擦行为的影响[J]. 重庆大学学报: 自然科学版, 2018, 41(6): 66 – 75.

[13]   李广龙, 李靖年, 李文斌, 等. 纵向变厚度 EH40 钢板的组织和性能[J]. 材料研究学报, 2020, 34(4): 247 – 253.

[14]   Shen Y. The Influence of Low Temperature on the Corrosion of EH40 Steel in a NaCl Solution[J]. International Journal of Electrochemical Science, 2018: 6310 – 6326.

[15]   石好, 张璟, 朱田兵. 超高强钢 22MnB5 海水腐蚀性能研究[J]. 中国水运: 下半月, 2015(8): 316 – 319.

[16]   Tong H, Wen-Li H, Yan-Jun Z, et al. Application and Prospect of Surface Engineering Technology in Petroleum and Petrochemical Pipelines [J]. Surface Technology, 2017, 46(3): 195 – 201.

[17]   阿拉法特·买尔旦. 镍基合金激光熔覆再制造技术的工艺基础研究[D]. 乌鲁木齐: 新疆大学.

[18]   张津超, 石世宏, 龚燕琪, 等. 激光熔覆技术研究进展[J]. 表面技术, 2020, 49(10): 1 – 11.

[19]   王一博. 激光熔覆制备耐磨耐腐蚀涂层[D]. 哈尔滨: 哈尔滨工程大学, 2009.

[20]   张瑞珠, 李林杰, 唐明奇, 等. 激光熔覆技术的研究进展[J]. 热处理技术与装备, 2017, 38(3): 34 – 40.

[21]   杨晓红, 杭文先, 秦绍刚, 等. H13 钢激光熔覆钴基复合涂层的组织及耐磨性[J]. 吉林大学学报: 工学版, 2017, 47(3): 891 – 899.

[22]   Bartkowski D, Mynarczak A, Piasecki A, et al. Microstructure, microhardness and corrosion resistance of Stellite-6 coatings reinforced with WC particles using laser cladding [J]. Optics & Laser Technology, 2015, 68: 191 – 201.

[23]   张松, 韩维娜, 李杰勋, 等. 等离子堆焊原位合成 WC 增强 Ni 基合金改性层[J]. 沈阳工业大学学报, 2015(3): 268 – 272.

[24]   Chun-Ming, Lin, Wei-Yu, et al. Microstructure and mechanical properties of Ti-6Al-4V alloy diffused with molybdenum and nickel by double glow plasma surface alloying technique [J]. Journal of Alloys & Compounds, 2017, 717: 197 – 204.

[25]   Hou Y, Chen H Y, Fan L, et al. Corrosion Behavior of Cobalt Alloy Coating in NaCl Solution[J]. Materials Science Forum, 2020, 993: 1086 – 1094.

[26]   Hou Y, Chen H, Cheng Q, et al. Effects of Y_2O_3 on the microstructure and wear resistance of WC/Ni composite coatings fabricated by plasma transferred arc[J]. Materials Express, 2020, 10(5): 634 – 639.

[27]   Xu Y, Chen H, Fan L, et al. Microstructure and wear resistance of spherical tungsten carbide rein-forced cobalt-based composite coating[J]. Materials Express, 2021, 11(2): 233 – 239.

[28]   D Deschuyteneer, F Petit, M Gonon, et al. Influence of large particle size – up to 1.2 mm – and morphology on wear resistance in NiCrBSi/WC laser cladded composite coatings[J].

Surface & Coatings Technology, 2017, 311: 365 - 373.

[29] Boussaha E H, Aouici S, Aouici H, et al. Study of Powder Particle Size Effect on Microstructural and Geometrical Features of Laser Claddings Using Response Surface Methodology RSM[J]. 2019, 11: 99 - 116.

[30] Chen S, Liu S Y, Wang Y, et al. Microstructure and Properties of HVOF-Sprayed NiCrAlY Coatings Modified by Rare Earth[J]. Journal of Thermal Spray Technology, 2014, 23(5): 809 - 817.

[31] Yang F, Guo J, Xiu F C, et al. Effect of Nb and CeO2 on the mechanical and tribology properties of Co-based cladding coatings[J]. Surface & Coatings Technology, 2016, 288: 25 - 29.

[32] Hu Z L, Pang Q, Ji G Q, et al. Mechanical behaviors and energy absorption properties of Y/Cr and Ce/Cr coated open-cell nickel-based alloy foams[J]. Rare Metals, 2018, 37 (8): 650 - 661.

[33] Weng F, Yu H, Chen C, et al. Microstructure and property of composite coatings on titanium alloy deposited by laser cladding with Co42 + TiN mixed powders[J]. Journal of Alloys & Compounds, 2016, 686: 74 - 81.

[34] Tao Q, Wang J, Galindo-Nava E I. Effect of low-temperature tempering on confined precipitation and mechanical properties of carburised steels[J]. Materials Science and Engineering: A, 2021, 822: 141688 - 141697.

第 7 章 极地抗冰涂层研究及其发展趋势

    全球气候变暖、海冰大量融化,蕴藏着丰富资源的北极和极具战略价值的北极航道越来越受到关注,世界主要国家掀起了极地船舶关键技术研究热潮,计划大量建造极地船舶。作为一个近北极国家,北极航道的开通可以减少我国对常规航道的依赖,降低海上运输的安全风险,同时开发北极资源也可为我国能源安全提供战略保障。由于极地常年低温,冰雪积累将极大地影响船舶性能和各类装备的运行安全。例如,缆绳、救生设备、通风口等的覆冰会给船舶运行和作业带来危险;船体覆冰会增加船舶吃水深度,提高船体重心,降低船舶稳性;上层建筑覆冰不仅会降低结构稳性、可靠性,还会对各类设备造成危害,如无线电通信设备和雷达上结冰将影响信号的接收。此外,覆冰还会威胁到直升机的作业安全。为保障极地船舶航行及各类装备运行的安全,不仅要考虑船舶总体防除冰设计,还需要考虑配备防除冰设备及新的防除冰新型材料在船舶设计上的应用。

    结冰对我们的日常生活和工业生产会造成很大影响,尤其是会对极地科考、船舶航运、电力传输、风力发电、航空运载及道路交通等行业产生严重破坏,如图 7-1 所示为部分覆冰实例。近年来,随着极地航道及极地丰富资源的开发利用,极地科考、航行船舶和海工装备的船体、上层建筑及各类设备的覆冰问题成为研究关注的热点。以极地船舶运输为例,在极低温的气候影响下,极地航行船舶和海工装备的船体、上层建筑及各类设备会覆盖大量的冰雪,使船舶吃水深度及重心发生变化,从而降低船舶隐性、上层建筑结构可靠性;设备上积累的大量覆冰还会影响设备运行,带来严重安全风险。此外,输电线路覆冰也给电力系统带来巨大的危害。冰冻雨雪气候条件下输电线路会发生雾凇、混合凇和雨凇等覆冰现象,积累在导线、绝缘子和塔上,引发大面积的闪络、倒杆(塔)、线路舞动、断线甚至是大范围停电等事故。如 2008 年初发生的冻雨冰雪灾害导致我国湘鄂等 15 个省市自治区的电力系统出现故障,据统计有超过 36 000 条线路出现冰闪、断线等严重事故,受灾人口达 1 亿多,直接经济损失达 1 100 多亿。由此可见,如何防止材料表面结冰及去除表面覆冰对生产生活是十分重要的。

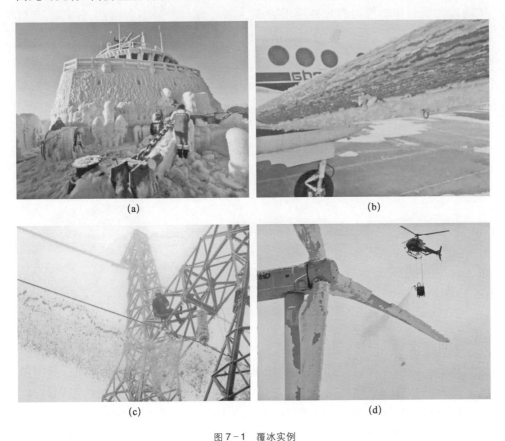

图 7-1　覆冰实例

(a) 船舶覆冰;(b) 飞机覆冰;(c) 输电线路覆冰;(d) 风力发电机覆冰

目前抗冰(防冰除冰)技术可以归纳为两类,主动除冰和被动防冰。主动除冰是指通过电热、风热、机械和液体混合等方式主动去除材料表面已经积累附着的冰层。如电热法是利用电加热元件将电能转化为热能,传递至结冰表面,起到加热除冰的效果;液体混合法是利用防冰液(乙醇、异丙醇等)与结冰表面水混合作用,降低混合液的冰点,从而达到防冰除冰的效果。这些方法不能达到理想除冰效果,因为它们不能从根本上解决问题,而且存在效率不高、需要大量的能源消耗及会对环境造成污染等问题。

近年来,研究人员提出了各种积极的方法和技术,以期能够从根本上减缓和抑制结冰,达到防冰和除冰兼顾的效果。在材料表面涂覆抗冰涂层是一种便捷实用、高效并极具前景的被动抗冰技术,该类抗冰涂层不仅可以降低冰的附着力,还可以延缓表面水的冻结,从而抑制涂层表面的覆冰积累。目前抗冰涂层研究方向有 Slippery Liquid-Infused Porous Surfaces(SLIPS)涂层和超疏水涂层。

SLIPS 涂层是指通过将微纳米结构多孔材料与注入的润滑液相互作用来产生的超光滑和化学均匀的光滑涂层表面。润滑液与水是不混溶的,使得水可以始终位于基质上方,化学均匀和光滑的润滑液层可以提供极低的滚动角,并降低冰的黏附性,达到防冰除冰的效果。图 7－2 为 SLIPS 涂层结构示意图,微纳米多孔材料对润滑液有化学亲和性,可以促进润滑液在材料中的完全润湿和黏附,水与润滑液不相容,可以很好地抑制其在表面的附着。然而,这种结构需要设计多孔表面来储存润滑液,孔隙的设计增加了涂层的设计难度,而且润滑液在使用过程中会消耗殆尽,使得其耐久性不佳。

图 7－2　SLIPS 涂层结构示意图

受自然现象的启发,如荷叶表面自清洁和水黾的"防水"腿,仿生超疏水涂层引起了广泛的关注。超疏水涂层在自清洁、减阻、油水分离、防腐蚀、防污及防冰等方面具有很大的研究价值。由于超疏水表面本身存在特殊的浸润特性,如接触角>150°,滚动角<10°,使得超疏水涂层能够在水滴结冰前,缩短水滴在表面的滞留时间,减少水滴结冰的概率;在结冰过程中,能够减缓水滴与基体材料表面间的热传递作用,延迟水滴结冰的时间;同样在水滴结冰后,减小水滴与表面接触面积,降低冰与表面之间的附着力。大量研究表明,这种超疏水特性可以起到很好的防冰除冰效果,如应用在风力发电叶片表面、输电导线表面、极地船舶上及飞机部件上都可以抑制覆冰。最关键的是将被动抗冰技术——超疏水涂层和传统的主动除冰方法——如电热、光热方法,结合在一起可以形成多功能抗冰策略,强化涂层技术和主动除冰方法的优势,得到一种全新的抗冰体系,当然这也是当前新型抗冰技术的研究热点。

目前所使用的抗冰技术存在问题较多,不能满足社会的要求,因此抗冰涂层的研究已成为当前国内外一个重大而紧迫的课题,备受关注。

本章首先简要介绍了固体表面浸润理论、结冰的热力学机理,然后详细分析了影响超疏水涂层在防冰抗冰中的重要因素,具体综述了以超疏水性为基础的各类功能性涂层(光热和电热)在防冰抗冰中的应用。最后,总结了以超疏水性为基础的功能性涂层在防冰领域的未来发展趋势和发展方向,以期为抗冰涂层的研究提供一些研究思路。

7.1 固体表面浸润理论

7.1.1 超疏水表面的润湿性

在研究超疏水表面对覆冰的影响之前,需对其表面润湿性的理论进行分析。润湿性是指液体在固体表面铺展的能力,它体现不同相之间的表面张力达到的平衡状态,通常用接触角来衡量润湿性状态。接触角(contact angle,CA)定义为液-气界面与固体表面间(即三相接触线处)的夹角。以常见液体水为例,如图 7-3 所示,接触角越大,其表面疏水性越大,当接触角在 0°~90°,称表面具有亲水性;当接触角在 90°~150°,称表面具有疏水性;当接触角在 150°以上,该表面满足超疏水性的条件。近年来,也有文献表明,在考虑到界面上和体相中水化学和结构活性不同,亲疏水的界限应定在 65°附近。

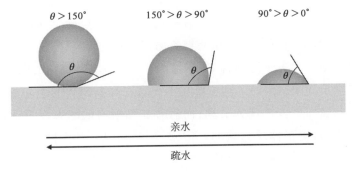

图 7-3 接触角定义示意图

作为具有巨大应用价值的材料,超疏水材料表面需要从静态和动态特征进行描述。如图 7-3 所示,称静态的接触角 $\theta_{CA}>150°$ 且动态的接触角滞后 $\Delta\theta<10°$ 的表面为具有超疏水性。通常用两种方法对接触角滞后进行解释,一是将固体表面缓慢倾斜,附着于固体表面的水滴随着倾斜角度的增加会出现形态的变化。当倾斜角度达到一定程度时,液滴会发生滚动,记录液滴开始滚动那一刻的前后接触角,即对应的前三相接触点处的接触角为前进接触角 θ_a,对应的后三相接触点处的接触角为后退接触角 θ_r,由图可见前进接触角比后退接触角大,接触角滞后是指前进接触角和后退接触角之间的差,即 $\Delta\theta=\theta_a-\theta_r$,如图 7-4 所示。二是通过缓慢改变固体基质上水滴的体积,一开始,水滴与固体基质之间的接触面积没有变

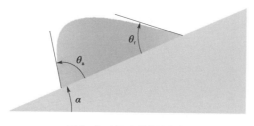

图7-4 斜面上的接触角滞

化,周界不变,只是接触角随着水滴体积的增加而增加。当水量增加到临界值时,周界(三相接触线)会突然开始向前蠕动,将接触线改变之前的接触角定义为前进接触角 θ_a。类似地,当以缓慢的速度将水吸回针头时,周界不变,接触角随着液体体积的减小而减小。在接触面积突然开始变化时记录后退接触角的值 θ_r,如图7-5所示。

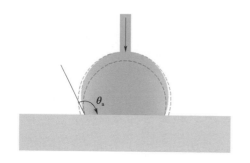

图7-5 平面上的接触角滞后

在实际的测量过程中,接触角滞后的数值并不好测量,与前进接触角和后退接触角相比,滑动角或者滚动角能够更直观便捷地表现接触角滞后的大小。滑动角和滚动角并无实质区别,都表示液滴由于重力滚(滑)出表面时,该表面的倾角。滑动角和滚动角的区别主要在于前者在高黏附力的表面更适用,液滴在黏附力高的表面更多体现为滑动;而后者在黏附力低的表面更适用,液滴在黏附力低的表面,更多体现为滚动。1962年,Furmidge等人推导出滚动角与接触角滞后之间的关系式:

$$mg\sin \alpha = \bar{\omega}\gamma^{la}(\cos \theta_r - \cos \theta_a) \qquad (7-1)$$

其中,α 为滚动角,$\bar{\omega}$ 为所润湿面积的直径,γ^{la} 为液-气界面间的表面张力或液-气界面自由能。可见在其他条件不变的情况下,接触角滞后越小,滚动角越小,两者存在同样的变化规律。所以实际测试过程中,一般采用滚动角(结合静态接触角)来表征材料表面的超疏水性能。

7.1.2 润湿理论模型

材料表面的润湿性与表面自由能及粗糙度有密切关系。表面自由能也称表面张力,用 γ 表示,表示的是液体或固体内部分子之间相互作用而导致其表面的分子受力不均产生向内收缩的力,单位是 J/m^2 或 N/m^2。影响润湿性的因素十分复杂,气液固三相不同的化学性质、材料表面的微观形貌及环境等因素都会影响润湿性。为便于分析研究不同材料的润湿性质,根据经典的润湿理论可归纳总结出四类润湿性模型。

（1）杨氏模型：Thomas Young 提出化学性质稳定的液滴在光滑平整的理想刚性平面上稳定存在时,当达到平衡状态,固液气三相接触线处所受合力为零,此时液滴的接触角由以下公式确定：

$$\gamma_{SV} = \gamma_{Sl} + \gamma_{lV}\cos\theta \tag{7-2}$$

其中,γ_{SV} 为固-气间的表面自由能,γ_{Sl} 为固-液间的表面自由能,γ_{lV} 为液-气间的表面自由能,$\cos\theta$ 为液体在理想刚性平面上的接触角,亦称为本征接触角,如图 7-6 所示。杨氏方程考虑的是理想平面上的接触角,仅将表面张力作为本征接触角的决定性因素,并且水及周围环境（空气）的表面张力是固定的,因此可以得出若固体表面为低表面能材料,则 γ_{SV}、γ_{Sl} 会足够小,可以提高接触角的大小,从而达到制备超疏水材料的条件。此外,也可以通过杨氏方程计算出,当 $\theta>90°$ 时,固-气表面能小于固-液表面能,此时固体表面呈疏水性,这时液体不能够润湿固体表面。

图 7-6　杨氏模型

（2）Wenzel 模型：在实际情况中,材料表面一般是粗糙不平的,此时实际接触角与杨氏模型计算出的接触角会有很明显的差异。Wenzel 意识到材料表面存在微观粗糙度,并不是表观所体现的光滑平整,他将微观粗糙度引入杨氏模型,对其进行修正。其默认在表面粗糙度的影响下,液滴与固体表面接触时会增加固-液之间的接触面,并且液体会始终填充满粗糙结构的凹槽,如图 7-7 所示。引入粗糙度因子 r,r 表示粗糙表面的实际面积与投影面积之比。则 Wenzel 模型公式如下：

$$\cos\theta_r = \frac{r(\gamma_{sg} - \gamma_{sl})}{\gamma_{gl}} = r\cos\theta_e \tag{7-3}$$

其中,θ_r 指实际粗糙表面的表观接触角,θ_e 为原始的本征接触角。由 Wenzel 模型公式可知,由于粗糙度因子 r 是始终大于 1 的,这会导致当 θ 大于 90°时,θ_r 大于 θ_e,即疏水的粗糙表面随着粗糙度值的增加,其接触角会相应增加变得更加疏水。同样的道理,亲水的粗糙表面随着粗糙度值的增加,会变得更加亲水。

此外,由于 Wenzel 模型中液体会始终填充满粗糙结构的凹槽,这导致了液滴较难移动,也就是说该模型的超疏水表面的液滴具有大的接触角和接触角滞后。

图 7 - 7　Wenzel 模型(左)和 Cassie-Baster 模型

（3）Cassie-Baster 模型：当固体表面化学性质不均一时,就无法应用前两者模型对实际情况进行解释。为此,Cassie 和 Baster 对 Wenzel 模型做了进一步的完善和发展,提出了固体表面接触角复合处理的概念。假设固体表面存在两种化学性质不同的组分,这两个组分会对体系表面能产生不同的影响,最后的效果是可以叠加的。

设其中一种化学性质的表面具有面积分数 f_1 和接触角 θ_1,另一表面具有面积分数 f_2 和接触角 θ_2,此处 $f_1 + f_2 = 1$。则体系接触角的方程式可以如下表达：

$$\cos \theta_r = f_1 \cos \theta_1 + f_2 \cos \theta_2 \qquad\qquad (7-4)$$

在该模型下,认为粗糙的固体表面其凹槽中存在空气,在与液体接触时,固体表面并没有被液滴完全浸润,如图 7 - 7 所示,所以上述两种化学性质的固体表面可看作是固体和液体的组合,其复合界面由固-液（$f_1 = f_s$ 为固-液界面处总面积与固-液界面处总面积加上液-气界面处总面积之比,$\theta_1 = \theta_e$）和液-气（$f_2 = 1 - f_s$,$\cos \theta_2 = -1$）组成,则上述公式可表示为：

$$\cos \theta_r = f_s(\cos \theta_e + 1) - 1 \qquad\qquad (7-5)$$

由此可见,增加表面粗糙度,提高凹槽中空气含量,可以使 f_s 变小,从而增大表观接触角值,获得超疏水表面。此外,Cassie-Baster 模型中的液体由于凹槽中存在空气,不会填充在凹槽中,使得液体易于移动,从而获得了较低的接触角滞后。

（4）Wenzel-Cassie 转换模型：在粗糙表面的液滴既有可能处于 Cassie 状态,也有可能处于 Wenzel 状态。Michael Nosonovsky 等人研究了接触角、表面能、气液界面的垂直平均高度等条件对 Cassie 和 Wenzel 模型转变的影响,如图 7 - 8 所示,图中能量较高的平衡线对应 Cassie 状态,能量较低的平衡线对应 Wenzel 状态,可见固体表面的表面能、粗糙度等因素对液滴所处的状态会产生影响。能量高的 Cassie 状态向能量低的 Wenzel 状态转变更加容易,这也解释了实际环境中 Cassie 状态转变成 Wenzel 状态会随液滴的蒸发而自动发生,而 Wenzel 状态向 Cassie 状态转变则需要外加电场、热量、压力及振动等条件。

此外,Lafuma A 等人通过将 Wenzel 和 Cassie 方程联立求解得出临界接触角 θ_c,公式如下:

$$\cos\theta_c = \frac{(f_s - 1)}{(r - f_s)} \quad (7-6)$$

其中,f_s 和 r 分别是 Cassie 和 Wenzel 曲线的斜率。当 $\theta_e > \theta_c$ 时,液滴呈现

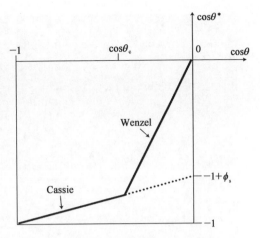

图 7-8　两种润湿模型求解临界值

稳定的 Cassie 状态,体系的自由能最低;当 $90° < \theta_e < \theta_c$ 时,液滴处于 Wenzel 状态和 Cassie 状态之间的亚稳态;在许多情况下,中等大小的表观接触角都会存在两种复合润湿状态,Wenzel 状态和 Cassie 状态是可以同时存在的,即出现过渡状态。

7.2　结冰理论

随着温度的降低,液态水或水蒸气向冰的转变是一种自发进行的相变过程。从热力学的角度分析,结冰过程是熵值较高的液态或气态无序水分子向熵值较低的固态有序水分子转变的过程,这也表示系统的吉布斯自由能是降低的,要使得相变发生,必须要使用过饱和或过冷却作为驱动力来克服实际存在的能垒。从微观上看,结冰是在驱动力的作用下,随机自发形成不稳定的晶核,晶核会随机产生或消失,当晶核达到一个临界尺寸(超过了活化势能)就能够稳定存在,从而进入一个允许快速膨胀的阶段,并最终导致整个体系结晶。Masakazu Matsumoto 等人的分子动力学模拟强调了氢键在形核过程中的重要性(图 7-9),发现同一位置自发形成足够数量的相对长寿命的氢键会形成相当紧凑的初始核,并会发生冰核化。最初的核会慢慢地改变形状和大小,突破能垒后可以达到稳定生长的阶段。可以发现在结冰过程中,形核过程是非常重要的,鉴于此,可以分为均匀形核和非均匀形核来分析结冰机理。

1) 均匀形核

对于干净并且"无尘"的水滴,在没有杂质粒子和外在条件的影响下,整个体系中临界晶核的形成概率是随机并且均匀的,这种形核称为均匀形核,均匀

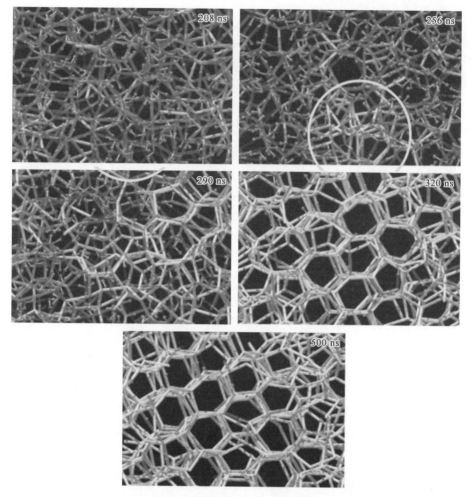

图 7-9　在给定时间内纯水的分子模拟氢键网络结构和水冻结过程中总势能的变化(线代表氢键)

形核可以看成是液体内部由于过冷而引起的自发形核。如前所述,晶核的形成伴随着体系自由能的降低,与晶核形成相关的自由能变化是晶体体积自由能的减少(环境相比晶体相具有更高的化学势)与表面自由能增加(晶核的形成增加了表面,使得表面自由能增加)的和,即:

$$\Delta G = -n\Delta\mu + \phi_n \tag{7-7}$$

其中,n 为晶核的尺寸大小,$\Delta\mu$ 为体系减少的总自由能,ϕ_n 为总表面自由能。对于均匀形核而言,$n = 4\pi R^3 \rho_c /3$,$\phi_n = 4\pi R^2 \gamma$。自由能总变化公式可表示如下:

$$\Delta G^*_{\text{Home}} = -\frac{4\pi}{3}R^2\rho_c\Delta\mu + 4\pi R^2\gamma \tag{7-8}$$

可见,总的自由能变化是受到晶体体积自由能和表面自由能之间的综合影响。

在一定温度下，ΔG^*_{Home} 可以达到最大值，此时 $R = r_\text{c}$，r_c 称为晶核形核的临界半径，r_c 值可用计算极值的方法求得，假设 $\dfrac{d_{\Delta G^*_{\text{Home}}}}{d_\text{r}} = 0$，可求得：

$$r_\text{c} = \frac{2\gamma}{\rho_\text{c}\Delta\mu}, \quad \Delta G^*_{\text{Home}} = \frac{16\pi\gamma^3}{3(\rho_\text{c}\Delta\mu)^2} \qquad (7-9)$$

这里 ΔG^*_{Home} 即为晶核形核的自由能垒，r_c 为晶核形核的临界半径。当形核过程中能克服自由能垒，或者说晶核形核能达到临界半径，结冰才能达到稳定状态，可以结合此公式来计算均匀形核的临界半径和自由能垒。如图 7 - 10 所示，如果临界半径超过一个临界值 r_c，晶核的生长在能量上是有利于发生均匀形核的。

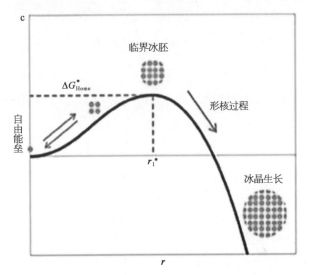

图 7 - 10　均匀形核 ΔG^*_{Home} 与胚胎半径 r 函数关系

2）非均匀形核

在现实情况中，由于受水中存在的杂质、异物颗粒和溶液容器内壁的影响等情况，会影响晶体的形核。此类情况称之为异相形核或者非均匀形核。非均匀形核往往会优先发生在相边界、杂质或者表面处，这些位置的有效表面能较低，降低了自由能垒，形核过程中所需要突破的能垒较均匀形核得到降低，即可有效促进形核，如图 7 - 11 所示。

非均匀形核与均匀形核之间的关系可以用以下公式来表示：

$$\Delta G^*_{\text{Heter}} = f(m, R') \times \Delta G^*_{\text{Home}} \qquad (7-10)$$

其中，ΔG^*_{Home} 为均匀形核的自由能垒，$\Delta G^*_{\text{Heter}}$ 为非均匀形核的自由能垒，$f(m, R')$ 为界面自由能与晶核半径的函数界面相关因子，$m = (\gamma_{\text{sf}} - \gamma_{\text{sc}})/\gamma_{\text{cf}} \approx$

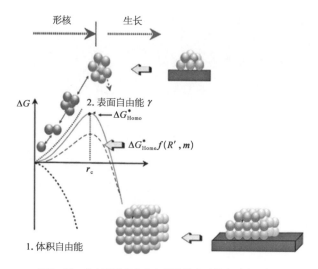

图 7-11　均匀形核和非均匀形核的突破能垒对比示意图

$\cos\theta$，θ 为晶核与基体的接触角，γ_{sf}、γ_{sc}、γ_{cf} 分别为基体与水液相、基体与晶核、水液相与晶核之间的表面自由能，$f(m, R')$ 值 ≤ 1，其公式可表示如下：

$$f(m, R') = \frac{1}{2} + \frac{1}{2}\left(\frac{1 - mR'}{w}\right)^3 + \frac{1}{2}x^3\left[2 - 3\left(\frac{R' - m}{w}\right) + \left(\frac{R' - m}{w}\right)^3\right]$$
$$+ \frac{3}{2}mR'^2\left(\frac{R' - m}{w} - 1\right) \tag{7-11}$$

其中，$R' = r/r_c$，$w = (1 + R'^2 - 2R'm)^{1/2}$，$m = \cos\theta$，$f(m, R')$ 表示的是当 $\cos\theta$ 为常数时，曲率半径为 r 的基体对 $f(m, R')$ 的影响。总结可知，影响非均匀形核的界面相关因子主要与两个因素有关，一个是相之间的界面自由能，另一个是基体的归一化界面结构尺寸。

7.3　超疏水界面的抗冰特性

　　大量研究已经证实超疏水材料是一种很有潜力的抗冰材料，这与超疏水本身的结构和性质有密切关系。由前述可知，超疏水材料的性质可以归纳为两点：一是具有低的表面自由能，体现为大的静态接触角；二是具有微纳米结构的表面粗糙度，这也是构成超疏水表面的基本要求。对于超疏水的抗冰特性可以从三个角度思考，即去除动态水滴、控制晶核形成和降低冰的附着力。

　　1）去除动态水滴

　　通常水滴是以动态的方式滴落到固体表面的，对于高静态接触角、低动态接触角滞后的超疏水表面(Cassie-Baster 状态),水滴落至表面时会发生反弹或者滚落,极大地减少了接触时间,避免了低温下水滴与表面接触并产生结冰。因此,动态的抗冰特性可以通过液滴在样品表面的撞击接触时间、接触面积和接触过程来评价。

对于具有低接触角滞后的超疏水表面(Cassie-Baster 状态下),在微纳米表面结构之间存在大量的气袋。空气可以有效地充当超疏水表面和水滴之间的热屏障,令水滴与表面之间的相互作用较弱,使得水滴仍然保持球形从而使液滴与表面的接触面积最小。通过这种方式,水滴很容易被外力推离表面,从而防止它们被冻结。

而对于亲水表面,液滴撞击到表面会出现润湿表面的情况;对于疏水表面,液滴撞击表面的过程可以图 7-12 为例,撞击的过程可分为四个时间点:接触时刻、最大铺展时刻、最大延伸时刻(从冠状形成开始)、脱离表面时刻。在这样一个极疏水的表面液滴的最小撞击时间为 12 ms,接触时间其实取决于液体的性质、表面的润湿性和水滴的运动学参数。

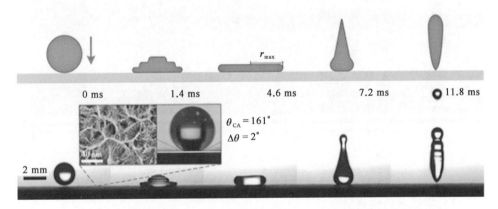

图 7-12　水滴(初始直径 $D_0 = 2$ mm,冲击速度 $V_0 = 1$ m/s)对超疏水表面的撞击过程示意图

2) 抑制晶核形成

当液滴停留在固体表面,随着温度的降低,在 0° 左右会很快发生结冰。如前所述,在日常环境中所见结冰现象基本是非均匀形核,在冰晶形核过程中,当突破自由能垒后晶核会稳定并很快成长为冰。超疏水材料具有抑制晶核形成的特性,主要体现为降低液滴结冰温度和延长液滴结冰时间。

Cassie-Baxter 润湿模型下的超疏水表面存在的微纳米分层的粗糙结构有利于捕获液滴下面的气袋,空气相比固体表面传热效率低很多,是一种很好的保温层,减缓了水滴和基体间的热交换,这种热屏障可以降低液滴的过冷程度,从而降低液滴的结冰温度。同时根据经典形核理论,接触角越大,冰核形成的自由能垒越大,较大的静态接触角也减少了液滴和表面的接触面积,减少了形核位置和概率,共同的作用使得形核速率变慢,形核难度变大,从而延缓了液滴的结冰时间。

Yizhou Shen 等人在 Ti_6Al_4V 衬底上制备了微尺度规则阵列和纳米毛层次结构,并用 FAS17 进行修饰后获得超疏水表面,研究发现超疏水表面可以延迟结冰时间达到 765 s,对晶核的形成有明显的抑制作用,如图 7-13 所示。而且微纳米结构的超疏水表面相比纳米结构的超疏水表面延迟结冰时间更长,可见微纳米结构在抗冰作用中是非常重要的。

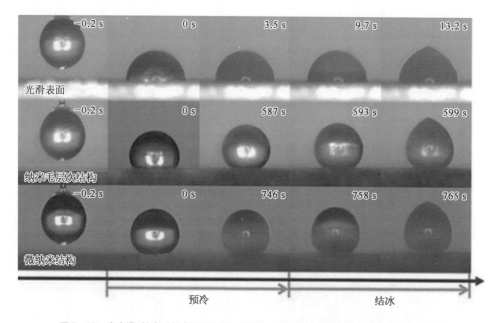

图 7-13　在光滑、纳米毛层次结构和微纳米结构的 Ti_6Al_4V 表面上的冰形成过程光学图像

3）降低冰的附着力

在低温下,对于长时间停留在表面的液滴总是会发生结冰,低冰附着力的表面可以便于借助外力使冰从表面脱落,减少覆冰。冰在固体材料表面的强黏附性在很大程度上是由于极性冰分子和固体分子之间的强相互作用,这通常是由氢键、范德华力和直接静电相互作用引起的。

很多研究都表明 Cassie-Baster 状态下的超疏水表面具有低的冰附着力,一旦该状态被破坏,反而使得分层的微纳米结构与冰发生机械联锁的作用,从而加大了冰的附着力。Cassie-Baster 状态下的超疏水表面会将空气储存在分层的微纳米结构中,在一定载荷下,空气提供的足量空隙(空隙的大小十分重要)减少了冰与表面的接触面积,同时也减少了冰分子与固体分子之间的直接静电相互作用,达到降低黏附强度的效果。

冰的黏附强度可以通过剪切或拉伸黏附试验来表征,但由于目前没有形成冰黏附试验的标准文件,研究人员都采用了自行设计的测试设备进行试验。Thanh-Binh Nguyen 等人给出了不同高度纳米柱对冰在附着力和冻结时间方面的被动抗冰性能的影响,通过如图 7 - 14(a)所示的自制设备对冰的结冰时间和附着力进行测试,随着面积分数(纳米柱的顶部面积比总面积)的降低,冰滴在纳米结构表面的黏附值降低。Cassie-Baster 状态下的超疏水表面通过储存空气提供足量空隙,可以很好地降低冰的附着力,达到除冰的效果。

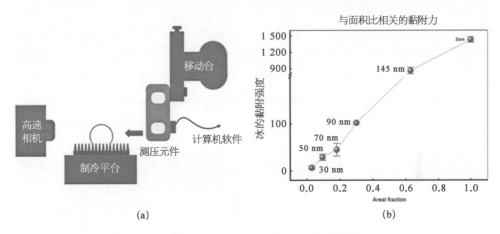

图 7 - 14　不同高度纳米柱对被动抗冰性能的影响

(a)黏附力和冻结时间的测量装置;(b)黏附力与纳米结构表面的面积分数之间的相关性

7.4　极地抗冰涂层的发展趋势

自从发现超疏水材料具有抗冰作用后,研究人员开发了大量以超疏水材料为基础的抗冰涂层,然而超疏水涂层的抗冰性能受到诸多内外因素的影响,探索解决现存问题的新方法尤为重要。近年来将不同技术、不同材料和超疏水材料结合在一起的新方向引起了广泛关注,如利用光热、电热技术或抑制形核的材料与超疏水材料结合在一起形成多功能化的抗冰涂层,这也是拓宽抗冰超疏水涂层的重要思路。

7.4.1　超疏水涂层

超疏水涂层具有优异的防结冰和除冰性能,正成为目前的研究热点。构成超疏水表面的条件是低表面能和微纳米粗糙结构,因此制备方法通常可分为两类,一类是典型的多步法,通常包括在低表面能表面构造微纳米粗糙度和先在表面构造粗糙结构再通过低表面能物质化学改性,具体的技术有:刻蚀法、沉积法、模板法、溶胶-凝胶法和层层自组装法等;另一类是一步法,通过在低表面能物质成膜过程同时形成表面粗糙度,构造出微纳米结构的超疏水表面,具体技术有:原位生成法、相分离法和一步喷涂法等。

在研究过程中,通常采用多步法制备超疏水涂层,如 Tien N. H. Lo 等人先通过化学刻蚀和水热法在 Al 表面制备出微纳米结构,然后将聚二甲基硅氧烷-三乙氧基硅烷(PDMS-TES)和全氟癸基三乙氧基硅烷(FD-TMS)以不同的比例混合修饰到微纳米结构表面上,以如图 7-15(a)所示流程制备出超疏水涂层,具体微纳米结构如图 7-15(b)所示。PDMS-TES 与 Al 表面为共价键结合,可以提高涂层耐久性,不同比例下的 FD-PDMS 接触角均可达 150°以上,如图 7-15(c)所示,而且添加小比例的 PDMS 促进了防冰性能的长期稳定性。对冰附着力和延迟结冰时间进行评估,发现即使在 100 次结冰、融化循环后,其对冰的黏附强

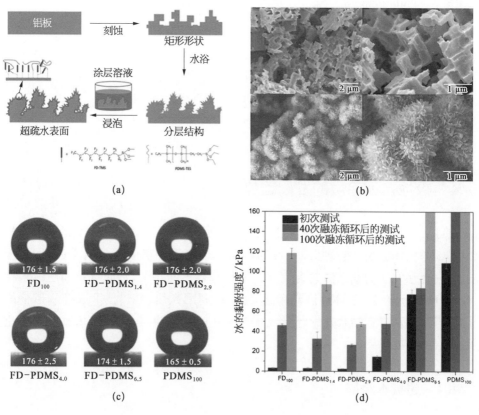

图 7-15   超疏水涂层

(a)超疏水涂层制备示意图;(b)Al 表面微纳米结构;(c)不同 FD-PDMS 比例接触角;(d)经过 40 和 100 次结冰、融化循环后,超疏水表面的冰黏附强度

度也能低至 47 kPa。

　　此外也有研究发现一些抑制结冰形核的因子(如聚乙烯吡咯烷酮、聚乙烯醇等)与超疏水材料结合在一起具有很好的抗冰效果。Hao Guo 等人通过喷涂法制备了聚乙烯醇-异丁基倍半硅氧烷/聚二甲硅氧烷(PVA-POSS/PDMS)涂层、POSS/PDMS 涂层,研究发现在合适的表面结构和喷涂次数下 PVA-POSS/PDMS 涂层表面的液滴冻结温度能比 POSS/PDMS 涂层表面低约 2℃,如图 7 - 16(a)(b)所示。PVA 作为一种形核抑制因子与超疏水材料结合在一起可以很好地提高涂层的抗冰性能,结合图 7 - 16(c)分析,这是由于 PVA 的羟基与水分子形成了氢键,阻碍了水分子在界面上的排列,影响了水分子的非均匀形核,最终影响了冻结温度和冰的黏附强度。

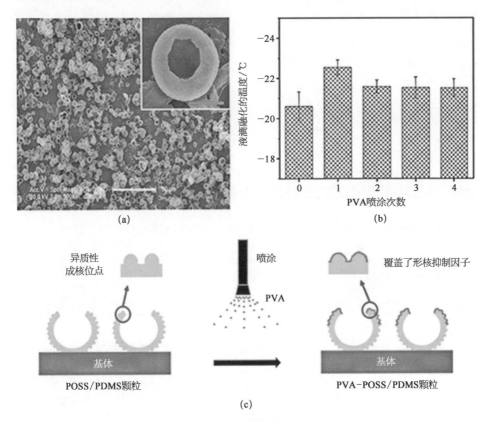

图 7 - 16　结冰形核抑制因子与超疏水材料的结合

(a) 喷涂四次的 PVA-POSS/PDMS 涂层表面形貌;(b) 喷涂次数对冻结时间的影响;(c) PVA 抑制形核的机理

　　然而在实际的使用过程中,由于划伤、磨料磨损和结冰循环等情况会使得超疏水涂层表面微纳米粗糙结构很容易被破坏,从而导致抗冰性能下降,这也是超疏水涂层普遍存在的机械耐久性不好的问题。基于此,易修复和自愈合类的超疏水涂层得到了广泛的关注和研究,在被外力破坏后,该类涂层可以通过简单的浸泡、重塑和热处理等方式重构表面微纳米结构和释放低表面能物质,恢复其结构和性能。Youfa Zhang 等人采用了简单的双浸没法,利用氟碳树脂和纳米二氧化硅的混合物成功制备了一种新型可修复的超疏水表面。磨砂、水砂冲击等试验结果表明涂层环境耐性较好,而且简单浸泡即可自修复超疏水性能。Qingqing Rao 等人将氟烷基硅烷(FAS)微胶囊、光催化二氧化钛纳米颗粒和 FAS 改性的二氧化硅纳米颗粒与水性聚硅氧烷树脂混合,获得水性自愈合超疏水涂层,其具有优良的机械性能和耐久性,尤其是在被机械损坏或被有机物污染后,这些涂层可以在紫外线下恢复其超疏水性。Yabin Li 等人通过将聚氨酯(PU)水溶液和十六烷基聚硅氧烷改性的 SiO_2(SiO_2@ HD-POS)水性悬浮液喷涂到基体材料上制备出超疏水涂层,涂层具有高化学稳定性、特殊的机械稳定性和抗各种损伤的自愈合能力,愈合剂(HD-POS)可以迁移到受损表面使其自愈,而且涂层在极寒天气(室外环境,−15℃,相对湿度 54%)中具有良好的静态和动态抗冰性能,如图 7 − 17 所示。

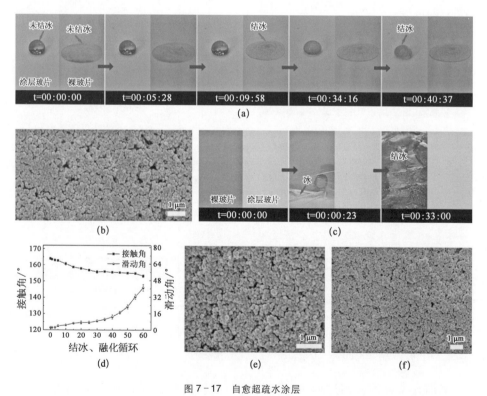

图 7 − 17　自愈超疏水涂层

（a）在 PU/SiO_2@ HD-POS 涂层玻片和裸玻片上的水滴的静态结冰过程的照片；（b）冰水滴剥离后涂层的扫描电镜照片；（c）裸玻片和涂层玻片上水滴动态结冰过程的照片；（d）超疏水性随结冰、融化循环的变化；（e）、（f）60 次结冰、融化循环后涂层的扫描电镜照片

　　基于此,以各种超疏水抗冰涂层制备方法为基础,对所用材料、冰的附着力和延时结冰时间等进行总结和归纳,具体内容见表 7-1。

表 7-1　超疏水抗冰涂层的制备方法、各项性能表征总结

制备方法	所用材料/ 基体材料	冰的附着力	延时结冰时间	其他性能
阳极氧化、喷涂法	F-SiO₂、PDMS/铝	26.3 kPa/821.9 kPa(20℃)	276.2 s/4.8 s (15℃,4 μL 水)	30 次结冰、融化循环,抗冰性能仍保持高稳定性,12.4 ms 液滴反弹接触时间
激光微织构、水热、化学修饰	FAS-17 修饰 TiO₂/Ti₆Al₄V 钛合金板	70 kPa/700 kPa(10℃)	765 s/13.2 s (-10℃,4 μL 水)	17 ms 液滴反弹接触时间,高 CA,低 CAH
模板法	CF/PEEK、FAS-17/铝	30.5 kPa/41.3 kPa(20℃,铝)	514 s/54 s(20℃,铝)	制备简单,高机械耐久性
两步喷涂法	PU、DE@HD-POS/玻璃、铝、镁	50.8 kPa/819 kPa(10℃,铝)	315 s/52 s(-15℃,60 μL 水,铝)	13.25 ms 液滴反弹接触时间,良好的机械、化学稳定性
化学刻蚀、修饰	AgNO₃、stearic acid/铁	—	621 s/295 s(-15℃,20 μL 水)	10 次结冰、融化循环,抗冰性能仍保持高稳定性
一步喷涂法	F-SiO₂、FSC/陶瓷、玻璃、马口铁等	27 kPa/1 600 kPa(-20℃,玻璃)	1 765 s/170 s (-20℃,2 μL 水,玻璃)	20 次结冰、融化循环仍保持超疏水结构,高耐剥落、耐磨及耐久性
相分离法	SAN、SiO₂/ASA resin 树脂	—	5 040 s/540 s (-10℃,10 μL 水)	高 CA,低 CAH,良好自清洁性能
一步浸渍法	PVDF、SiO₂/铝、玻璃和聚酯树脂	-20℃冰量减少40%,500 μL 水,铝	273 s/65 s(-20℃,400 μL 水,铝)	18 次结冰/除冰循环仍保持超疏水结构,6 小时内减少 70% 表面冰的形成
层层自组装法	TMES-SiO₂/航空复合板(ACP)	53.6 kPa/335.3 kPa(15℃)	195 s/77 s(-15℃,15 μL 水)	高机械耐久性,耐磨性

7.4.2　功能性光热超疏水涂层

　　构成超疏水涂层的一个重要条件是具有微纳米分层的表面粗糙结构,而在实际环境中,外力的存在往往会很容易破坏表面结构,这大大限制了超疏水涂层的应用。为扩展超疏水涂层的实际应用范围,近年来研究人员发展了一种新型的主动除冰和被动抗冰策略,在同时具有疏水性和光热功能的超疏水涂层方

向进行了大量研究,最大限度提高了防冰除冰效果。

光热材料的概念来自太阳能集热和医学上的光热疗法,是指材料在吸收太阳光能量的同时自身可以发出足量的热量。太阳辐射的光谱范围很宽,而能量主要集中在 $0.25 \sim 2.5~\mu m$,当太阳光束照射在光热材料表面时,一些入射光子会被其散射,而其他光子则会被吸收,被吸收的光子负责产生热。在一个完整的光热转换过程中,有两个参数被用于评价光热材料的性能,即消光系数 Q_{ext} 和

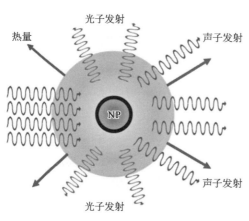

光子发射

热量

声子发射

NP

声子发射

光子发射

图 7 - 18　光束与纳米粒子相互作用时被激活的不同过程示意图

光热转换效率 η。Q_{ext} 指光热材料对太阳光的吸收能力,一旦吸收光,光热材料立即将部分光能转化为热能,而 η 反映了吸收光的热能转换效率。如图 7 - 18 所示,纳米粒子(NP)所吸收的能量(入射光子的能量×被吸收光子的总数)可以通过与入射光子不同能量的光子的发射来释放,也可以通过声子的发射来释放。为了确保较大的光热转换效率,需要具有大吸收效率和低发光量子产率的 NP。

目前应用在光热涂层中的材料可分为金属纳米材料、碳结构材料(碳纳米管)和有机纳米材料(导电聚合物)等。不同材料由于其结构和性质不同,光热机制也是不一样的。如金属纳米材料的光热机制与纳米颗粒和入射光发生表面等离子体共振作用有关,热量是由表面电流通过发热产生的弛豫产生的;碳结构材料的光热机制与 π 等离子共振有关(这种等离子体与碳原子之间的 π 键有关,并且来自光诱导的集体电荷运动);导电聚合物的光热机制与光诱导载流子电流的弛豫有很大关系。

分别以金属纳米材料、碳纳米管和导电聚合物光热材料为例进行分析。Ruofei Zhu 等人采用溶胶-凝胶工艺,在 Fe_2O_3 纳米颗粒周围修饰 1、1、1、3、3、3-六甲基二硅氮烷(HMDS),制备出超疏水纳米颗粒。再以聚二甲基硅氧烷(PDMS)为黏合剂,将超疏水颗粒喷涂到不同表面,一步构建有机-无机复合多功能涂层。将涂层喷涂至织物上,在近红外光的照射下发现随着辐照时间至 5 min,涂层织物的表面温度可达 52.9℃。此外近红外激光照射 20 s 后,涂层织物表面的冰开始融化,40 s 后完全融化,而未照射的冰则一直保持冻结。

Guo Jiang 等人通过简单的一步喷涂法在电缆护套材料(EVA)表面制备了具有主动光热除冰和被动抗冰性能的超疏水 SiC/CNTs 涂层,如图 7 - 19 所示。

研究发现,在-30℃环境下,含量比 2∶1 的 SiC/CNTs 超疏水涂层对水滴延时结冰的最长时间是 66 s,是无涂层 EVA 板的 4.4 倍,同时其冰附着力为 2.65 kPa,只有无涂层 EVA 板的十分之一。在近红外激光的照射 250 s 后,涂层表面的平均温度可从-25.5℃增加到-2.4℃,其光热转换效率可达 50.94%。

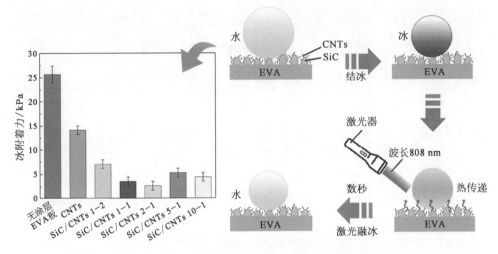

图 7-19　超疏水 SiC/CNTs 涂层防冰除冰作用过程示意图

Hua Xie 等人制备了一种高效无氟、防冰除冰的光热超疏水涂层,首先通过吡咯在凹凸棒石纳米棒表面氧化聚合合成光热聚吡咯/凹凸棒石(PPY/ATP),然后,通过十六烷基三甲氧基硅烷(HDTMS)和四乙氧基硅烷(TEOS)的水解缩合,实现十六烷基聚硅氧烷(hexadecylPOS)对 PPY/ATP 纳米棒进行改性,最后,通过将 PPY/ATP@hexadecylPOS 悬浮液和有机硅树脂的混合物喷涂到铝板上制备出光热超疏水涂层。研究发现,PPY/ATP@hexadecylPOS 涂层在室温一个太阳条件下有最快的光热转换速度,即 1 min 可升温至 60℃,10 min 升至最高温度 80℃,如图 7-20 所示。而且在-10℃环境下对 60 μL 延时结冰达 330 s,而在一个太阳下,

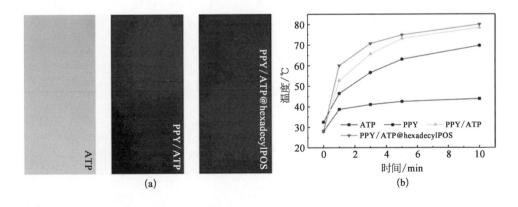

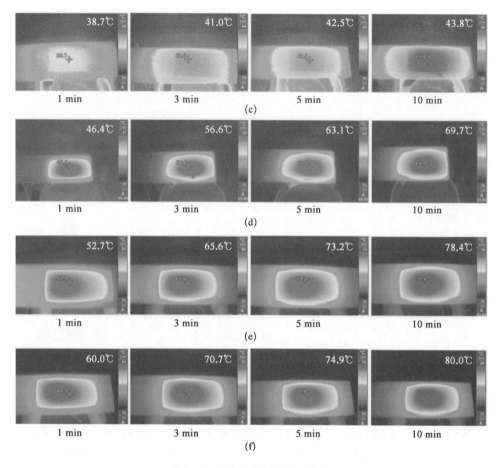

图 7－20　无氟抗冰光热超疏水涂层

（a）ATP、PPY/ATP 和 PPY/ATP@hexadecyl POS 涂层的照片；（b）不同涂层在 1 个太阳光照下的表面温度随照射时间的变化；（c）ATP；（d）PPY；（e）PPY/ATP；（f）PPY/ATP@hexadecyl POS

同样的环境延时结冰可达 600 s,在-10℃冰的附着力只有 51.6 kPa。文中的模拟室外环境研究表明该涂层有非常快的光热除冰和长效的防冰除冰性能。

基于此,对目前光热超疏水多功能涂层的制备方法、材料、冰的附着力和延时结冰时间等性能进行总结和归纳,具体内容见表 7－2。

7.4.3　功能性电热超疏水涂层

电热系统是一种广泛应用于飞机外侧的主动防冰和除冰策略,通过在飞机表面安装嵌入式的电加热元件或加入导电复合材料,接通电源后,会产生热量,达到防冰除冰的效果,其具有高效率,高可控性等特点,波音公司和空客公司都应用这种技术来进行防冰除冰。

表 7 - 2　光热超疏水抗冰涂层的制备方法、各项性能表征总结

制备方法	光热材料/基体	延时结冰时间	冰的附着力	光 热 性 能		其 他 性 能
				光照表面升温	光照冰融化时间	
飞秒激光+PFTS修饰	皱眼结构/铝1060	1 085 s/300 s (−15℃, 10 μL水)	—	300 s 升温至 80℃/一个太阳下(1 W/cm²)	240 s 可完全融化 10 mm × 10 mm 冰块/一个太阳−15℃	20 次结冰、融化循环仍保持超疏水结构,90 d户外,20 次磨损循环一个太阳下仍可增温 40℃
预处理+喷涂	SiO₂/SiC/碘处理EVA	152 s/29 s (−30℃)	4.42 kpa/52.17 kPa	10 s 升温至 315℃/近红外(808 nm)	180 s 可完全融化 25 mm × 35 mm×3 mm 的冰块/近红外(808 nm)	5 次结冰、融化循环后,近红外辐照下温度可达到 212℃
喷涂法	SiC/CNTs/EVA	66 s/15 s(−30℃)	2.65 kPa/25.65 kPa	60 s 升温至 172.6℃(808 nm)	250 s 可完全融化 25 mm × 45 mm×30 mm 冰块/近红外(808 nm)	辐照 250 s 后,涂层表面升温 23℃,光热转换效率达 50.94%
喷涂法	Fe₃O₄ NP/玻璃	2 878 s/50 s(−15℃)	213.7 kPa/399.9 kPa	300 s 升温至 38℃/日光灯照射(75 W)	232 s 可完全融化冰块/日光灯照射(75 W)	性能最佳的涂层在 10 次结冰、融化循环仍保持超疏水结构
电子束气相沉积	TiN, PTFE/Q235钢网,硅晶片	78 s/20 s (−10℃, Q235钢)	—	600 s 升温至 85℃/近红外(100 mW/cm²)	50 s 可完全融化 25 mm × 25 mm×3 mm 冰块/近红外(808 nm)	250℃高温热稳定性,极佳耐腐蚀性
喷涂法	SiC, SiO₂/500 目铜网	82 s/43 s (−30℃, 10 μL水)	1.66 kPa/5.87 kPa (平行方向)	60 s 升温至 48.3℃/808 nm, 2.5 W/cm²	300 s 冰层出现明显融化/红外(2.5 W·cm⁻²)	光热转换效率达 49.3%,100 次弯曲和胶带剥离仍然保持高光热转换效率
喷涂法	黑色素纳米颗粒/玻璃	144 s/63 (−20℃)	25.65 kPa/104.13 kPa	600 s 升温至 68.5℃/一个太阳(1 W/cm²)	600 s 3 mm 厚冰层完全融化/一个太阳(1 W/cm²)	10 次结冰、融化循环仍保持超疏水结构,高辐射耐久性
喷涂法	FMWCNTs/铝	364 s/23 s (−10℃, 10 μL水)	—	快速升温至 55.7℃/一个太阳(1 W/cm²)	900 s 2 mm 厚冰层完全融化/一个太阳(1 W/cm²)	具有光热自愈合性,较高的光热转换效率

作为电热系统中的重要一环,导电复合材料得到了广泛的关注和大量的研究。近年来,具有优异电子流动性的碳材料及其衍生物成为导电复合材料的研究热点,如碳纳米管(CNT)、高度有序排列的碳纳米网、石墨烯、石墨烯纳米带(GNP)、石墨纳米片(GNR)和碳纤维(CF)等。

Xudan Yao 等人通过化学气相沉积法制备出不同层数的 CNT 网,将其嵌入到两层的编制玻璃纤维预浸料(GF)之间,最后经过固化形成 GF/CNT/GF 环氧复合材料,为进行对比 CF 也以同样的方式进行制备得 GF/CF/GF 环氧复合材料。研究发现以 CNT 网为加热元件(CNT10、CNT20、CNT30、CNT40),比 CF(CF4、CF8、CF12、CF16)可获得更高的升温和降温速率和更高的高台温度。为测试抗冰性能,将样品置于 −18 ~ −25℃ 的环境中,样品表面倒入约 3 mm 的水,然后立刻通上 10 V 电压,记录温度和样品结冰情况。如图 7 - 21 所示,可以发现

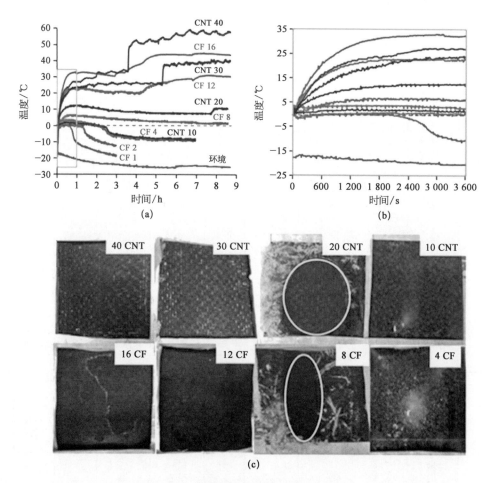

图 7 - 21　CNT 与 CF 的温升对比和覆冰情况

(a) 第一个小时温度与时间关系;(b) 10 V 下温度与时间关系;(c) 试验结束后的覆冰图像

不同层数的 CNT 样品比对应的 CF 样品具有更快的升温速率和更高的高台温度,而 CF 样品加热效果不均匀,体现为中心无冰,四周冻结,相比较而言 CNT 样品加热效果更均匀,抗冰效果更好。此外 CNT 样品可以较快地脱冰,具有较好的除冰性能。可见对于电热复合材料,热稳定性、均匀性和电加热性能是一样重要的。

　　然而对于此类电热系统,通过焦耳生热所消耗的功率远远超过防冰所需的功率,所以电热系统会造成能源浪费,有研究显示,对于 $100\sim220~kW$ 的涡轮机,其电动防冰所消耗的功率占总额定功率的 $6\%\sim12\%$,这严重消耗了飞机飞行时的能源。将主动防除冰策略和被动防除冰策略结合在一起,可以极大减少能源的消耗。如将电热复合材料和超疏水涂层结合在一起,利用超疏水涂层的优异防冰性能,辅以电热系统进行结冰后的除冰,既可以减少能源消耗,又提高了抗冰的效果。

　　具有优异电学性能的 CNT 是碳材料中应用最广泛的一种,将其与超疏水结构结合是研究人员关注的热点。Zehui Zhao 等人制备了中间层为添加 MWCNT 的电加热涂层(EC)+顶部为氟硅烷改性的超疏水涂层的双层结构(S-EC),同时以聚酰亚胺(HF)加热膜作为对照,试验发现 MWCNT 添加量在质量分数 12.5% 时综合性能最佳。如图 7 - 22(a)所示,S-EC 的热红外图像显示了温度分布的均匀性,值得注意的是,S-EC 的部分损伤并不影响其他区域的加热性能[图 7 - 22(b)]。结合图 7 - 22(c)、(d),可见随着涂层厚度的增加,S-EC 与 HF 之间加热时间的差异逐渐增大,总体 S-EC 比 HF 具有更高的加热速率。

　　通过记录在 −43℃ 条件下,热量传递后将冰完全从样品表面移出的时间来考察除冰性能,从图 7 - 23 中可以看出,随着加热功率 P_{d} 的增加样品的脱冰时间减少。其中,S-EC 涂层只需要 97 s 就可以完全脱冰,可以节省更多的能量(比 HF 高达 45%)。此外,S-EC 涂层在除冰方面相比 EC 涂层大大降低了冰的黏附力,并且可节省 27% 的能量。

　　除了 MWCNT 外,其他类型的碳材料也得到了研究人员的关注,如 Zhenming Chu 等人提出了一种重量轻、超疏水、高电热、耐久性强、具有电热除冰性能的石墨烯基薄膜,该薄膜采用 1H、1H、2H、2H −全氟癸基三氯硅烷(FDTS)改性 SiO_2/还原氧化石墨烯褶皱制备(FSGF)。通过不同厚度的石墨烯薄膜(约 25、50、100 和 200 nm)获得 FSGFs,分别命名为 FSGF - T25、FSGF - T50、FSGF - T100 和 FSGF - T200。研究发现,FSGF - T200 薄膜不但对水滴延时结冰可以延长至 8 倍左右,而且可将冰的附着力可以降低至 0.2 倍。除此以外,FSGF - T200 薄膜也具有较好的电热性能,在 15 V 电压下可以在 20 s 内迅速升温到 62.2℃,而且温度分布是均匀的。除霜和除冰试验发现,在 15 V 电压下 FSGF - T200 薄膜 30 s 内可以完全除去霜,20 s 内可以让冰层融化滑动,如图 7 - 24 所示。

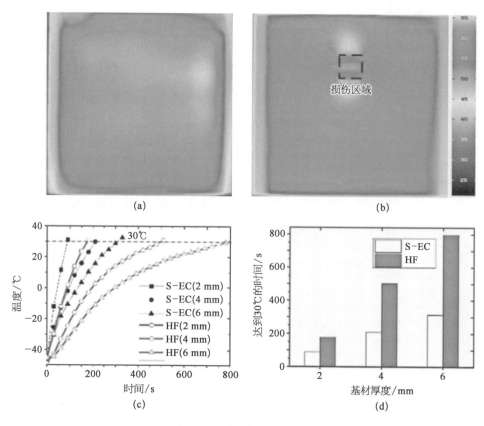

图 7 - 22 涂层的电加热性能

（a）S-EC 的热红外图像；（b）S-EC 的表面损伤热红外图像；（c）不同衬底厚度下 S-EC 和 HF 的电加热过程曲线；（d）不同衬底物厚度下 S-EC 和 HF 达到 30℃ 的时间对比结果

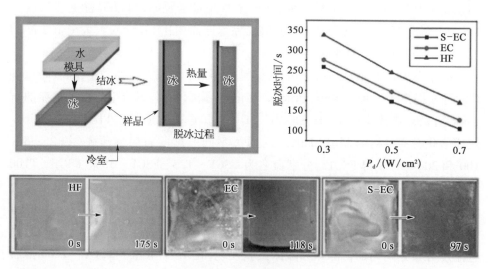

图 7 - 23 涂层的除冰性能

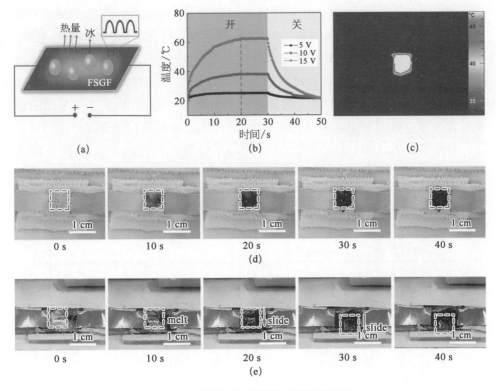

图 7-24　FSGF-T200 薄膜的电热除冰和除霜

（a）FSGF 电热除冰原理图；（b）FSGF-T200 在不同施加电压下的焦耳加热曲线；（c）施加 FSGF-T200 直流电压后的红外图像；（d）施加 1C200 的 15 V 直流电压后 FSGF-T200 的除霜过程；（e）施加 15 V 直流电压后 FSGF-T200 的除冰过程

　　电热材料具有高效的除冰效率,但是往往会存在功耗大的问题,将其与超疏水技术结合在一起,可以达到一体化防冰和除冰的效果,发展高灵活度、高耐久性和低功耗的电热超疏水材料和技术也是未来抗冰涂层的一个重要研究方向。

7.4.4　其他复合功能性超疏水涂层

　　在研究超疏水抗冰涂层材料的过程中,科研人员也发现将磁性材料、相变生热材料及同时具有光热、电热性能的材料等与超疏水材料结合在一起会有更好的抗冰效果,对开拓超疏水涂层的应用具有重要的意义,这也将成为未来的研究热点。

　　磁性纳米材料不但具有从光中吸收能量的特点,而且能够在外部交流磁场下产生自加热。可以将其光热和磁热效应的主动除冰策略与超疏水性能的被动抗冰策略相结合,制备出性能优异的抗冰涂层。Tiantian cheng 等人制备出氨基功能化的磁性 Fe_3O_4 纳米颗粒,并与氟化聚合物进行交联形成功能化的涂层,研究发现目标涂层具有良好的超疏水性和润湿稳定性,超疏水表面可以将冻结时间从 50 s 延长到 2 878 s,且对冰的黏附强度明显低于纯共聚物涂层。磁性 Fe_3O_4 的掺入给杂化薄膜带来了明显的磁场诱导加热特性,掺杂含量最多的组分在 25 s 可以升温至 20℃ 以上,如图 7 - 25 所示。磁性颗粒能使混合涂层具有显著的光热除冰性能,最高温度可达 38℃,从而加速冰的融化过程,缩短融化时间。

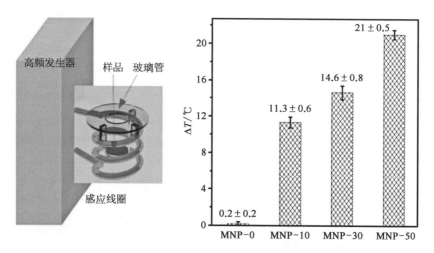

图 7 - 25　磁热试验装置及 MNP - 0、MNP - 10、MNP - 30 和 MNP - 50
表面在替代磁场作用 25 s(7.8 kW)下的加热效应

将光热和电热效应的主动除冰策略与超疏水性能的被动抗冰策略相结合是未来功能化抗冰涂层的一个创新应用方向。Yubo Liu 等人采用喷涂法制备了一种由导电碳纳米管(ECNT)和氟改性聚丙烯酸酯组成的光热@电热超疏水涂层(PESC),同时实现了抗冰和脱冰的效果。如图 7 - 26(a)所示,PESC 在 1.2 个太阳光照下温度能达到 18.6℃;当施加 15 V 电压时温度也可以达到 42.3℃[图 7 - 26(b)]。对于在 -30℃ 下有水滴的涂层表面,将阳光照明增加到 0.8 太阳,或电压提高到 10.5 V,水滴不会出现结冰;当 0.5 太阳太阳能光和 9.0 V 电压同时作用于涂层表面时,涂层表面温度可上升至 18.3℃,可以完全抑制水滴的结冰。如图 7 - 27 所示,在 -30℃ 的结冰环境下,覆盖清洁冰的涂层表面在一个太阳光照及 12 V 电压作用下最高温度可达 73℃,对于有泥的冰最高温度也可以达到 45℃,表明光热和电热条件下可以在几分钟内去除表面覆盖的冰层。该种多功能超疏水涂料在抗冰方面具有广阔的应用前景。

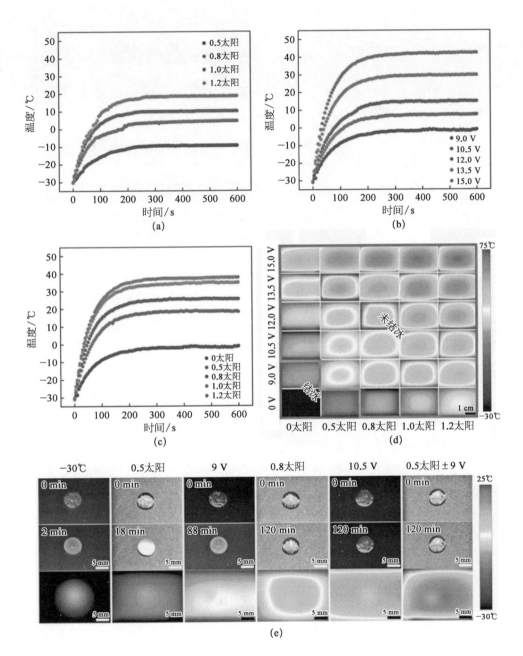

图 7-26　PESC 涂层性能

　　(a) 不同太阳光强度下 PESC 的温度变化;(b) 不同电压作用下 PESC 的温度曲线;(c) 在 9.0 V 电压下,PESC 的表面温度,辅助各种太阳光辐照;(d) 不同条件下 10 min 下 PESC 涂层表面的红外图像;(e) 水滴结冰和防冰试验的照片和红外图像

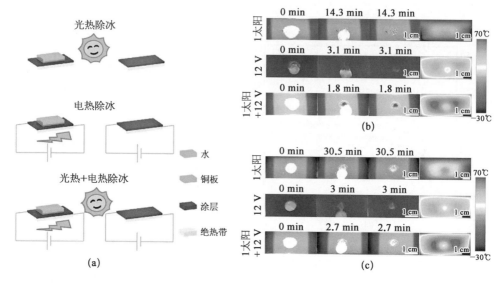

图 7-27　多种条件下的除冰方案及效果

（a）结构示意图；（b）光热、电热和光热+电热下清洁冰的融化；（c）光热、电热和光热+电热下泥冰的融化

7.5　小结

　　自然界中常见的结冰现象，对人们的生活会产生很大影响，更重要的是对船舶、航空、电力等行业会造成严重的危害和损失。究其原理，结冰过程是在驱动力的作用下，随机自发形成不稳定的晶核，晶核会随机地产生和消失，当晶核达到一个临界尺寸（超过了活化势能）就能够稳定存在并不断膨胀，最终导致整个体系的结晶。

　　超疏水涂层可以延缓这样的结冰过程，从而使得其在抗冰除冰领域得到了广泛的应用，这与超疏水结构本身的低表面能物质和微纳米粗糙度结构有密切关系。事实上对于超疏水结构，也有杨氏、Wenzel、Cassie-Baster 等几种不同的润湿状态，这对其性能会产生很大影响。对于超疏水涂层的抗冰特性可以分为三个角度，即动态水滴的去除、晶核形成的控制和冰附着力的降低。

　　然而超疏水涂层表面存在微纳米粗糙度结构容易被破坏、低表面能物质与基质的黏附力不强的缺陷，这使得其应用受到了一定程度的限制。结合已经成熟应用的电热除冰技术，将此类主动除冰技术与被动抗冰的超疏水材料结合在一起，是一种非常有潜力、有应用价值的抗冰除冰策略。目前该方向的研究主要有电热超疏水涂层、光热超疏水涂层、电热+光热+超疏水涂层及其他一些功能性超疏水涂层。总的来说,各类功能性超疏水涂层在抗冰领域具有很大的应用价值。

参考文献

[1]　Boinovich L B, Emelyanenko A M. Anti-icing Potential of Superhydrophobic Coatings[J]. Mendeleev Communications, 2013, 23(1): 3 – 10.

[2]　Dalili N, Edrisy A, Carriveau R. A review of surface engineering issues critical to wind turbine performance[J]. Renew Sustain Energy Rev, 2009, 13(2): 428 – 438.

[3]　Alizadeh A, Yamada M, Li R, et al. Dynamics of Ice Nucleation on Water Repellent Surfaces[J]. Langmuir the Acs Journal of Surfaces & Colloids, 2012, 28(6): 3180.

[4]　Norrstr M A C, Bergstedt E. The Impact of Road De-Icing Salts (NaCl) on Colloid Dispersion and Base Cation Pools in Roadside Soils[J]. Water Air & Soil Pollution, 2001, 127(1 – 4): 281 – 299.

[5]　Lv J, Song Y, Jiang L, et al. Bio-Inspired Strategies for Anti-Icing[J]. Acs Nano, 2014, 8(4): 3152 – 3169.

[6]　Yao X, Hu Y, Grinthal A, et al. Adaptive fluid-infused porous films with tunable transparency and wettability[J]. Nature Materials, 2013, 12(6): 529 – 534.

[7]　Vogel N, Belisle R A, Hatton B, et al. Transparency and damage tolerance of patternable omniphobic lubricated surfaces based on inverse colloidal monolayers[J]. Nature Communications, 2013, 4: 2167.

[8]　Wong T S, Kang S H, Tang S, et al. Bioinspired self-repairing slippery surfaces with pressure-stable omniphobicity[J]. Nature, 2011.

[9]　Li W, Zhan Y, Yu S. Applications of superhydrophobic coatings in anti-icing: Theory, mechanisms, impact factors, challenges and perspectives[J]. Progress in Organic Coatings, 2021, 152: 106117.

[10]　Lin N, Liu X Y. Correlation between hierarchical structure of crystal networks and macroscopic performance of mesoscopic soft materials and engineering principles[J]. chemical society reviews, 2015, 44(21): 10 – 1039.

[11]　Schutzius T M, Jung S, Maitra T, et al. Physics of icing and rational design of surfaces with extraordinary icephobicity[J]. Langmuir, 2015, 31(17): 4807 – 4821.

[12]　Liu W, Wang C, Zhang L, et al. Exfoliation of amorphous phthalocyanine conjugated polymers into ultrathin nanosheets for highly efficient oxygen reduction[J]. Journal of Materials Chemistry A, 2019,7.

[13]　Yin Z, Xue M, Luo Y, et al. Excellent static and dynamic anti-icing properties of hierarchical structured ZnO superhydrophobic surface on Cu substrates[J]. Chemical Physics Letters, 2020, 755: 137806.

[14]　Shen Y, Tao J, Tao H, et al. Superhydrophobic Ti6Al4V surfaces with regular array patterns for anti-icing applications[J]. RSC advances, 2015, 5(41): 32813 – 32818.

[15]　Jia Z, Shen Y, Tao J, et al. Understanding the Solid-Ice Interface Mechanism on the Hydrophobic Nano-Pillar Structure Epoxy Surface for Reducing Ice Adhesion[J]. Coatings (Basel), 2020, 10(11): 1.

[16]　Qian C, Li Q, Chen X. Droplet Impact on the Cold Elastic Superhydrophobic Membrane with Low Ice Adhesion[J]. Coatings (Basel), 2020, 10(10): 1.

[17]　Luo Z, Zhang Z, Wang W, et al. Various curing conditions for controlling PTFE micro/nano-fiber texture of a bionic superhydrophobic coating surface[J]. Materials Chemistry and Physics, 2010, 119(1): 40 – 47.

[18]　Luo Z Z, Zhang Z Z, Hu L T, et al. Stable Bionic Superhydrophobic Coating Surface Fabricated by a Conventional Curing Process[J]. Advanced materials (Weinheim), 2008,

        20(5): 970 - 974.

[19]   Lin Y, Chen H, Wang G, et al. Recent Progress in Preparation and Anti-Icing Applications
        of Superhydrophobic Coatings[J]. Coatings (Basel), 2018, 8(6): 208.

[20]   Rao Q, Chen K, Wang C. Facile preparation of self-healing waterborne superhydrophobic
        coatings based on fluoroalkyl silane-loaded microcapsules[J]. RSC advances, 2016, 6
        (59): 53949 - 53954.

[21]   Li Y, Li B, Zhao X, et al. Totally Waterborne, Nonfluorinated, Mechanically Robust, and
        Self-Healing Superhydrophobic Coatings for Actual Anti-Icing [J]. ACS Appl Mater
        Interfaces, 2018, 10(45): 39391 - 39399.

[22]   Shen Y, Wu Y, Tao J, et al. Spraying Fabrication of Durable and Transparent Coatings for
        Anti-Icing Application: Dynamic Water Repellency, Icing Delay, and Ice Adhesion[J].
        ACS Appl Mater Interfaces, 2019,11(3): 3590 - 3598.

[23]   Pan L, Wang F, Pang X, et al. Superhydrophobicity and anti-icing of CF/PEEK composite
        surface with hierarchy structure[J]. Journal of materials science, 2019, 54(24): 14728 -
        14741.

[24]   Xie H, Zhao X, Li B, et al. Waterborne, non-fluorinated and durable anti-icing
        superhydrophobic coatings based on diatomaceous earth [J]. New journal of chemistry,
        2021, 45(23): 149 - 1417.

[25]   Li K, Zeng X, Li H, et al. A study on the fabrication of superhydrophobic iron surfaces by
        chemical etching and galvanic replacement methods and their anti-icing properties [J].
        Applied surface science, 2015, 346: 458 - 463.

[26]   Wu Y, She W, Shi D, et al. An extremely chemical and mechanically durable siloxane
        bearing copolymer coating with self-crosslinkable and anti-icing properties[J]. Composites
        Part B: Engineering, 2020, 195: 108031.

[27]   Xu K, Du M, Hao L, et al. A review of high-temperature selective absorbing coatings for
        solar thermal applications[J]. Journal of Materiomics, 2020, 6(1): 167 - 182.

[28]   Liu S, Wang L, Lin M, et al. Tumor Photothermal Therapy Employing Photothermal
        Inorganic Nanoparticles/Polymers Nanocomposites[J]. Chinese journal of polymer science,
        2018, 37(2): 115 - 128.

[29]   Jaque D, Abiade J T. Nanoparticles for photothermal therapies[J]. Nanoscale, 2014.

[30]   Liu Y, Wu Y, Liu S, et al. Material Strategies for Ice Accretion Prevention and Easy
        Removal[J]. ACS materials letters, 2021: 246 - 262.

[31]   Zhu R, Liu M, Hou Y, et al. One-Pot Preparation of Fluorine-Free Magnetic
        Superhydrophobic Particles for Controllable Liquid Marbles and Robust Multifunctional
        Coatings[J]. ACS applied materials & interfaces, 2020,12(14): 17004 - 17017.

[32]   Zhao W, Xiao L, He X, et al. Moth-eye-inspired texturing surfaces enabled self-cleaning
        aluminum to achieve photothermal anti-icing[J]. Optics and laser technology, 2021, 141:
        107115.

[33]   Hu J, Jiang G. Superhydrophobic coatings on iodine doped substrate with photothermal
        deicing and passive anti-icing properties[J]. Surface and Coatings Technology, 2020, 402:
        126342.

[34]   Jiang G, Chen L, Zhang S, et al. Superhydrophobic SiC/CNTs Coatings with Photothermal
        Deicing and Passive Anti-Icing Properties[J]. ACS Appl Mater Interfaces, 2018, 10(42):
        36505 - 36511.

[35]   Cheng T, He R, Zhang Q, et al. Magnetic particle-based super-hydrophobic coatings with
        excellent anti-icing and thermoresponsive deicing performance [J]. Journal of materials
        chemistry. A, Materials for energy and sustainability, 2015, 3(43): 21637 - 21646.

[36]   Jung D, Kim D, Lee K H, et al. Transparent film heaters using multi-walled carbon
        nanotube sheets[J]. Sensors & Actuators A Physical, 2013, 199: 176 - 180.

[37]   Im H, Jang E Y, Choi A, et al. Enhancement of heating performance of carbon nanotube
        sheet with granular metal. [J]. Acs Applied Materials & Interfaces, 2012, 4(5): 2338 -
        2342.

［38］　Chu H, Zhang Z, Liu Y, et al. Self-heating fiber reinforced polymer composite using meso/ macropore carbon nanotube paper and its application in deicing［J］. Carbon, 2014, 66: 154 - 163.

［39］　Yao X, Hawkins S C, Falzon B G. An advanced anti-icing/de-icing system utilizing highly aligned carbon nanotube webs［J］. Carbon, 2018: S1976026387.

［40］　Guadagno L, Santis F D, Pantani R, et al. Effective de-icing skin using graphene-based flexible heater［J］. Composites Part B: Engineering, 2019.

［41］　Redondo O, Prolongo S G, Campo M, et al. Anti-icing and de-icing coatings based Joule's heating of graphene nanoplatelets ［J］. Composites Science and Technology, 2018: S1421441690.

第8章 极地船舶材料的性能检测与标准

极地船舶长期面临超低温的恶劣服役环境,其结构安全性能要求非常严格,船舶设计、材料、建造和配套技术都有特殊的要求。IMO 分别于 2002 年和 2009 年发布了《在北极冰覆盖水域内船舶航行指南》和《在极地水域内船舶航行指南》。IMO 海事安全委员会于 2014 年通过了具有强制性的《极地水域船舶作业国际规则》(简称"极地规则")及其相关国际公约修正案。而 IACS 也于 2006 年发布了 IACS UR。这些文件共同构成了极地船舶制造、运行的保障体系。

IMO 规则明确提出了极地船舶必须采用适应极地环境的结构材料及建造工艺,以防止发生因脆性断裂而导致的船体结构失效事故。各国船级社在 IACS UR 基础上编制了各自的极地船舶规范,规定了各级极地船舶的强度设计要求以及所用材料级别,技术要求与 IACS UR 基本一致。

中国船级社在 2016 版《极地船舶指南》明确规定了极地船舶用耐低温钢的技术要求。目前,极地船舶规范以船级社规范钢级要求为依据进行选材,尚无专门的极地船舶材料规范。而现有船级社规范钢级以冲击试验温度进行定义,最高级别为-60℃冲击温度的 F 级。现有规范中对断裂安全性的评价准则不能反映极地船舶服役环境,未来极地船舶规范发展应考虑水面水下巨大温差引起的结构材料体积变化而可能产生的巨大结构应力、冰层连续冲击致使船体产生的低温疲劳和低温塑性变形等工况,并在这些条件下对材料进行测试。

我国作为造船和航运大国,有必要充分利用极地科考资源,有计划地开展极地环境条件研究,掌握极地环境基本数据,包括气温、冰情,开展船舶重要设备及材料在极地条件下的测试技术研究,制定相关低温性能和试验标准,加强冰区载荷等关键技术、关键材料的测试研究,为突破极地船舶装备设计的关键点和技术瓶颈服务。

　　极地船舶的自主设计建造对我国的极地战略及我国在该领域的国际话语权具有重要的意义。在当前的国际政治及经济形式下,极地船舶用关键钢材的研制及其相关技术开发是我国自主建造新型破冰船成功与否的关键。我国现有"雪龙"号与"雪龙 2"号破冰船为常规意义的科学考察船,所应用的船体结构材料仍旧为常规低温材料,船的设计建造及检测仍旧参照一般破冰能力的标准。而更高性能破冰船的建造需要更加健全的性能检测体系。因此,进行加工服役性能研究,特别是材料的耐磨性、温度频繁变化引起的耐腐蚀性、可焊性、可加工性能、抗疲劳、抗冲撞、低温止裂和抗辐照性能研究,建立完整的低温钢材料性能、加工性能、服役性能的评价体系,建立评价平台(试验装备)、评价方法、评价标准,尽快在此领域发出中国自己的声音显得尤为迫切和重要。

8.1　极地船舶主要金属材料的性能检测

　　对于极地船舶材料的一般性试验方法与相关的标准,"中国船级社"的《材料与焊接规范》(2018)中都有比较明确的要求,主要内容包括:金属材料、非金属材料和焊接。其中金属材料包括钢板、钢管、锻钢件、铸钢件、铸铁件、铝合金和其他有色金属等;非金属材料包括塑料、纤维增强塑料、混凝土、纤维绳等;焊接包括焊接材料、焊接工艺、船体结构的焊接、海上设施结构的焊接等。

　　试验与检验的一般要求应在验船师或授权代表在场下进行,以验证试验结果是否满足规定的要求。主要包括以下几项:化学分析、热处理、力学性能试验、无损检测、复试、表面质量、材料的标识等。对于极地破冰船来说,最需要解决的是关键钢材的服役性能提升,因此,本节将重点介绍:高强度结构钢、复合钢板、Z 向钢、耐辐照钢和焊接材料的一般性试验与检测方案。

8.1.1　高强度结构钢

　　高强度船体结构用钢按其最小屈服强度划分强度级别,每一强度级别又按其冲击韧性的不同分为 A、D、E、F 四个等级。一般是厚度不超过 150 mm 的AH32、DH32、EH32、FH32、AH36、DH36、EH36、FH36、AH40、DH40、EH40和 FH40 等级的钢板和宽扁钢;适用这些钢板和宽扁钢的检测方法和性能要求也适用于上述等级厚度不大于 50 mm 的型钢和棒材。普通强度级别 A、B、D、E 参照船级社规范进行。屈服强度不小于 460 N/mm^2 的高强度船用结构钢应参照船级社规范进行,并由船东或船级社批准。

高强度船体结构用钢均应为经过细化晶粒处理的镇静钢,其熔炼分析化学成分应符合表 8 - 1 的要求。

表 8 - 1   高强度船体结构用钢的化学成分

元 素	AH32、DH32、EH32、AH36、DH36、EH36、AH40、DH40、EH40	FH32、FH36、FH40
C	≤0.18	≤0.16
Mn	0.90~1.60	0.90~1.60
Si	≤0.50	≤0.50
S	≤0.035	≤0.025
P	≤0.035	≤0.025
Als	≥0.015	≥0.015
Nb	0.02~0.05	0.02~0.05
V	0.05~0.10	0.05~0.10
Ti	≤0.02	≤0.02
Cu	≤0.35	≤0.35
Cr	≤0.20	≤0.20
Ni	≤0.40	≤0.80
Mo	≤0.08	≤0.08
N	–	≤0.009

船东可对碳当量提出要求。碳当量 C_{eq} 可根据化学成分按下列公式计算:

$$C_{eq} = \left(C + \frac{Mn}{6} + \frac{Cr + Mo + V}{5} + \frac{Ni + Cu}{15} \right) \times 100\% \qquad (8-1)$$

对于以热机械控制轧制状态交货的钢材,船东若无特殊要求,应符合表 8 - 2 要求。

根据需要,可采用按下列公式计算出的冷裂纹敏感系数 P_{cm} 代替碳当量,来衡量钢材的可焊性:

$$P_{cm} = \left(C + \frac{Si}{30} + \frac{Mn}{20} + \frac{Cu}{20} + \frac{Ni}{60} + \frac{Cr}{20} + \frac{Mo}{15} + \frac{V}{10} + 5B \right) \times 100\% \quad (8-2)$$

高强度船体结构用的钢板、扁钢和型钢的拉伸试验和冲击试验应符合表 8 - 3 所要求的力学性能。

表 8-2 厚度小于等于 150 mm 的控轧控冷工艺高强钢碳当量

钢 材 等 级	碳当量[①] C_{eq}/%		
	厚度 t/mm		
	$t \leqslant 50$	$50 < t \leqslant 100$	$100 < t \leqslant 150$
AH27、DH27、EH27、FH27	$\leqslant 0.36$	$\leqslant 0.38$	$\leqslant 0.40$
AH32、DH32、EH32、FH32	$\leqslant 0.36$	$\leqslant 0.38$	$\leqslant 0.40$
AH36、DH36、EH36、FH36	$\leqslant 0.38$	$\leqslant 0.40$	$\leqslant 0.42$
AH40、DH40、EH40、FH40	$\leqslant 0.40$	$\leqslant 0.42$	$\leqslant 0.45$

注：① 钢厂和船厂可以根据具体情况协商制定更严格的碳当量要求。

表 8-3 高强度船体结构用钢的力学性能

等级	R_{eH}/MPa	R_m/MPa	A/%	试验温度/℃	夏比 V 型缺口试验					
					平均冲击功不小于/J					
					厚度 $t \leqslant$ 50 mm		50 mm<厚度 $t \leqslant$ 70 mm		70 mm<厚度 $t \leqslant$ 150 mm	
					纵向	横向	纵向	横向	纵向	横向
AH32	315	440~570	22	0	31	22	38	26	46	31
DH32				−20						
EH32				−40						
FH32				−60						
AH36	355	490~630	21	0	34	24	41	27	50	34
DH36				−20						
EH36				−40						
FH36				−60						
AH40	390	510~660	20	0	39	26	46	31	55	37
DH40				−20						
EH40				−40						
FH40				−60						

8.1.2　复合钢板

复合钢板指由基体材料和在其单面或双面上整体结合的薄层(覆层金属)所组成的板材,适用于船体外板冰带部分、压载舱、特殊容器等区域。复合钢板的基体材料适合采用轧制复合方法结合的碳钢或碳锰钢,覆层金属一般为奥氏体不锈钢、铬钢、铝合金或铜镍合金等。基体材料和覆层金属相互间应充分黏合。除另有协议外,黏合面积比例至少应达到98%。如复合钢板在以后的焊接过程中发现焊接接头部位有未黏合的情况,应采取经船级社同意的方法进行黏合。覆层金属与基体材料的黏合质量应采用超声波检测法来检查,板厚不小于10 mm者应逐张检查,板厚小于10 mm者由验船师确定。用于冰带区域的复合钢板应每张检查。对所有距四周边缘宽度不小于50 mm的区域应进行100%检查,中间区域应沿间隔200 mm四方环线进行连续的检查。允许存在的单个未黏合区域面积应不超过2 500 mm^2,且各单个未黏合区域之间的距离应不小于1 000 mm。覆层金属与基体材料的黏合强度可用剪切试验来确定。

拉伸试样与弯曲试样一般应为全厚度板状试样,但若板材厚度超过50 mm或由于受限于试验机能力,则允许将试样机加工减薄。对于单面复合板,试样的两面均应机加工,使覆层金属和基体材料之间厚度比例与原来一样,但覆层金属的厚度不应减薄到3 mm以下;对双面复合板的试样,可采用剖开法减薄,此时两个半块均应进行试验。拉伸试验时,应从每张钢板上制备2个试样。拉伸试验应按下述步骤进行:先对一个完整的复合钢板(包括两面机加工减薄者)试样进行试验,测得的屈服强度或抗拉强度R_c应不小于按下式计算所得之值:

$$R_c = \frac{t_1 R_1 + t_1 R_2}{t_1 + t_2} \tag{8-3}$$

其中,t_1为基体材料的公称厚度,mm;t_2为覆层材料的公称厚度,mm;R_1为基体材料的规定最小屈服强度(R_{eH})或非比例延伸强度($R_{p0.2}$)或抗拉强度(R_m),N/mm^2;R_2为覆层材料的规定最小屈服强度(R_{eH})或非比例延伸强度($R_{p0.2}$)或抗拉强度(R_m),N/mm^2;R_c为复合钢板的规定最小屈服强度(R_{eH})或非比例延伸强度($R_{p0.2}$)或抗拉强度(R_m),N/mm^2。

如果R_c小于按式(8-3)计算所得之值,则应对另1个试样(去除覆层金属后的基体材料试样)进行试验,试验结果应符合基体材料的规定。

弯曲试验应从每张钢板上制备2个弯曲试样。对于单面复合钢板,应使

1 个试样的覆层金属受拉,另 1 个试样的覆层金属受压。对于双面复合钢板,则应使两面覆层金属均受拉、受压。弯曲角度为 180°,弯芯直径 D 按基体材料的规定。试验后试样受拉表面应无裂纹,覆层金属与基体材料应无分离现象。

剪切试验应从每张钢板上制备 1 个横向试样,按船级社接受的方法进行试验,黏合面的抗剪强度应不低于规定:对抗拉强度 $R_m < 280$ N/m^2 者,抗剪强度为抗拉强度的 50%;对抗拉强度 $R_m \geq 280$ N/mm^2 者,抗剪强度为 140 N/mm^2。

如果对基体材料有冲击功的要求,则应按基体材料的有关规定,进行冲击试验。

当覆层材料为有耐腐蚀要求的不锈钢材料时,应对覆层材料进行耐晶间腐蚀试验。

8.1.3　Z 向钢

Z 向钢是采用焊接连接的钢结构中,当钢板厚度不小于 40 mm 且承受沿板厚度方向的拉力时,为避免焊接时产生层状撕裂,需采用抗层状撕裂的钢材。厚板存在层状撕裂问题,故要进行 Z 向性能测试。

钢板和型钢经过滚轧成型的,一般多高层钢结构所用钢材为热轧成型,热轧可以破坏钢锭的铸造组织,细化钢材的晶粒。钢锭浇铸时形成的气泡和裂纹,可在高温和压力作用下焊合,从而使钢材的力学性能得到改善。然而这种改善主要体现在沿轧制方向上,因钢材内部的非金属夹杂物(主要为硫化物、氧化物、硅酸盐等)经过轧压后被压成薄片,仍残留在钢板中(一般与钢板表面平行),而使钢板出现分层(夹层)现象。这种非金属夹层现象,使钢材沿厚度方向受拉的性能恶化。因此钢板在三个方向的机械性能是有差别的:沿轧制方向最好,垂直于轧制方向的性能稍差,沿厚度方向性能又次之。Z 向钢根据厚度方向拉伸试样的断面收缩率的大小分为 Z25 和 Z35 两个级别。其中 Z 后面的数字为 Z 向钢规定最小厚度方向断面收缩率 Z_Z 指标值。如标记 EH32 - Z35 表示为具有最小厚度方向断面收缩率为 35% 的 EH32 级船体结构用钢。Z 向钢的化学成分除应符合其母级钢规定外,其熔炼分析化学成分的硫含量应不大于 0.008%。除其母级钢的力学性能试验外,Z 向钢的厚度方向力学性能可按批量进行验收。每批材料应是同一炉号、相近厚度(厚度差不超 5 mm),经过相同热处理规程。Z 向钢应以交货状态,按 ISO 17577 或等效的标准,用 3～5 MHz 频率的探头,逐张进行超声波检测。

8.1.4 耐辐照钢

除了常规的钢材,有些高性能破冰船可能会使用耐辐照钢,耐辐照钢是指钢材经过中子辐照后,仍具有良好的冲击韧性及断后延伸率,辐照脆化及硬化倾向小,力学性能满足设计要求。耐辐照钢还应满足在不低于 250℃ 高温下,具有良好的冲击韧性等力学性能。

8.1.5 焊接材料

焊接材料一般包括:电弧焊焊条,埋弧自动焊的焊丝、焊剂,电渣焊或气电立焊的焊接材料,不锈钢焊接材料和复合板焊接材料,焊接材料的力学性能应符合表 8-4 要求。

表 8-4 结构钢焊接材料的力学性能

试验方法	焊接材料级别		1、2、3	1Y、2Y、3Y、4Y①	2Y40、3Y40、4Y40、5Y40
熔覆金属试验	屈服强度 R_{eH}/MPa		≥305	≥375	≥400
	抗拉强度 R_m/MPa		400~560	490~660	510~690
	伸长率 A/%		≥22	≥20	≥18
	夏比 V 型缺口冲击试验	试验温度	②		
		平均冲击功	≥47③		
对接焊试验	接头抗拉强度		≥400	≥490	≥510
	夏比 V 型缺口冲击试验	试验温度	②		
		平均冲击功	≥47④		
	弯曲试验		试验后,试样表面上任何方向应不出现长度超过 3 mm 的开口缺陷⑤		

注:① 手工焊条应符合 2Y 级及以上要求。

② 1、1Y 级焊接材料的冲击试验温度为 20℃。

2、2Y、2Y40 级焊接材料的冲击试验温度为 0℃。

3、3Y、3Y40 级焊接材料的冲击试验温度为 -20℃;4Y、4Y40 级焊接材料的冲击试验温度为 -40℃;5Y40 级焊接材料的冲击试验温度为 -60℃。

③ 自动焊熔敷金属冲击试验的平均冲击功,对 R_{eH}<400 N/mm² 的焊接材料应不低于 34 J;对 R_{eH}≥400 N/mm² 的焊接材料应不低于 39 J。

④ 立焊及自动焊对接接头冲击试验的平均冲击功,对 R_{eH}<400 N/mm² 的焊接材料应不低于 34 J;对 R_{eH}≥400 N/mm² 的焊接材料应不低于 39 J。

⑤ 压头直径应符合本篇冲击试验规定。

⑥ 冲击试验的单个值应不低于规定值的 70%。

⑦ 当材料无明显屈服点时,则应为规定非比例伸长应力 $R_{p0.2}$。

8.2 极地船舶材料性能试验方法

8.2.1 极地船舶材料的力学性能试验

极地船舶金属材料的性能试验中最主要的就是力学性能试验。抗拉强度、屈服强度、伸长率及断面收缩率等力学性能应由拉伸试验测定;冲击试验应在规定的试验温度下进行,保证断裂瞬间的试样温度在规定试验温度的±2℃范围之内;弯曲试验一般用于检验金属材料的弯曲性能和冶金缺陷;Z 向拉伸试验是通过板厚方向的拉伸试验测定断面收缩率,以检验与评定钢板的抗层状撕裂性能和冶金缺陷;落锤试验适用于厚度不小于 12 mm 的铁素体钢(包括马氏体、珠光体、贝氏体以及所有的非奥氏体钢)的无塑性转变温度的测定或验证;裂纹尖端张开位移(CTOD)试验适用于金属材料及其焊接材料。

但是,目前国内还没有针对极地破冰船材料的规范,这对国内破冰船材料开发带来了极大的不便,也使得材料研发始终处于一个无序状态。针对以上现状,中国船级社联合国内十几家单位共同出台了《极地船舶材料检验指南》,指南给出极地船舶钢材、耐冰摩擦涂料的要求。需要注意的是,该指南是非强制性要求,由申请方自愿申请满足本指南要求。极地船舶材料应适应极地环境,钢材韧性通常会随着温度下降而降低,因此极地船舶船体结构钢应在低温环境下具有适当韧性,以避免脆性断裂。该指南在中国船级社《钢质海船入级规范》第 2 篇第 2 章和第 8 篇第 13 章基础上,对极地船用钢提出了非强制性的更高要求。本节将简略介绍指南中与以往规范不同的内容,以让读者更加了解极地破冰船材料的性能要求。

8.2.1.1 化学成分含量的要求

化学成分 C、Si、S、P、Cr 含量改变,其他元素含量要求与《材料与焊接规范》一致。表 8-5 为破冰船用钢与船用钢化学成分的区别。

表 8-5 破冰船用钢与船用钢化学成分的区别

等 级	元素	H32ARC-M(X) 破冰船用钢	EH40 船用钢	H36ARC-M(X) H40ARC-M(X) 破冰船用钢	FH40 船用钢
化学成分/%	C	≤0.12	≤0.18	≤0.11	≤0.16
	Si	0.35	≤0.50	0.40	≤0.50
	S	≤0.005	≤0.035	≤0.005	≤0.025

等　　级	元素	H32ARC-M(X) 破冰船用钢	EH40 船用钢	H36ARC-M(X) H40ARC-M(X) 破冰船用钢	FH40 船用钢
化学成分/%	P	≤0.010	≤0.035	≤0.010	≤0.025
	Cr	≤0.30	≤0.20	≤0.30	≤0.20

8.2.1.2　力学性能的要求

（1）拉伸性能：屈服强度 $R_{eH}/(N/mm^2)$，抗拉强度 $R_m/(N/mm^2)$，伸长率 $A_5/\%$ 与规范一致。

（2）冲击性能：夏比 V 型缺口冲击功与规范一致，另外还需要测量 -40℃、-60℃、-80℃冲击功、测定结晶状断口百分数和侧膨胀值。落锤试验按照 ASTME208 或国际 GB6803 进行，试样在规定温度下未断裂，同时报告无塑性转变温度，并按照 ASTME208 或 GB 6803 相关要求提供试验分析报告。表 8-6 为破冰船用钢无塑性转变温度。

表 8-6　破冰船用钢无塑性转变温度

厚度/mm	ARC-20	ARC-40	ARC-60
25≤t≤30	-30℃	-50℃	-70℃
30<t≤40	-35℃	-55℃	-75℃
40<t≤50	-40℃	-60℃	-80℃
50<t≤70	-45℃	-65℃	-85℃

（3）Z 向性能：厚度超过 50 mm 的极地船舶用高强度钢板的 Z 向性能应满足 Z35 的要求。

（4）CTOD 性能：至少进行 3 个有效 CTOD 试验，试验温度为温度 X，裂纹尖端张开位移平均值不低于表 8-7 中指标。

表 8-7　母材 CTOD 试验指标

厚度/mm	裂纹尖端张开位移/mm		
	H32ARC-M(X)	H36ARC-M(X)	H40ARC-M(X)
25≤t≤35	0.15	0.15	0.15
35<t≤50	0.20	0.20	0.20
50<t≤70	0.20	0.20	0.25

（5）焊接性能：冲击试验结果首先应不低于母材的规定值。裂纹尖端位于焊缝中心和粗晶区,试验温度为 X,至少进行 3 个有效 CTOD 试验,试样裂纹尖端张开位移平均值不低于表 8-8 的规定值。

表 8-8　焊接接头 CTOD 试验指标

厚度/mm	裂纹尖端张开位移/mm		
	H32ARC-M(X)	H36ARC-M(X)	H40ARC-M(X)
25≤t≤35	0.10	0.10	0.15
35<t≤50	0.10	0.10	0.15
50<t≤70	0.15	0.15	0.15

8.2.2　极地船舶材料耐腐蚀性检测的重要性

国家“十四五”规划纲要明确提出：“开展雪龙探极二期建设,重型破冰船等科技前沿领域攻关。”然而目前大部分国家及相关国际组织都普遍缺少极地船舶用钢的基础研究数据,尤其是对其耐腐蚀性的研究基本是空白。极地航行的船舶长期面临恶劣的服役环境以及常温-低温往复循环的动态变化,冰层对船体的反复冲击和摩擦会严重破坏外壳表面涂层从而加速腐蚀损坏,暴露在海洋环境中的钢材基体会遭受海水、紫外线和微生物的侵袭,进而产生严重安全隐患（图 8-1）。

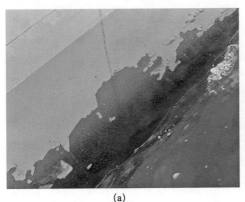 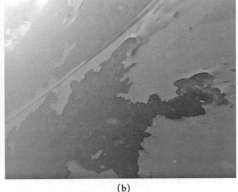

（a）　　　　　　　　　　　　　　　　　（b）

图 8-1　雪龙 2 号破冰船侧舷涂层破损及钢材腐蚀损坏情况

（a）水线附近；（b）水下部分

北极地区具有常年低温冰冻、海水高盐、强紫外辐射、特殊微生物群落聚集等典型极地环境,在北极航道航行的船舶必须严格要求其结构安全性能。高强度、高低温韧性、耐磨、耐腐蚀和易焊接的高性能钢材是极地船舶安全航行的基本保障。以往的研究大多关注船舶用钢的低温机械性能,对于船舶用钢腐蚀行为和机理研究非常少,仅有少数极地国家有一些这方面的研究,例如 Morcillo 总结了极地区域的一些腐蚀现象,发现在北极不同的检测位点,金属的腐蚀速率大约为 $1.14 \sim 3.08\ \mu m/$年,但是靠近海水的区域,腐蚀速率可高达 $222\ \mu m/$年,远比想象的腐蚀情况要严重。俄罗斯的 Chernov 与 Ponomarenko 研究发现在北极区域平均 $3.4℃$ 的海水中实海挂片,低合金钢浸泡 60 d 的腐蚀速率约为 $0.22\ mm/$年。Chernov 的研究结果则表明低合金钢在 $4℃$ 的北极海水中浸泡 5年,一年之内低合金钢的腐蚀速率只有温带海域腐蚀速率的 25%,一年之后腐蚀加速至温带海域腐蚀速率的 60%,其腐蚀趋势呈现双重模式的机制。

　　北极航道不同于一般的航行线路,这条航道海洋环境变化巨大。如果从中国南海出发,将依次经过南海、东海、日本海、鄂霍兹克海、北太平洋、白令海,终到北冰洋。无论是海水温度、海洋微生物种群还是紫外光照等因素都会发生较大变化。由于海洋表面的湿气和雾气及覆冰的影响,水线以上的船板受到海水飞溅的腐蚀作用非常严重。在吃水线附近及以下区域,船舶的中舷侧平直区域在航行中受到浮冰、多年冰、水下冰川的碰撞作用,会破坏船体表面防护层,加重船体的腐蚀。当海水凝固时,冰水的表面会形成氯化物的浓度梯度,海水中靠近冰层的氯化物浓度相对于其他区域要高,当温度达到 $-21.1℃$ 的共晶温度时,海冰中的冰块中间会有纯 NaCl 晶体析出。因此破冰船在破冰过程中会在船体表面的船体上形成氯化物浓差电池,这会增加裸露船体表面的腐蚀速率。海水中的溶解氧浓度受温度的影响较大,海水表层的氧含量较高,船舶水线区域在海水腐蚀和海浪的作用下比较容易出现油漆层的破坏和脱落,此区域腐蚀速率也很高。更为关键的是,当船舶航行在海水中时,船体表面不光滑的金属材料恰好为微生物提供了附着位点,引起微生物的聚集,从而进一步造成船舶材料的腐蚀损坏。在极地环境中,极端的低温、高盐度、强辐射造就了一群极其强壮和有韧性的微生物群落,由于没有来自其他物种的激烈竞争,很多种属的微生物能够快速生长繁殖。极地微生物为了生存,发展出一整套适应机制来应对极端环境所造成的损害,包括增加细胞内可溶性多糖、蛋白质及酶分子的含量,以及分泌具有腐蚀性的色素物质来抵御严寒。极地微生物所具有的新颖性、独特性与多样性,使其在科学研究、应用开发等方面具有重要价值。但是国内外关于极地微生物对低温钢的腐蚀机制研究尚处于空白阶段,这些极地极端环境下的微生物及产生的特殊胞外分泌物会对船用钢的腐蚀造成怎样的影响还未知,因此亟须开展相关的研究工作,积累研究成果和科学数据。图 8-2、图 8-3为"雪龙 2"号船用钢在无菌、含菌海水中的腐蚀情况。

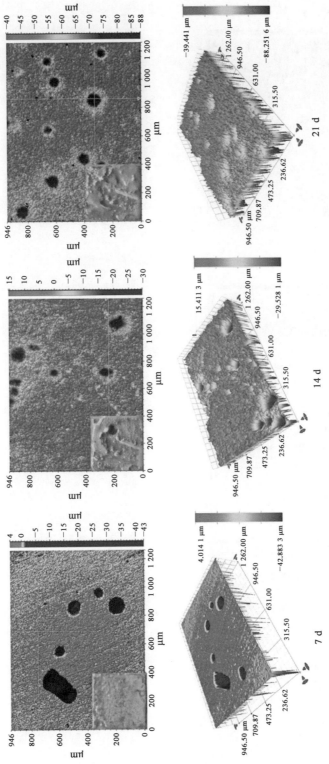

图 8 - 2　"雪龙 2"号破冰船用钢在无菌海水 2℃下浸泡 21 d 表面腐蚀形貌

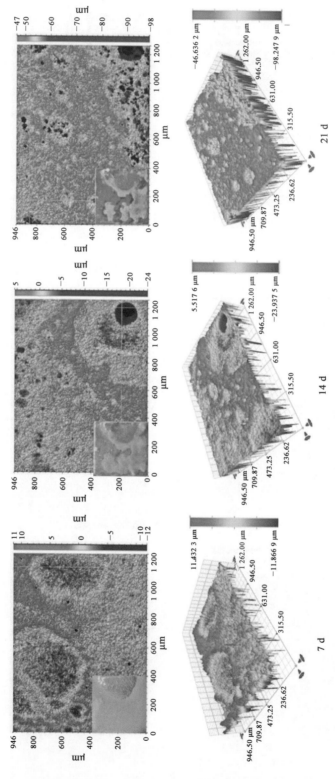

图 8-3 "雪龙 2"号破冰船用钢在含不同细菌海水 2℃下浸泡 21 d 表面腐蚀形貌

8.2.3　极地船舶材料耐腐蚀性检测方法讨论

对于极地船舶材料,其力学性能已经有较为完备的检测方法和标准,但对于其耐腐蚀性目前还缺乏深入研究,本节将结合作者课题组的一些研究成果,做一些蚀损性能检测方法的讨论,希望"抛砖引玉",引起行业和研究者对此性能的重视。

首先,进行海冰载荷对磨试验:将制备好的钢铁样品(试样尺寸如图 8-4 所示)置于冰载荷低温摩擦试验机(试验装置如图 8-5 所示)上进行海冰载荷对磨试验。测试温度应在 -60~5℃;海冰厚度及成分根据实际航行需求确定,推荐:质量分数 0.3%~0.7% NaCl 水溶液,海冰厚度 ≥40 mm。试验应在无振动、无腐蚀性气体和无粉尘的环境中进行;将试样平行冰面安装固定在试验机

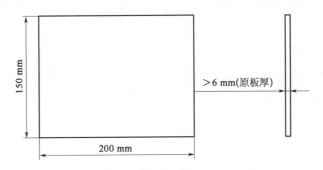

图 8-4　钢板摩擦试样

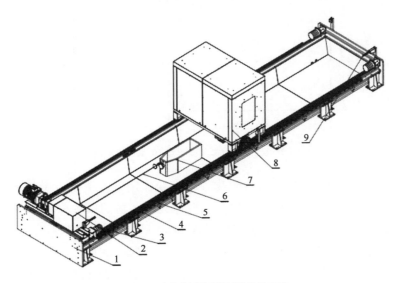

图 8-5　冰载荷低温摩擦试验机示意图

1—冰槽底座;2—低温拖拽平台;3—缓冲器;4—导轨固定板;5—导轨;6—拖拽牵引器;7—船模;8—往复摩擦模块;9—测距仪。

主轴夹具上;启动试验机,使对磨速度达到规定要求,施加试验力至规定值;在试验过程中记录摩擦力、摩擦系数数据;试验前后记录样品重量,获得总摩擦腐蚀失重 T;试验周期推荐 1 h、2 h、6 h、12 h、24 h;也可以应根据实际船舶设计冰区航程确定。

其次,进行低温含菌海水腐蚀试验:将冰载荷磨损后的低温钢样品上切取 5 块试样(切取样品位置及尺寸如图 8-6 所示)置于腐蚀性低温菌溶液中,以未磨损的低温钢微生物腐蚀试验组为对照组。测试温度应在(4±1)℃ 范围内;腐蚀试验试剂为质量分数 3.5% NaCl(70%)+2216E 含菌培养液(30%);25℃ 摇床(120 r/min)培养 24 h,选择腐蚀优势低温菌 3~5 种,含量 $1×10^6$ CFU/mL;pH 调节在 7.4~7.6;紫外线灭菌后的试样放入 400 mL 溶液中,将容器用 0.22 μm 微孔封口膜密封,进行连续浸泡(7 d 为一个周期),也可根据特殊条件要求延长浸泡时间,当浸泡时间超出 14 d 时,建议更换新鲜的含菌溶液(整个换液过程在生物安全柜中完成)。试验结束后,在超净台中从容器中取出,对试样表面进行拍照。然后根据 GB/T 16545 中方法清除试样表面腐蚀产物后,将失重结果换算成腐蚀速率。试样取出后固定脱水,进行扫描电子显微镜的正面和截面观察,表征试样表面生物膜和腐蚀产物膜的微观形貌。利用 X 射线衍射与红外光谱表征生物膜与腐蚀产物膜的成分。除锈后通过白光干涉仪或轮廓仪、显微镜等对点蚀、裂纹等的数量、尺寸和分布进行观测。

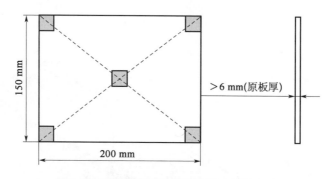

图 8-6　块状腐蚀试样(阴影区域 10 mm×10 mm)

最后,尝试在温度、光照和微生物种群交变作用下检测低合金钢的腐蚀试验:试验中三个温度环境所用到的模拟海洋典型菌群的菌种分别为 37℃ 下的大西洋假交替单胞菌、25℃ 下的需钠弧菌、4℃ 下的养料嗜冷杆菌。三种细菌均在 2216E 液体培养基中进行培养。液体培养基为 1 L 水中加入 37.4 g 2216E 培养基,使用前在立式高压蒸汽灭菌锅中以 121℃、0.1 MPa 灭菌 30 min。使用灭菌后的 2216E 液体培养基为空白对照组。设置南海至极地航线为航线 1(37℃~25℃~4℃),极地至南海航线为航线 2(4℃~25℃~37℃)。试验对应在

37℃、25℃、4℃条件下,放入 120 r/min 恒温摇床内培养。每一试验阶段周期为 7 d,每 12 h 改变太阳光紫外线强度,浸泡 7 d 后,将试样取出放入下一培养环境下浸泡。空白组不用取出试样,直接放入下一温度环境下浸泡即可。操作均在无菌操作台内进行,排除其他细菌对试验的干扰。分别将在不同溶液体系中浸泡 7 d、14 d、21 d 后的试样取出。观察前,先用磷酸盐缓冲液(pH=7.4)洗涤三次以洗去表面游离的细菌,后在 2.5% 戊二醛溶液中固定 2 h,再分别用 20%、40%、60%、80%、90%、100% 浓度的乙醇溶液依次脱水 10 min,最后在高纯氮(99.99%)中进行干燥处理。采用扫描电子显微镜观察试样表面的生物膜形貌。然后参照 ACE Recommended Pratice 0775 – 1999 protocol(NACE,1999)方法,将试样依次浸入盐酸-氮氮二丁基硫脲溶液、饱和 NaHCO₃ 溶液和去离子水中各 2 min,去除试样表面的生物膜和腐蚀产物。利用 3D 光学轮廓仪观察试样表面的腐蚀形貌。使用电化学工作站对样品进行电化学阻抗谱测试,电化学工作站采用标准三电极系统进行,频率范围为 $10^5 \sim 10^{-2}$ Hz,正弦波扰动幅值为 ±5 mV,拟合阻抗数据通过 ZSimpWin 软件程序获得。

8.2.4　极地船舶焊接材料耐腐蚀性检测方法讨论

无论是船舶还是海工装备,焊接结构普遍应用于钢材的连接,通常由焊缝区、熔合区、热影响区及其邻近的母材组成。低温钢焊接时,因为本身的低含碳量和严格控制的其他元素含量,使母材低温钢不易产生裂纹,但正是如此,焊接焊料的选择就尤为重要。不同的焊料在与低温钢材焊接的过程中,焊接接头的金相组织、化学成分和受力情况均会发生很大的变化,最终导致了该部位结构特殊、成分复杂,在使用过程中成为整体的薄弱环节,易造成严重的腐蚀破坏。据极地中心统计,"雪龙 2"号破冰船的钢板使用量大约 6 320 t,包括 AH36、DH36、EH36 等不同级别低合金钢。其中整艘破冰船的焊缝可以达到 273 km。在执行极地任务过程中,破冰船钢板,尤其是焊缝的腐蚀失效是导致安全问题的最大隐患之一。

用于极地船舶的低温钢因为应用在低温寒冷的海冰流动海域,环境复杂多变,要经受超低温、冰雪磨蚀、低温风浪碰撞、强烈的海洋风暴及冻土碰撞等带来的诸多挑战,因此对其的设计、选材和建造加工等提出了更高的要求。极地船舶用低温钢要求具有优良的极寒低温综合性能,其结构材料不仅具有高的强度、良好的塑性,而且还要求在 -60℃、-80℃ 下具有优异的冲击韧性,特别是在极地海域严寒至 -60℃ 的超低温环境下要求钢板的断裂韧性良好、焊接性能优异,进而要求采用的埋弧焊丝和焊剂匹配焊接的焊缝也具有高强、高韧的特性。

以作者团队前期研发的一种极地冰海环境船舶钢用高强高韧埋弧焊丝为例,该焊丝与碱性焊剂匹配时能够获得适应极地船舶极寒低温钢焊接接头要求的焊缝,其抗拉强度大于 510 MPa,焊缝金属 $-60℃$ 冲击功大于 100 J, $-20℃$ NaCl 溶液下 30 min 的磨蚀量 $\leqslant 12~\mu m$。制备采用电炉进行冶炼,然后在 1 050℃ 进行轧制,轧制后两次退火,900℃ 保温 30 min,然后冷却后再 550~650℃,退火时间 45~65 min。成分设计中,充分考虑各个合金元素的作用,并进行适当的调控。C 元素含量对焊缝的强度、韧性和耐磨性具有较大的影响。当 C 含量较低时,焊缝强度较低,铁素体比例增加,韧性较高。当 C 含量较高时,焊缝强度增加,耐磨性增加,但珠光体比例增加,焊缝韧性下降,因此,将 C 含量控制在 0.10%~0.15%,可保持强韧性能平衡。Mn 可以起脱氧作用,防止导致热裂纹产生的碳化铁夹杂物形成,并促使铁素体晶粒和碳化物细化,从而提高焊缝的强度和韧性。本品中 Mn 含量控制在较高的水平,主要用来提高焊缝强度,弥补低 C 造成的强度损失。将 Mn 含量控制在 0.80%~1.50%。加入适量 Si、Al 可以脱氧,阻止 O 与 B 结合,同时 Al 与 N 形成的 AlN 可以细化晶粒,提高焊缝的韧性。Si 能溶于铁素体提高钢的硬度和强度,含量在 0.6% 以上的 Si 添加是提升耐磨性的关键,Si 元素除了起到脱氧作用外,在焊缝金属组织内的固溶和晶界偏聚将会显著提升钢板硬度和耐磨性。将 Si 含量控制在 0.60%~1.20%,Al 含量控制在 0.01%~0.06%。Mo 是较强的固溶强化元素,可以提高焊缝强度,另外 Mo 元素推迟奥氏体的转变温度,抑制先共析铁素体和侧板条铁素体的形成,促进晶内针状铁素体的形成,提高焊缝低温韧性,但 Mo 含量过高将在晶界聚集恶化钢板韧性。将 Mo 含量控制在 0~0.60%。Ti 与奥氏体中的 N 反应生成 TiN 颗粒,TiN 具有很低的溶解度,在焊缝中形成很细的弥散物,可以有效地阻止晶粒长大,同时成为针状铁素体的形核核心,大大提高焊缝的韧性。将 Ti 含量控制在 0.01%~0.10%。加入少量的 Nb 可以起到沉淀硬化的作用,进一步提高焊缝的强度。将 Nb 含量控制在 0.003%~0.06%。加入少量的 V 可以起到沉淀硬化的作用,进一步提高焊缝的强度。将 V 含量控制在 0~0.06%。Cr 有利于提高焊缝中针状铁素体含量,减少先共析铁素体,并有细化铁素体晶粒的作用,提高焊缝的强度、耐腐蚀性和韧性。将 Cr 含量控制在 0.50%~1.00%。Ni 是固溶于铁素体的合金元素,在一定范围内可以提高焊缝的强度和韧性。加入一定含量的 Ni 主要目的在于提高焊缝的低温韧性,提高耐腐蚀性,降低脆性转变温度。将 Ni 含量控制在 0.80%~1.40%。Cu 可通过固溶强化作用提高钢的强度,同时 Cu 还可改善钢的耐腐蚀性和耐磨性。将 Cu 含量控制在 0.50%~1.20%。S、P 是焊缝中的主要有害元素,将会降低焊缝金属的低温韧性,同时也会降低焊缝的抗 H_2S 应力耐腐蚀性,尽量控制在一个较低的水平,其中 S 小于

0.005%,P 小于 0.01%。钢坯按照成分设计制备完成后,接下来就是焊丝的拉拔成型工艺。焊丝制备完成后对其力学性能进行检测,检测结果见表 8-9。

表 8-9　埋弧焊焊丝力学性能检测

型号	项目	级别	R_{eL}/MPa	R_m/MPa	A/%	冲击值 AKV/J
产品 I	熔覆	5Y	≥375	490~660	≥22	≥34(-60℃)
	对焊		–	≥490	–	≥34(-60℃)
产品 II	熔覆	5Y40M	≥400	510~690	≥22	≥39(-60℃)
	对焊		–	≥510	–	≥39(-60℃)

以上测试都是常规的力学性能测试,但正如前文所述,对于极地船舶的焊接材料来说,仅有力学性能的测试还远远不够,其耐腐蚀性将在很大程度上影响产品未来的安全服役性能。

分析焊接接头的耐腐蚀性给焊接材料的选择、焊接工艺的制定提供了基本的依据,进而对焊接接头采取合适的防腐措施提供指导。然而,在目前的焊接接头腐蚀的研究中,大多数都为焊接钢材的材料性能、焊接的方法与接头腐蚀行为的研究,对于判断焊接接头耐腐蚀性好坏,选择恰当的测试方法的研究却很少,尤其是在海洋环境下分别从焊接材料和母材的角度考虑的研究更是少之又少。对于接头整体腐蚀的研究更多采用的测试方法是从宏观角度进行的,例如通过电化学阻抗谱和极化曲线测试,在宏观尺度下观察焊接接头各组成部分的整体平均信息,表征焊接接头各部分的自腐蚀电位、腐蚀电流密度等电化学特性,辅助预测焊接接头局部腐蚀的倾向;由失重试验比较不同焊钢的腐蚀速度,帮助实际应用选择等。而从微观的角度来看,基本大多数研究都是针对材料本身,通过金相测试分析其显微组织对腐蚀的影响,并没有更多的研究是针对测试方法对评定腐蚀的影响。这样看来,不全面的考虑,很可能会造成不正确的判断,由此选择了不合适的焊接材料与母材相接,最终在实际应用时,造成不可估量的损失。因此,如何准确地评估判断焊接接头的耐腐蚀性对焊接结构钢的选择、服役时间及安全性能的影响是极其重要的。

本节通过模拟海洋腐蚀性环境试验,分别从宏观和微观的测试角度对焊接接头的耐腐蚀性进行评估,结合焊接材料、母材的选择,针对两种不同的结果,进行分析和讨论,以期为如何准确评估焊接接头耐腐蚀性提供方法。

为了验证焊接材料局部腐蚀与整体腐蚀行为的区别,本试验分别选用 E36钢和 E40 钢作为两种基体,焊接材料成分见表 8-10(焊接材料 A 的基体为

E40,焊接材料 B 的基体为 E36)。本试验将通过宏观电化学和微观电化学技术分别对焊接材料 A、焊接材料 B 的耐腐蚀性进行测试,从而探讨焊接材料耐腐蚀性评测的更加准确、全面的方法。

表 8-10　焊接材料成分表

元　　素	C	Si	S	P	Mn	Cu	Ni
焊接材料 A	0.084%	0.35%	0.009%	0.02%	1.62%	0.13%	0.089%
焊接材料 B	0.085%	0.71%	0.008%	0.007%	1.26%	0.11%	1.84%

1) 电化学阻抗谱分析

为了得到样品在试验过程中浸泡不同时长的耐腐蚀效果,进行电化学阻抗测试。在腐蚀测试的试验中,电化学阻抗谱的结果 Nyquist 图通常可反映样品在浸泡不同时长情况下的耐腐蚀效果。图 8-7 是两种焊接结构件在试验用海水中浸泡 1 d、5 d、9 d、15 d 的电化学阻抗谱 Nyquist 图。由图可知,整个试验体系中,低频端的容抗弧较大,说明电荷转移过程是反应体系的控制步骤。1 d 后

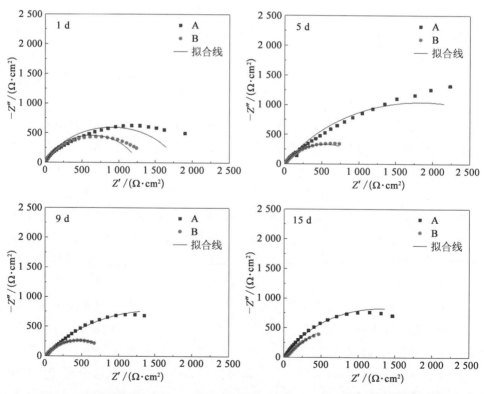

图 8-7　两种焊接材料的焊接接头样品在腐蚀性海水中浸泡 1 d、5 d、9 d、15 d 时的 Nyquist 图

两种接头 Nyquist 图中的容抗弧均变得不完整,说明试样表面附着情况均为多孔结构,与实际肉眼观察样品表面为疏松的锈层相符。在反应的整个过程中,焊接材料 A 的焊接接头阻抗图半径均比焊接材料 B 的焊接接头阻抗图半径大,A 阻抗值最大时($2\,235\,\Omega$)甚至是 B($735\,\Omega$)的 3 倍多,说明反应过程中,A 接头的腐蚀速率一直小于 B 接头的腐蚀速率。

电荷转移电阻值的变化在一定程度上反映了样品表面腐蚀产物的情况,前期(<5 d)随着微生物的附着、锈层的增加,减缓了电荷的转移;后期(>5 d)随着表面锈层的脱落,阻抗图半径减小,腐蚀速率也随之增大。测试中 R_p(R_f+R_{ct})可反映样品的耐腐蚀程度,如图 8-8 所示,与电化学阻抗谱分析结果一致,A 接头在浸泡 1 d 后的 R_p 都大于 B 接头的 R_p,表明了 A 接头在腐蚀性环境中的耐腐蚀效果更好一些。

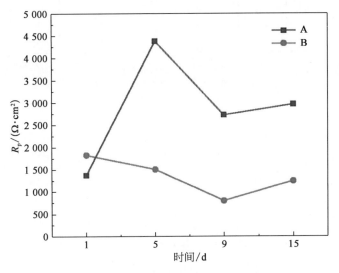

图 8-8 两种焊接材料的焊接接头样品在腐蚀性
海水中浸泡 1 d、5 d、9 d、15 d 时的 R_p

2) 失重腐蚀测试

失重试验通常用来表明样品整体的腐蚀速度,在这两种焊接材料的失重实验结果比较中,A 的焊接接头腐蚀速率明显低于 B 的焊接接头腐蚀速率,A 的焊接接头平均腐蚀速率约为 0.16 mm/a, B 的焊接接头平均腐蚀速率约为 0.22 mm/a,是 A 的焊接接头平均腐蚀速率的 1.3 倍多,如图 8-9 所示。由此表明 A 的焊接接头相较 B 的焊接接头其整体腐蚀速率较低,结合宏观电化学来看,A 比 B 的均匀腐蚀程度要轻。但是,焊接结构件的材料组成并非均匀单一的,焊接材料和母材的成分不同,势必会导致其微观腐蚀行为的差异,但从以上宏观分析(包括电化学和失重)来看,并没有发现明显区别,因此,接下来将通过微区电化学手段对材料结构件进行更进一步的分析和讨论。

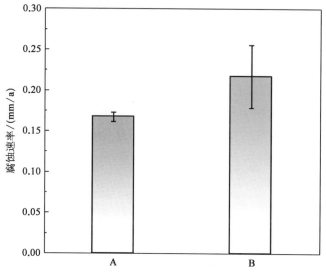

图 8-9　两种焊接材料的焊接接头样品浸泡 30 d 后
去除腐蚀产物的平均腐蚀速率

3) 扫描振动电极技术测试

微区电化学测试是一种不同于常规电化学阻抗测试、极化曲线测试的技术,它更针对的是样品局部的变化。扫描振动电极技术是使用扫描振动探针,在不接触待测样品的情况下,测量局部电流、电位的变化,进而测定样品在液下局部腐蚀电位的一种先进技术,具有高灵敏度、非破坏性、可进行电化学活性测量的特点。其原理是金属材料由于表面存在局部氧化还原反应而在电解液中形成离子电流,进而在电极表面形成电位差,通过测量表面电位梯度和离子电流来表征金属的局部耐腐蚀性。

试验中采用扫描振动电极技术对两种焊接接头浸泡前后分别进行局部探针扫描,得到浸泡前后同一区域各部位的电势,如图 8-10 所示。A 的焊接接头浸泡前最低电位(即焊接材料区最低的电位)为-124 mV,而 B 的焊接接头在浸泡前的最低电位为-18 mV,焊接材料区作为焊接接头的阳极区域,其电位越低说明接头越容易发生腐蚀;浸泡后再次测试,同样为 A 接头最低电位低于 B 接头的最低电位,证明了 A 接头其本身就要比 B 接头更容易发生腐蚀。再从浸泡前后两种接头的电势差进行判断,最高电位即接头母材区的最高电位。浸泡前 A 接头两区域电势差为 398 mV,B 接头两区域电势差为 91 mV,远小于 A 接头存在的电势差,故浸泡前两种接头相比较,A 接头阴阳两极电势差更大,从腐蚀热力学角度来说更易发生腐蚀。浸泡 3 d 后,再次进行局部探针扫描,A 接头电势差增大到 482 mV,变化了 84 mV,B 接头增大到 178 mV,变化了 87 mV,可知两种接头在经过腐蚀性海水浸泡后,电势差均有所增大,但增大幅度相差不大,然而 A 接头的电势差仍远大于 B 接头的电势差,故在浸泡后两种接头相比较仍是 A 更易发生腐蚀。故通过扫描振动电极微区电化学测试,结果为 A 接头局部腐蚀更加严重。

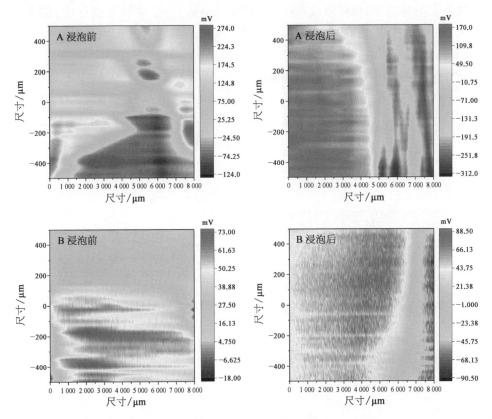

图 8-10　两种焊接接头浸泡 3 d 前后的扫描振动电极测试图

4) 腐蚀形貌分析

浸泡 30 d 去除表面腐蚀产物后,肉眼可见 A 接头无论是母材区或是焊接材料区都有一些点蚀坑,B 接头样品表面相对平滑些。利用光学轮廓仪对两种焊接接头表面进行科学的点蚀形貌表征分析,如图 8-11 所示。A 接头无论焊接材料还是母材都有更多的点蚀坑,且点蚀坑的深度更深、直径更大,焊接材料、母材平均深度为 24.7 μm、20 μm,扫描区域内最深处达 30 μm、28 μm,焊接材料、母材平均直径为 76.8 μm、70.1 μm;相比较,B 接头表面虽然仍存在点蚀,但整体而言比 A 接头表面的点蚀坑少且坑深较浅,其焊接材料、母材平均深度为 15.2 μm、15.7 μm,扫描区域内最深处为 20 μm、22 μm,比 A 接头浅三分之一,焊接材料、母材平均直径为 48.5 μm、47.7 μm,比 A 接头小了三分之一。这些结果均可表明 B 接头的腐蚀情况没有 A 接头严重,这与微区电化学的分析一致。

纵观以上所有试验分析结果,测评两种不平衡匹配焊接接头的耐腐蚀性,依据宏观角度(电化学阻抗谱分析、失重测试)的测试结果:A 焊接接头比 B 焊接接头更耐腐蚀,而依据微观角度(扫描振动电极测试、腐蚀形貌分析)的测试结果:A 焊接接头比 B 焊接接头腐蚀严重,两种结果全然相反。

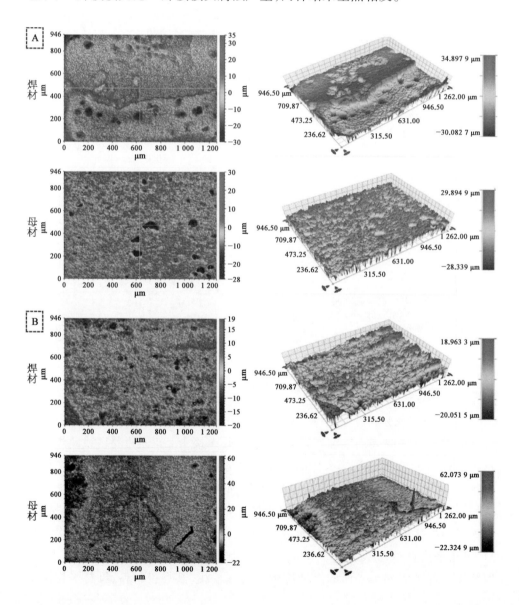

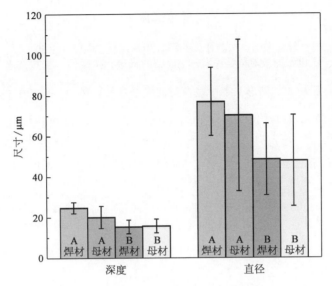

图 8-11　两种焊接接头浸泡 30 d 后的白光干涉图

　　查阅有关焊接接头耐腐蚀性研究的文献,可发现几乎并没有太多是关于对不同测试角度得到不同耐腐蚀性评价结果的研究,基本是通过相同的测试方法研究焊接接头不同区域的耐腐蚀性(如针对焊接接头不同区域,母材区、热影响区、焊缝区的腐蚀行为研究)或对焊接接头不同腐蚀类型的研究(如应力腐蚀、电偶腐蚀、疲劳腐蚀)等,其中具体测评分析方法基本与上述试验中所涉及的测试方法一致,不同的是本试验考虑到了不同的测试角度对焊接接头耐腐蚀性测评结果可能带来的不同结果,故通过不平衡匹配的设计方法将两种焊接接头进行耐腐蚀测试,而两种角度测试结果的反差可通过单独的焊接材料或母材的性能进行解释。联系两种焊接接头母材钢板的耐腐蚀性、焊接材料的耐腐蚀性,不难发现宏观角度的测评结果与其各自母材的性能效果相对应,而微观角度的测评结果则不再以整体为单位,考虑的更多是局部的影响,包括焊接材料的性能,所以合金的耐腐蚀性效果就影响到了微观角度的最终测评结果,与宏观测评结果有所差距,甚至于截然相反。

　　减少焊缝处的腐蚀,研究其结构、成分、金相的影响固然重要,但所有的研究都需要全面、准确的测评体系,才可得出相对更准确的结果。因此,由以上宏观、微观不同测试角度针对焊接接头结构件耐腐蚀性效果测评试验结果的差异,提出在实际测评选择时,不应再片面地依据一种角度甚至一种测试结果而决定,应多角度考虑来决定测评结果,健全海洋用焊接结构件的评估、选择,延长其使用寿命、减少经济浪费。

参考文献

[1] 赵博.北极航行常态化意味着什么？[J].中国船检,2019(9)：39-42.

[2] 陈立奇.21 世纪的极地科学探索——面临的机遇和挑战[J].自然杂志,2009,31(2)：81-87.

[3] 贾桂德,石午虹.对新形势下中国参与北极事务的思考[J].国际展望,2014,6(4)：5-28,150.

[4] 赵福平.我国极地科学考察的作用和意义[J].科技传播,2010(12)：72-73.

[5] 黄霞,王平康,庞守吉,等.极地天然气水合物资源利用前景[J].海洋地质前沿,2017,33(11)：18-27.

[6] 牛军,毕新忠,顾永强.北极能源之争难画句号[J].中国石化,2010(11)：53-55.

[7] 刘晓波.中国南极地球科学探索与研究[D].北京：中国地质大学,2017.

[8] Agarkov S, Motina T, Matviishin D. The environmental impactcaused by developing energy resources in the Arctic region[J]. Earth and environmental science, 2018, 180(1).

[9] 聂凤军,张伟波,曹毅,等.北极圈及邻区重要矿产资源找矿勘查新进展[J].地质科技情报,2013,32(5)：1-8.

[10] 王勋龙,于青,刘二虎,等.极地条件下船舶装备与材料检测现状及发展趋势[J].中国计量,2018(8)：78-79,85.

[11] 岳宏,吴笑风,赵宇欣.极地船舶发展现状及研制趋势[J].中国船检,2020(7)：58-64.

[12] 薛松柏,王博,张亮,等.中国近十年绿色焊接技术研究进展[J].材料导报,2019,33(9)：2813-2830.

[13] 蒋睿,敖进清.TC4 钛合金电子束焊接结构件在盐酸中的腐蚀行为研究[J].钢铁钒钛,2019,40(2)：71-78.

[14] 吴军,安江峰,孙学利,等.高铁不锈钢焊接结构件在海洋大气环境中的腐蚀行为[J].材料保护,2019,52(4)：14-19.

[15] 黄桂桥,韩冰,杨海洋.海洋用钢焊接结构件的海水腐蚀行为研究[J].装备环境工程,2015,12(4)：11-15.

[16] 于美,王瑞阳,刘建华.模拟海洋环境中两种结构钢焊接结构件腐蚀特性[J].北京航空航天大学学报,2013,39(8)：1020-1025.

[17] 张婧,李海新,殷子强,等.焊接结构件的腐蚀研究进展[J].腐蚀科学与防护技术,2018,30(6)：661-670.

[18] 朱英富,刘祖源,解德,等.极地船舶核心关键基础技术现状及我国发展对策[J].中国科学基金,2015,29(3)：178-186.

[19] 西言早.熊出没注意　加拿大 PC-5 型极地近海巡逻舰[J].兵器知识,2010(5)：48-49.

[20] 何纤纤,夏鑫,刘雨鸣.极地破冰船的破冰技术发展趋势研究[J].中国水运,2020(6)：76-80.

[21] 李道钢.液化天然气低温储罐用 9Ni 钢焊接工艺研究[D].合肥：合肥工业大学,2009.

[22] 刘岩,陈永满,王建明.焊接工艺对海洋平台用钢焊接结构件性能的影响[J].热加工工艺,2017,46(11)：9-12.

[23] 景迪.海洋工程钢结构焊缝腐蚀与防护研究进展[J].中国建材科技,2018,27(1)：63-64.

[24] 杨敏.船舶制造基础[M].北京：国防工业出版社,2005.

[25] 陈卉妍.低温钢 16MnDR 的埋弧焊[J].焊接,2003(5)：38-39.

[26] 张玉芝.液化石油气低温储罐用钢焊接工艺研究[D].天津：天津大学,2004.

[27] 马鸣,张亚奇,李春光.低温钢制压力容器焊接工艺综述[J].机械制造文摘(焊接分册),2011(6)：28-32.

[28] 王亚彬,聂建航,张文军.LPG 船用低温钢配套药芯焊丝的研制[J].金属加工(热加工),2020(3)：44-46.

[29]　张晓雪.LPG 船用碳锰低温钢板标准研究[J].南钢科技与管理,2018(1)：41–46.

[30]　Li Y F, Ning C Y. Latest research progress of marine microbiological corrosion and bio-fouling and new approaches of marine anti-corrosion and anti-fouling [J]. Bioactive Materials, 2019, 4：189–195.

[31]　程玉峰,杜元龙.A3 钢焊缝区在酸性介质中氢致腐蚀裂开行为的研究[J].腐蚀科学与防护技术,1994,6(3)：255–259.

[32]　孔小东,杨明波,童康明,等.焊接工艺对低合金海洋用钢焊接结构件耐腐蚀性的影响[J].兵器材料科学与工程,2007,30(5)：9–13.

[33]　张丽红,张发,朱霞.不锈钢的发展及其焊接结构件腐蚀问题[J].内蒙古石油化工,2011(17)：66–68.

[34]　魏美博,张守会,陈岩.低碳钢焊接结构件腐蚀性能分析[J].热加工工艺,2014,43(13)：180–182.

[35]　张安明.不锈钢焊接结构件耐腐蚀性研究[D].兰州：兰州理工大学,2011.

[36]　Kwok C T, Fong S L, Cheng F T, et al. Pitting and galvanic corrosion behavior of laser-welded stainless steels[J]. Materials Processing Technology, 2006, 176(1–3)：168.

[37]　李循迹,李岩,周理志,等.316L 钢内衬复合管焊接结构件的耐点蚀性能[J].腐蚀与防护,2016,37(2)：151–155.

[38]　马成,彭群家,韩恩厚,等.核电结构材料应力腐蚀开裂的研究现状与进展[J].中国腐蚀与防护学报,2014,34(1)：37–45.

[39]　BLASCO-TAMARIT E, García-García D M, García Antón J. Imposed potential measurements to evaluate the pitting corrosion resistance and the galvanic behaviour of a highly alloyed austenitic stainless steel and its weldment in a LiBr solution at temperatures up to 150℃[J]. Corrosion Science, 2011, 53(2)：784–795.

[40]　尹衍升,董丽华,刘涛,等.海洋材料的微生物附着腐蚀[M].北京：科学出版社,2012.

[41]　张彭辉,逄昆,丁康康,等.扫描振动电极技术在腐蚀领域的应用进展[J].中国腐蚀与防护学报,2017,37(4)：315–321.

[42]　樊伟杰,赵晓栋,邢少华,等.电化学方法和丝束电极在局部腐蚀研究中的应用[J].热加工工艺,2015,44(22)：15–19.

[43]　封辉,丁皓.微区电化学分析技术在管道腐蚀研究中的应用进展[C].压力容器先进技术—第九届全国压力容器学术会议论文集,合肥：合肥工业大学出版社,2017.

[44]　续冉,王佳,王燕华.扫描振动电极技术在腐蚀研究中的应用[J].腐蚀科学与防护技术,2015,27(4)：375–381.

[45]　顾家琳,闫睿,久本淳,等.镍含量对钢材大气腐蚀的影响[J].腐蚀与防护,2010,31(1)：5–9.

[46]　张磊.镍基合金复合钢管的焊接工艺[J].焊接技术,2017,46(3)：42–44.

[47]　Wu X Y, ZHANG Z Y, QI W C, et al. Corrosion Behavior of SMA490BW Steel and Welded Joints for High-Speed Trains in Atmospheric Environments[J]. Materials, 2019, 12(18)：3043–3054.

[48]　徐连勇,亢朝阳,路永新,等.碳钢焊接结构件腐蚀行为分析[J].焊接学报,2018,39(1)：97–102.

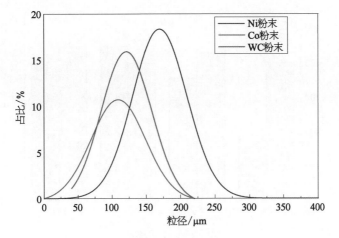

图 5-2　粉末粒度分布

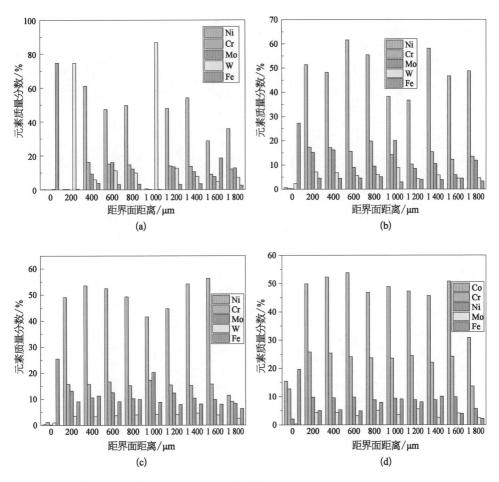

图 5-10　涂层中主要元素分布

（a）P_{30}；（b）P_{15}；（c）P_0；（d）HG

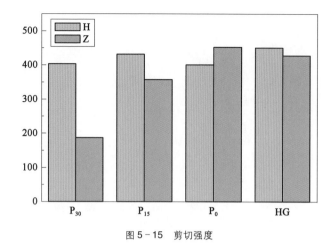

图 5-15　剪切强度

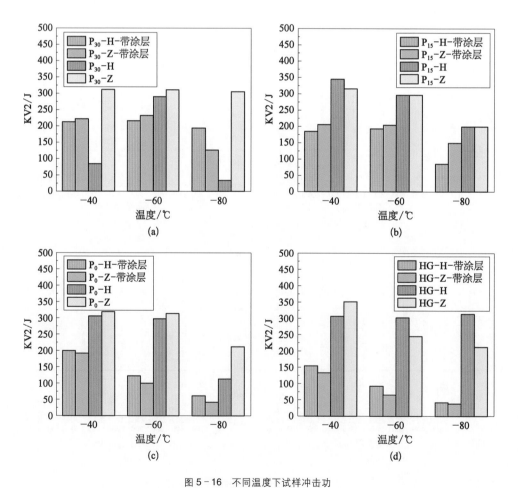

图 5-16　不同温度下试样冲击功

(a) P_{30}；(b) P_{15}；(c) P_0；(d) HG

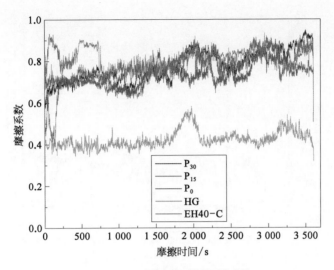

图 5-18 干摩擦环境下摩擦系数曲线

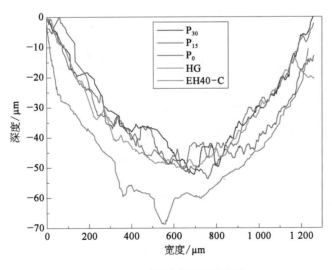

图 5-19 干摩擦环境下 2D 轮廓图

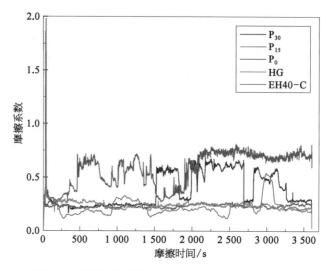

图 5 - 22　试样在质量分数 3.5% NaCl 溶液中的摩擦系数曲线

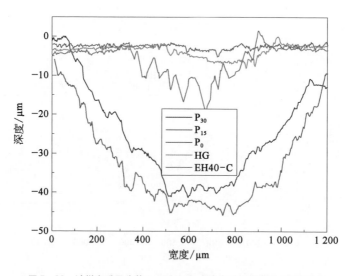

图 5 - 23　试样在质量分数 3.5% NaCl 溶液介质中的磨痕 2D 轮廓图

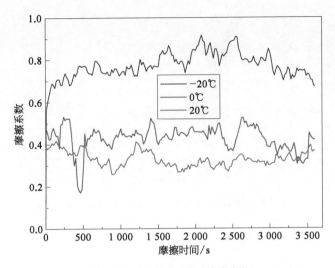

图 5 - 24　不同温度下 P_{15} 摩擦曲线

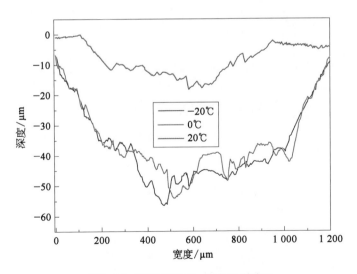

图 5 - 25　不同温度下 P_{15} 磨痕 2D 轮廓图

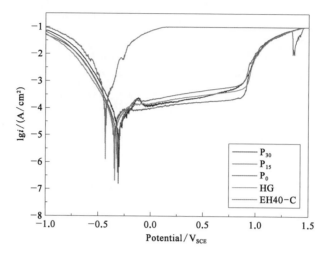

图 5-28   试样在 0.5 mol/L HCl 溶液中浸泡 5 d 的极化曲线

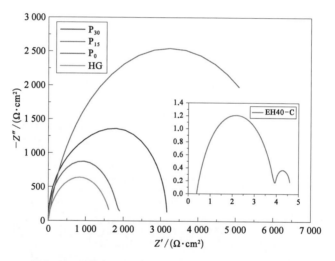

图 5-29   试样在 0.5 mol/L HCl 溶液中浸泡 5 d 的 Nyquist 图

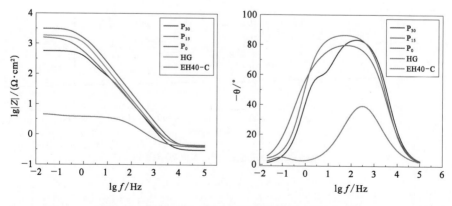

图 5-30   试样在 0.5 mol/L HCl 溶液中浸泡 5 d 的 Bode 图

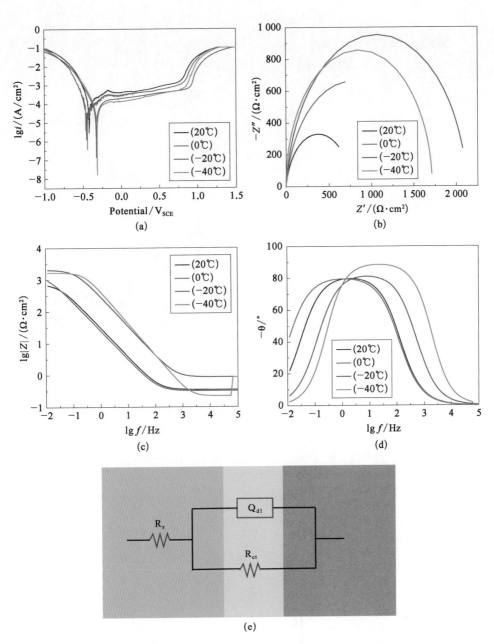

图 5-32　不同温度下 P_{15} 试样在 0.5 mol/L HCl 溶液中浸泡 24 h 电化学测试

（a）极化曲线；（b）Nyquist 图；（c）（d）Bode 图；（e）等效电路图

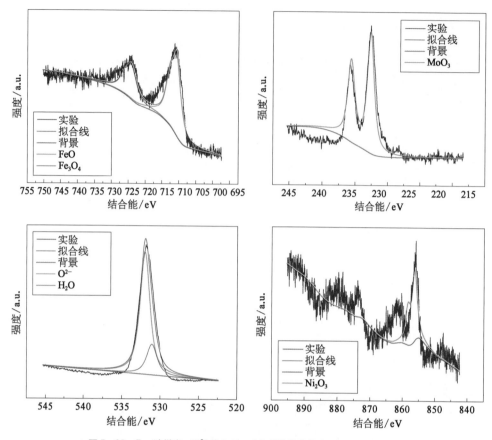

图 5-33　P$_{15}$ 试样在-40℃的 0.5 mol/L HCl 溶液浸泡 30 d 的 XPS 光谱

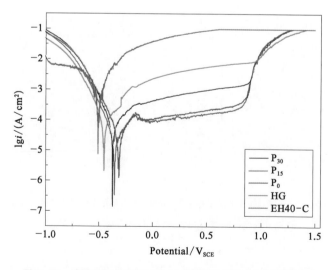

图 5-35　试样在质量分数 3.5% NaCl 溶液中浸泡 5 d 的极化曲线

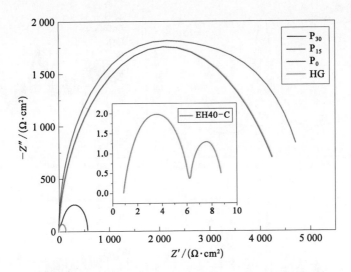

图 5 - 36　试样在质量分数 3.5% NaCl 溶液中浸泡 5 d 的 Nyquist 图

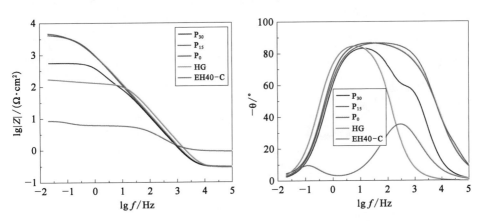

图 5 - 38　试样在质量分数 3.5% NaCl 溶液中浸泡 5 d 的 Bode 图

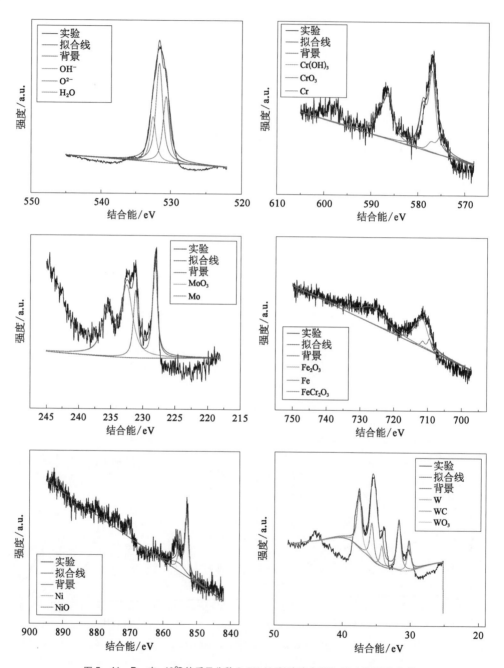

图 5-41　P_{15} 在 -40℃的质量分数 3.5% NaCl 溶液中浸泡 30 d 的 XPS 光谱

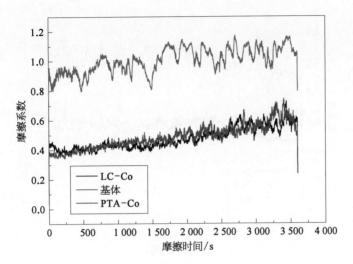

图 6-20 低温钢及两种 Co 基涂层摩擦系数的变化状态

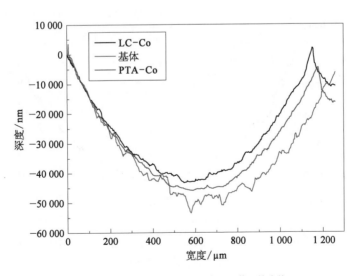

图 6-21 低温钢和 Co 基涂层磨损后截面轮廓线

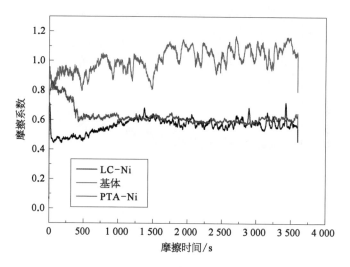

图 6‑23　低温钢及两种 Ni 基涂层摩擦系数的变化状态

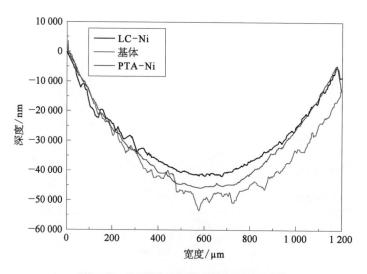

图 6‑24　低温钢和 Ni 基涂层磨损后截面轮廓线

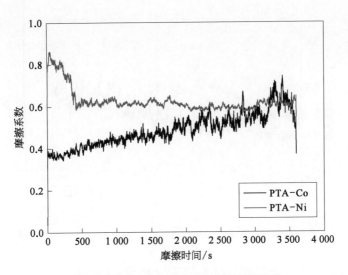

图 6-26　等离子堆焊工艺下两种涂层的摩擦系数

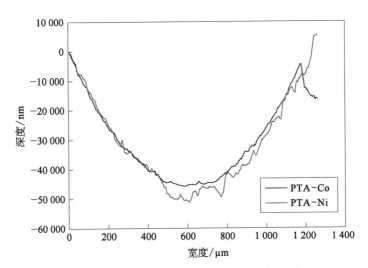

图 6-27　等离子堆焊工艺下两种涂层的 2D 磨损轮廓

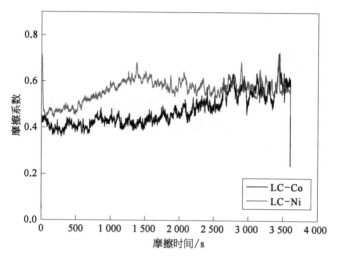

图 6‑29　激光熔覆工艺下两种涂层的摩擦系数

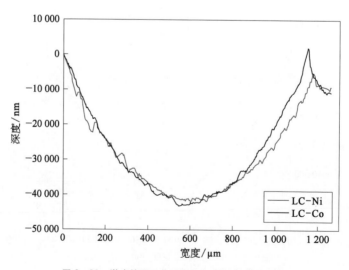

图 6‑30　激光熔覆工艺下两种涂层的 2D 磨损轮廓